全国高职高专工程测量技术专业系列教材

地籍测量与房地产测绘

DIJI CELIANG YU FANGDICHAN CEHUI

纪 勇 主编

中国电力出版社
CHINA ELECTRIC POWER PRESS

内 容 提 要

本书为全国高职高专工程测量技术专业规划教材。整部教材以"土地调查——地籍测量——房地产测绘"为主线，以强化学生动手能力为目标，优化重组知识结构，强调实践操作与理论知识紧密结合。本书详细讲述了土地利用现状调查、土地等级调查、土地权属调查、土地统计、地籍控制测量、地籍图测绘、数字地籍测量、变更地籍调查与测量、建设项目用地勘测定界、地籍管理信息系统、房地产产权产籍管理、房产调查、房产控制测量、房产图绘制、房产勘丈计算与面积分摊、房地产变更测量、数字地籍成图软件应用等内容，并配有随堂实训、综合实训和案例供读者参考。本书既可满足初学者入门需要，又能使有一定基础的读者快速掌握地籍测量和房地产测绘应用技巧。

本书配有课件，并有课程网站，方便教学使用。

本书可作为高等职业院校工程测量技术专业的教材，也可作为地籍测量与土地管理、地理信息系统与地图制图技术、摄影测量与遥感技术、国土资源调查等专业的教材，还可作为广大测绘工程技术人员的自学参考书。

图书在版编目 (CIP) 数据

地籍测量与房地产测绘/纪勇主编. —北京：中国电力出版社，2012.1（2021.8 重印）
全国高职高专工程测量技术专业规划教材
ISBN 978-7-5123-2392-6

Ⅰ.①地… Ⅱ.①纪… Ⅲ.①地籍测量－高等职业教育－教材②房地产－测量学－高等职业教育－教材 Ⅳ.①P271②F293.3

中国版本图书馆 CIP 数据核字（2011）第 239294 号

中国电力出版社出版、发行

北京市东城区北京站西街 19 号 100005 http：//www.cepp.sgcc.com.cn
责任编辑：王晓蕾 责任印制：杨晓东 责任校对：李 亚
北京天宇星印刷厂印刷·各地新华书店经售
2012 年 1 月第 1 版·2021 年 8 月第 10 次印刷
787mm×1092mm 1/16·15.5 印张·381 千字
定价：35.00 元

前　　言

根据高等职业技术院校的教学特点，考虑测绘学科的发展状况，以培养技术应用能力为主线，设计学生的知识、能力、素质结构和培养方案，对本书的编写原则、选材的范围及其深度和广度、学时要求等问题进行了深入研究。在借鉴前辈的经验，总结多年教学和生产经验的基础上，紧密结合高职教育人才培养目标，注重高等职业技术教育的特色，制订了《地籍测量与房地产测绘》的编写大纲。大纲要求理论教学以"必需、够用和可持续发展"为原则，突出实践技能的培养，在具体的测绘技术上突出了针对性、实用性和先进性。书稿的内容力求简明扼要、深入浅出，尽可能贴近生产实际，符合高等职业技术教育的改革方向。其主要特点有：

（1）努力将地籍测绘管理工作的主要内容通过讲练结合的形式阐述清楚，让学生掌握好、理解透。整部教材以"土地调查——地籍测量——房地产测绘"为主线，优化重组了知识结构。在反映新知识的基础上，突出了能力培养和技能训练的职业教育特点。既符合地籍测绘管理工作的一般程序，又使得知识前后连贯、不出现脱节。学生通过本课程的学习，能完成地籍测量与房地产测绘的实际工作，并能解决在工作中出现的实际技术问题。

（2）突出新知识、新技术、新设备、新规范的应用。在教材内容选材方面，打破传统的知识结构，重点突出新知识、新技术、新设备、新规范的应用，突出了高职高专以能力培养为主线的特色，力求将案例、技术规范和教材相融合。

（3）每章后都附有习题与思考题，在最末一章结合教学安排有随堂实训和综合实训，并提供了一份完整的土地调查方案供学生参考。全书还配有相应的教学课件，并有课程网站，可与编者联系获取相关资料（联系信箱：jiyong126@126.com）。这样既便于教师组织教学，又便于学生自学。

本书由纪勇主编，申浩、朱曙光、陈帅副主编。编写人员分工如下：第1章~第3章由纪勇编写；第4章、第16章由许加东编写；第5章、第6章、第18章18.3节由朱曙光编写；第7章~第9章由申浩编写；第10章、第15章由王占武编写；第11章、第12章由孙萌编写；第13章、第14章由陈帅编写；第17章、第18章18.1、18.2节由河南省测绘工程院肖锋编写。全书由纪勇、申浩、朱曙光统稿、修改。

作者在编写过程中，参阅了大量的文献，引用了同类书刊的部分资料，在此，谨向有关作者表示谢意！同时对中国电力出版社为本书的出版所做的辛勤工作表示衷心感谢！

由于作者水平所限，加之时间仓促，虽做了很大努力，但书中难免有疏漏不当之处，诚请同行专家批评指正。

编　者

目　　录

第1章 土地利用现状调查

土地利用现状调查是在确定的某一时间点，以查清一定区域内土地的用途、类型、范围、面积、分布和利用状况为主要目的的土地资源调查工作。土地利用现状调查按用途需要分为概查和详查。概查是为满足国家编制国民经济长远规划、制定农业区划和农业生产规划的急需而进行的调查。详查是为国家计划和统计部门提供各类土地详细、准确的数据，为土地管理部门提供基础资料而进行的调查。到目前为止，我国已经完成了两次土地利用现状调查工作。第一次调查从1984年5月开始到1996年底结束，共经历了13年时间。由于当时的技术手段限制，保存的图件资料一般为纸质或薄膜成图，不利于信息的及时变更和数据共享。因此，我国从2007年7月开始开展了全国第二次土地调查工作，各地组织开展调查和数据库建设，前后经历3年时间。这次调查大量采用"3S"（GIS、RS、GPS）测绘技术，极大地提高了工作效率，如地理信息系统（GIS）提供了分析和处理海量地理数据的平台，方便了数据的管理应用。

1.1 土地分类概念

土地利用分类是从土地利用现状出发，根据土地利用的地域分布规律、土地用途、土地利用方式等，将一个国家或地区的土地利用情况，按照一定的层次等级体系划分为若干不同的土地利用类别，以便能更好地完成土地资源调查和进行统一、科学的土地管理。

1.1.1 土地分类体系

土地由于所处环境和地域的不同，在形态、色泽和肥力等方面有着千差万别，加之人类生产、生活对土地的需求和施加的影响不同，从而导致了土地生产能力和开发利用方式上的差异。土地分类采用一定的分类指标，将土地划分为若干类型。按照统一规定的原则和分类指标，将分类土地有规律、分层次地排列组合在一起，就叫做土地分类体系（或土地分类系统）。

土地具有自然特性和社会经济特性。根据土地的特性及人们对土地利用的目的和要求不同，就形成了不同的土地分类体系。我国常用的土地分类体系有以下三种：

1. 土地自然分类体系

土地自然分类体系又称土地类型分类体系。它主要依据土地自然特性的差异性分类，可以依据土地的某一自然特性分类，也可以依据土地的自然综合特性分类。例如，按土地的地貌特征分类，可将土地分为平原、丘陵、山地。也可按土壤、植被等进行土地分类，如全国1：100万土地资源图上的分类就是按土地的自然综合特征进行分类的。

2. 土地评价分类体系

土地评价分类体系又叫土地生产潜力分类体系。它主要依据土地的经济特性进行分类。土地经济特性包括土地的生产力水平、土地质量、土地生产潜力。土地评价分类体系是划分土地评价等级的基础，是确定基准地价的重要依据，主要用于生产管理方面。

3. 土地利用分类体系

土地利用分类体系主要依据土地的综合特性（包括土地的自然特性及社会经济特性）进行分类。土地综合特性的差异，致使人类在长期利用、改造土地的过程中所形成的土地利用方式、土地利用结构、土地的用途和生产利用等方面存在差异。土地利用现状分类是其中的一种分类形式。土地利用分类系统具有生产的实用性，利用它可以分析土地利用现状，预测土地利用方向。

1.1.2 土地利用现状分类的原则

为使土地利用现状分类科学、合理、实用，在进行土地利用现状分类时，必须遵循下列原则：

1. 统一性原则

1984年制定的《土地利用现状调查技术规程》将土地利用现状分为8大类，46个二级类。1989年为满足城镇地籍管理的需要，将城镇土地分为10个一级类，24个二级类。2002年以后采用《全国土地分类（试行）》标准，新分类对土地利用现状分类及含义作了明确规定，全国统一定为3个一级地类，15个二级地类，71个三级类。2007年实施全国土地和城乡地政统一管理，科学划分土地利用类型，出台了《土地利用现状分类》国家标准（GB/T 2010—2007），采用了二级分类体系，一级类12个，二级类57个。为确保全国土地的统一管理和调查成果的汇总统计及应用，分类和编码均不得随意更改、增删、合并。

2. 科学性原则

全国土地利用现状分类体系，主要以调查时的土地实际用途为分类标志，归纳共同性，区分差异性，采用从大到小、从综合到单一的逐级细分法——多层续分法。

（1）按土地利用的综合性差异划分大类，然后按单一性差异逐级细分。如在《全国土地分类（试行）》标准中，按土地用途管制分为农用地、建设用地和未利用土地三大类，然后根据土地的用途分为15个二级类，再根据利用方式、经营特点及覆盖特征等细分成71个三级类。

（2）同一级的类型要坚持统一的分类标准。

（3）分类层次要鲜明，从属关系要明确。

（4）同一种地类，只能在一个大类中出现，不能同时在两个大类中并存。

3. 实用性原则

为便于实际运用，土地分类标志应易于掌握，分类含义力求准确，层次尽量减少，命名讲究科学并照顾习惯称谓，尽可能与计划、统计及有关生产部门使用的分类名称及含义协调一致，以利于为多部门服务。因此，在《全国土地分类（试行）》中，一级分类主要依据土地用途管制的要求，二级分类主要依据土地的实际用途，而三级分类则侧重土地的利用方式、经营特点及覆盖特征等。

1.1.3 我国土地调查分类历程

土地利用现状分类是依据土地的用途、经营特点、利用方式和覆盖特征等因素对土地进行的一种分类。土地利用现状分类只反映土地利用的现状。1984年9月颁布沿用到2001年底的《土地利用现状调查技术规程》中制订了"土地利用现状分类及其含义"。1989年9月颁布的《城镇地籍调查规程》中制订了"城镇土地利用分类及含义"，用于城镇地籍调查和城镇地籍变更调查。为进一步搞好土地的统一管理，在研究和总结以往的土地利用现状分类的基础上，2002年国土资源部颁布了城乡统一的"全国土地分类（试行）"，见表1-1，据此可更加有效地开展土地的变更调查及国土资源管理工作。2007 年 9 月《土地利用现状分类》（GB/T 21010—2007）的出台，统一土地调查、统计分类标准，合理规划、利用土地，制定新的标准，标志着我国在统一土地分类标准中迈出了关键的一步。《土地利用现状分类》（表1-2）是服务于国土资源管理为主，采用土地综合分类方法，根据土地的自然属性、覆盖特征、利用方式、土地用途、经营特点及管理特性等因素，对城乡用地进行统一分类。《土地利用现状分类》采用二级分类体系，一级类 12 个，二级类 57 个。

表 1-1　　　　　　　　　　全国土地分类（试行）（2002 年标准）

一级类		二级类		三级类		含　义	
编号	三大类名称	编号	名称	编号	名称		
1	农用地					指直接用于农业生产的土地，包括耕地、园地、林地、牧草地及其他农用地	
		11	耕地			指种植农作物的土地，包括熟地、新开发复垦整理地、休闲地、轮歇地、草田轮作地；以种植农作物为主，间有零星果树、桑树或其他树木的土地；平均每年能保证收获一季的已垦滩地和海涂。耕地中还包括南方宽小于1.0m、北方宽小于2.0m的沟、渠、路和田埂	
				111	灌溉水田	指有水源保证和灌溉设施，在一般年景能正常灌溉，用于种植水生作物的耕地，包括灌溉的水旱轮作地	
				112	望天田	指无灌溉设施，主要依靠天然降雨，用于种植水生作物的耕地，包括无灌溉设施的水旱轮作地	
				113	水浇地	指水田、菜地以外，有水源保证和灌溉设施，在一般年景能正常灌溉的耕地	
				114	旱地	指无灌溉设施，靠天然降水种植旱作物的耕地，包括没有灌溉设施，仅靠引洪淤灌的耕地	
				115	菜地	指常年种植蔬菜为主的耕地，包括大棚用地	
		12	园地			指种植以采集果、叶、根茎等为主的多年生木本和草本作物（含其苗圃），覆盖度大于50%或每亩有收益的株数达到合理株数70%的土地	
				121	果园	指种植果树的园地	
						121k	可调整果园	指由耕地改为果园，但耕作层未被破坏的土地
				122	桑园	指种植桑树的园地	
						122k	可调整桑园	指由耕地改为桑园，但耕作层未被破坏的土地
				123	茶园	指种植茶树的园地	
						123k	可调整茶园	指由耕地改为茶园，但耕作层未被破坏的土地
				124	橡胶园	指种植橡胶树的园地	
						124k	可调整橡胶园	指由耕地改为橡胶园，但耕作层未被破坏的土地
				125	其他园地	指种植葡萄、可可、咖啡、油棕、胡椒、花卉、药材等其他多年生作物的园地	
						125k	可调整其他园地	指由耕地改为其他园地，但耕作层未被破坏的土地

一级类		二级类		三级类		含 义		
编号	三大类名称	编号	名称	编号	名称			
1	农用地	13	林地			指生长乔木、竹类、灌木、沿海红树林的土地，不包括居民点绿地，以及铁路、公路、河流、沟渠的护路、护岸林		
				131	有林地	指树木郁闭度≥20%的天然、人工林地		
						131k	可调整有林地	指由耕地改为有林地，但耕作层未被破坏的土地
				132	灌木林地	指覆盖度大于40%的灌木林地		
				133	疏林地	指树木郁闭度大于10%但小于20%的疏林地		
				134	未成林造林地	指造林成活率大于或等于合理造林数的41%，尚未郁闭但有成林希望的新造林地（一般指造林后不满3~5年或飞机播种后不满5~7年的造林地）		
						134k	可调整未成林造林地	指由耕地改为未成林造林地，但耕作层未被破坏的土地
				135	迹地	指森林采伐、火烧后，五年内未更新的土地		
				136	苗圃	指固定的林木育苗地		
						136k	可调整苗圃	指由耕地改为苗圃，但耕作层未被破坏的土地
		14	牧草地			指生长草本植物为主，用于畜牧业的土地		
				141	天然草地	指以天然草本植物为主，未经改良，用于放牧或割草的草地，包括以牧为主的疏林、灌木草地		
				142	改良草地	指采用灌溉、排水、施肥、松耙、补植等措施进行改良的草地		
				143	人工草地	指人工种植牧草的草地，包括人工培植用于牧业的灌木地		
						143k	可调整人工草地	指由耕地改为人工草地，但耕作层未被破坏的土地
		15	其他农用地			指上述耕地、园地、林地、牧草地以外的农用地		
				151	畜禽饲养地	指以经营性养殖为目的的畜禽舍及其相应附属设施用地		
				152	设施农业用地	指进行工厂化作物栽培或水产养殖的生产设施用地		
				153	农村道路	指农村南方宽大于1.0m、北方宽大于2.0m的村间、田间道路（含机耕道）		
				154	坑塘水面	指人工开挖或天然形成的蓄水量小于10万m³（不含养殖水面）的坑塘正常水位以下的面积		
				155	养殖水面	指人工开挖或天然形成的专门用于水产养殖的坑塘水面及相应附属设施用地		
						155k	可调整养殖水面	指由耕地改为养殖水面，但可复耕的土地*
				156	农田水利用地	指农民、农民集体或其他农业企业等自建或联建的农田排灌沟渠及其相应附属设施用地		
				157	田坎	主要指耕地中南方宽大于1.0m，北方宽大于2.0m的梯田田坎		
				158	晒谷场等用地	指晒谷场及上述用地中未包含的其他农用地		

一级类		二级类		三级类		含　义
编号	三大类名称	编号	名称	编号	名称	
2	建设用地					指建造建筑物、构筑物的土地，包括商业、工矿、仓储、公用设施、公共建筑、住宅、交通、水利设施、特殊用地等
		21	商服用地			指商业、金融业、餐饮旅馆业及其他经营性服务业建筑及其相应附属设施用地
				211	商业用地	指商店、商场、各类批发、零售市场及其相应附属设施用地
				212	金融保险用地	指银行、保险、证券、信托、期货、信用社等用地
				213	餐饮旅馆业用地	指饭店、餐厅、酒吧、宾馆、旅馆、招待所、度假村等及其相应附属设施用地
				214	其他商服用地	指上述用地以外的其他商服用地，包括写字楼、商业性办公楼和企业厂区外独立的办公楼用地；旅行社、运动保健休闲设施、夜总会、歌舞厅、俱乐部、高尔夫球场、加油站、洗车场、洗染店、废旧物资回收站、维修网点、照相、理发、洗浴等服务设施用地
		22	工矿仓储用地			指工业、采矿、仓储业用地
				221	工业用地	指工业生产及其相应附属设施用地
				222	采矿地	指采矿、采石、采砂场、盐田、砖瓦窑等地面生产用地及尾矿堆放地
				223	仓储用地	指用于物资储备、中转的场所及相应附属设施用地
		23	公用设施用地			指为居民生活和二、三产业服务的公用设施及瞻仰、游憩用地
				231	公共基础设施用地	指给排水、供电、供燃、供热、邮政、电信、消防、公用设施维修、环卫等用地
				232	景观休闲用地	指名胜古迹、革命遗址、景点、公园、广场、公用绿地等
		24	公用建筑用地			指公共文化、体育、娱乐、机关、团体、科研、设计、教育、医卫、慈善等建筑用地
				241	机关团体用地	指国家机关，社会团体，群众自治组织，广播电台、电视台、报社、杂志社、通讯社、出版社等单位的办公用地
				242	教育用地	指各种教育机构，包括大专院校，中专、职业学校、成人业余教育学校、中小学校、幼儿园、托儿所、党校、行政学院、干部管理学院、盲聋哑学校、工读学校等直接用于教育的用地
				243	科研设计用地	指独立的科研、设计机构用地，包括研究、勘测、设计、信息等单位用地
				244	文体用地	指为公众服务的公益性文化、体育设施用地，包括博物馆、展览馆、文化馆、图书馆、纪念馆、影剧院、音乐厅、少青老年活动中心、体育场馆、训练基地等
				245	医疗卫生用地	指医疗、卫生、防疫、急救、保健、疗养、康复、医检药检、血库等用地
				246	慈善用地	指孤儿院、养老院、福利院等用地

续表

一级类		二级类		三级类		含　义
编号	三大类名称	编号	名称	编号	名称	
2	建设用地	25	住宅用地			指供人们日常生活居住的房基地（有独立院落的包括院落）
				251	城镇单一住宅用地	指城镇居民的普通住宅、公寓、别墅用地
				252	城镇混合住宅用地	指城镇居民以居住为主的住宅与工业或商业等混合用地
				253	农村宅基地	指农村村民居住的宅基地
				254	空闲宅基地	指村庄内部的空闲旧宅基地及其他空闲土地等
		26	交通运输用地			指用于运输通行的地面线路、场站等用地，包括民用机场、港口、码头、地面运输管道和居民点道路及其相应附属设施用地
				261	铁路用地	指铁道线路及场站用地，包括路堤、路堑、道沟及护路林，地铁地上部分及出入口等用地
				262	公路用地	指国家和地方公路（含乡镇公路），包括路堤、路堑、道沟、护路林及其他附属设施用地
				263	民用机场	指民用机场及其相应附属设施用地
				264	港口码头用地	指人工修建的客、货运、捕捞船舶停靠的场所及其相应附属建筑物，不包括常水位以下部分
				265	管道运输用地	指运输煤炭、石油和天然气等管道及其相应附属设施地面用地
				266	街巷	指城乡居民点内公用道路（含立交桥）、公共停车场等
		27	水利设施用地			指用于水库、水工建筑的土地
				271	水库水面	指人工修建总库容≥10万m³，正常蓄水位以下的面积
				272	水工建筑用地	指除农田水利用地以外的人工修建的沟渠（包括渠槽、渠堤、护堤林）、闸、坝、堤路林、水电站、扬水站等常水位岸线以上的水工建筑用地
		28	特殊用地			指军事设施、涉外、宗教、监教、墓地等用地
				281	军事设施用地	指专门用于军事目的的设施用地，包括军事指挥机关和营房等
				282	使领馆用地	指外国政府及国际组织驻华使领馆、办事处等用地
				283	宗教用地	指专门用于宗教活动的庙宇、寺院、道观、教堂等宗教自用地
				284	监教场所用地	指监狱、看守所、劳改场、劳教所、戒毒所等用地
				285	墓葬地	指陵园、墓地、殡葬场所及附属设施用地
3	未利用地					指农用地和建设用地以外的土地
		31	未利用土地			指目前还未利用的土地，包括难利用的土地
				311	荒草地	指树木郁闭度＜10%，表层为土质，生长杂草，不包括盐碱地、沼泽地和裸土地

一级类		二级类		三级类		含　义
编号	三大类名称	编号	名称	编号	名称	
3	未利用地	31	未利用土地	312	盐碱地	指表层盐碱聚集，只生长天然耐盐植物的土地
				313	沼泽地	指经常积水或渍水，一般生长湿生植物的土地
				314	沙地	指表层为沙覆盖，基本无植被的土地，包括沙漠，不包括水系中的沙滩
				315	裸土地	指表层为土质，基本无植被覆盖的土地
				316	裸岩石砾地	指表层为岩石或石砾，其覆盖面积≥70%的土地
				317	其他未利用土地	指包括高寒荒漠、苔原等尚未利用的土地
		32	其他土地			指未列入农用地、建设用地的其他水域地
				321	河流水面	指天然形成或人工开挖河流常水位岸线以下的土地
				322	湖泊水面	指天然形成的积水区常水位岸线以下的土地
				323	苇地	指生长芦苇的土地，包括滩涂上的苇地
				324	滩涂	指沿海大潮高潮位与低潮位之间的潮浸地带，河流、湖泊常水位至洪水位间的滩地；时令湖、河洪水位以下的滩地，水库、坑塘的正常蓄水位与最大洪水位间的滩地。不包括已利用的滩涂
				325	冰川及永久积雪	指表层被冰雪常年覆盖的土地

注：＊指生态退耕以外，按照国土资发（1999）511号文件规定，在农业结构调整中将耕地调整为其他农用地，但未破坏耕作层，不作为耕地减少衡量指标。按文件下发时间开始执行。

表1-2　　　　　　　　　　**土地利用现状分类（2007年标准）**

一级类		二级类		含　义
编码	名称	编码	名称	
01	耕地			指种植农作物的土地，包括熟地，新开发、复垦、整理地，休闲地（含轮歇地、轮作地）；以种植农作物（含蔬菜）为主，间有零星果树、桑树或其他树木的土地；平均每年能保证收获一季的已垦滩地和海涂。耕地中包括南方宽度＜1.0m、北方宽度＜2.0m固定的沟、渠、路和地坎（埂）；临时种植药材、草皮、花卉、苗木等的耕地，以及其他临时改变用途的耕地
		011	水田	指用于种植水稻、莲藕等水生农作物的耕地。包括实行水生、旱生农作物轮种的耕地
		012	水浇地	指有水源保证和灌溉设施，在一般年景能正常灌溉，种植旱生农作物的耕地。包括种植蔬菜等的非工厂化的大棚用地
		013	旱地	指无灌溉设施，主要靠天然降水种植旱生农作物的耕地，包括没有灌溉设施，仅靠引洪淤灌的耕地

一级类		二级类		含 义
编码	名称	编码	名称	
02	园地			指种植以采集果、叶、根、茎、汁等为主的集约经营的多年生木本和草本作物，覆盖度大于 50% 或每亩株数大于合理株数 70% 的土地。包括用于育苗的土地
		021	果园	指种植果树的园地
		022	茶园	指种植茶树的园地
		023	其他园地	指种植桑树、橡胶、可可、咖啡、油棕、胡椒、药材等其他多年生作物的园地
03	林地			指生长乔木、竹类、灌木的土地，及沿海生长红树林的土地。包括迹地，不包括居民点内部的绿化林木用地，铁路、公路征地范围内的林木，以及河流、沟渠的护堤林
		031	有林地	指树木郁闭度≥0.2 的乔木林地，包括红树林地和竹林地
		032	灌木林地	指灌木覆盖度≥40% 的林地
		033	其他林地	包括疏林地（指树木郁闭度≥0.1、<0.2 的林地）、未成林地、迹地、苗圃等林地
04	草地			指生长草本植物为主的土地
		041	天然牧草地	指以天然草本植物为主，用于放牧或割草的草地
		042	人工牧草地	指人工种植牧草的草地
		043	其他草地	指树木郁闭度<0.1，表层为土质，生长草本植物为主，不用于畜牧业的草地
05	商服用地			指主要用于商业、服务业的土地
		051	批发零售用地	指主要用于商品批发、零售的用地。包括商场、商店、超市、各类批发（零售）市场，加油站等及其附属的小型仓库、车间、工场等的用地
		052	住宿餐饮用地	指主要用于提供住宿、餐饮服务的用地。包括宾馆、酒店、饭店、旅馆、招待所、度假村、餐厅、酒吧等
		053	商务金融用地	指企业、服务业等办公用地，以及经营性的办公场所用地。包括写字楼、商业性办公场所、金融活动场所和企业厂区外独立的办公场所等用地
		054	其他商服用地	指上述用地以外的其他商业、服务业用地。包括洗车场、洗染店、废旧物资回收站、维修网点、照相馆、理发美容店、洗浴场所等用地
06	工矿仓储用地			指主要用于工业生产、物资存放场所的土地
		061	工业用地	指工业生产及直接为工业生产服务的附属设施用地
		062	采矿用地	指采矿、采石、采砂（沙）场，盐田，砖瓦窑等地面生产用地及尾矿堆放地
		063	仓储用地	指用于物资储备、中转的场所用地

一级类		二级类		含　义
编码	名称	编码	名称	
07	住宅用地			指主要用于人们生活居住的房基地及其附属设施的土地
		071	城镇住宅用地	指城镇用于生活居住的各类房屋用地及其附属设施用地。包括普通住宅、公寓、别墅等用地
		072	农村宅基地	指农村用于生活居住的宅基地
08	公共管理与公共服务用地			指用于机关团体、新闻出版、科教文卫、风景名胜、公共设施等的土地
		081	机关团体用地	指用于党政机关、社会团体、群众自治组织等的用地
		082	新闻出版用地	指用于广播电台、电视台、电影厂、报社、杂志社、通信社、出版社等的用地
		083	科教用地	指用于各类教育,独立的科研、勘测、设计、技术推广、科普等的用地
		084	医卫慈善用地	指用于医疗保健、卫生防疫、急救康复、医检药检、福利救助等的用地
		085	文体娱乐用地	指用于各类文化、体育、娱乐及公共广场等的用地
		086	公共设施用地	指用于城乡基础设施的用地。包括给排水、供电、供热、供气、邮政、电信、消防、环卫、公用设施维修等用地
		087	公园与绿地	指城镇、村庄内部的公园、动物园、植物园、街心花园和用于休憩及美化环境的绿化用地
		088	风景名胜设施用地	指风景名胜(包括名胜古迹、旅游景点、革命遗址等)景点及管理机构的建筑用地。景区内的其他用地按现状归入相应地类
09	特殊用地			指用于军事设施、涉外、宗教、监教、殡葬等的土地
		091	军事设施用地	指直接用于军事目的的设施用地
		092	使领馆用地	指用于外国政府及国际组织驻华使领馆、办事处等的用地
		093	监教场所用地	指用于监狱、看守所、劳改场、劳教所、戒毒所等的建筑用地
		094	宗教用地	指专门用于宗教活动的庙宇、寺院、道观、教堂等宗教自用地
		095	殡葬用地	指陵园、墓地、殡葬场所用地
10	交通运输用地			指用于运输通行的地面线路、场站等的土地。包括民用机场、港口、码头、地面运输管道和各种道路用地
		101	铁路用地	指用于铁道线路、轻轨、场站的用地。包括设计内的路堤、路堑、道沟、桥梁、林木等用地
		102	公路用地	指用于国道、省道、县道和乡道的用地。包括设计内的路堤、路堑、道沟、桥梁、汽车停靠站、林木及直接为其服务的附属用地

一级类		二级类		含　义
编码	名称	编码	名称	
10	交通运输用地	103	街巷用地	指用于城镇、村庄内部公用道路（含立交桥）及行道树的用地。包括公共停车场，汽车客货运输站点及停车场等用地
		104	农村道路	指公路用地以外的南方宽度≥1.0m、北方宽度≥2.0m的村间、田间道路（含机耕道）
		105	机场用地	指用于民用机场的用地
		106	港口码头用地	指用于人工修建的客运、货运、捕捞及工作船舶停靠的场所及其附属建筑物的用地，不包括常水位以下部分
		107	管道运输用地	指用于运输煤炭、石油、天然气等管道及其相应附属设施的地上部分用地
11	水域及水利设施用地			指陆地水域，海涂，沟渠、水工建筑物等用地。不包括滞洪区和已垦滩涂中的耕地、园地、林地、居民点、道路等用地
		111	河流水面	指天然形成或人工开挖河流常水位岸线之间的水面，不包括被堤坝拦截后形成的水库水面
		112	湖泊水面	指天然形成的积水区常水位岸线所围成的水面
		113	水库水面	指人工拦截汇集而成的总库容≥10万m³的水库正常蓄水位岸线所围成的水面
		114	坑塘水面	指人工开挖或天然形成的蓄水量<10万m³的坑塘常水位岸线所围成的水面
		115	沿海滩涂	指沿海大潮高潮位与低潮位之间的潮浸地带。包括海岛的沿海滩涂。不包括已利用的滩涂
		116	内陆滩涂	指河流、湖泊常水位至洪水间的滩地；时令湖、河洪水位下的滩地；水库、坑塘的正常蓄水位与洪水位间的滩地。包括海岛的内陆滩地。不包括已利用的滩地
		117	沟渠	指人工修建，南方宽度≥1.0m、北方宽度≥2.0m用于引、排、灌的渠道，包括渠槽、渠堤、取土坑、护堤林
		118	水工建筑用地	指人工修建的闸、坝、堤路林、水电厂房、扬水站等水位岸线以上的建筑物用地
		119	冰川及永久积雪	指表层被冰雪常年覆盖的土地
12	其他用地			指上述地类以外的其他类型的土地
		121	空闲地	指城镇、村庄、工矿内部尚未利用的土地
		122	设施农用地	指直接用于经营性养殖的畜禽舍、工厂化作物栽培或水产养殖的生产设施用地及其相应附属用地，农村宅基地以外的晾晒场等农业设施用地

一级类		二级类		含　义
编码	名称	编码	名称	
12	其他用地	123	田坎	主要指耕地中南方宽度≥1.0m、北方宽度≥2.0m的地坎
		124	盐碱地	指表层盐碱聚集，生长天然耐盐植物的土地
		125	沼泽地	指经常积水或浸水，一般生长沼生、湿生植物的土地
		126	沙地	指表层为沙覆盖、基本无植被的土地。不包括滩涂中的沙地
		127	裸地	指表层为土质，基本无植被覆盖的土地；或表层为岩石、石砾，其覆盖面积≥70%的土地

第二次土地调查要求，由于调查比例尺所限，城镇等建设用地内部调查将无法全面使用《土地利用现状分类》。为了适用农村土地调查的需要，对《土地利用现状分类》中05、06、07、08、09等5个一级类和103、121等2个二级类按表1-3进行归并。

表1-3 　　　　　　　　　　　　　城镇村及工矿用地

一级		二级		含　义
编码	名称	编码	名称	
20	城镇村及工矿用地			指城乡居民点、独立居民点以及居民点以外的工矿、国防、名胜古迹等企事业单位用地，包括其内部交通、绿化用地
		201	城市	指城市居民点，以及与城市连片的和区政府、县级市政府所在地镇级辖区内的商服、住宅、工业、仓储、机关、学校等单位用地
		202	建制镇	指建制镇居民点，以及辖区内的商服、住宅、工业、仓储、学校等企事业单位用地
		203	村庄	指农村居民点，以及所属的商服、住宅、工矿、工业、仓储、学校等用地
		204	采矿用地	指采矿、采石、采砂（沙）场，盐田，砖瓦窑等地面生产用地及尾矿堆放地
		205	风景名胜及特殊用地	指城镇村用地以外用于军事设施、涉外、宗教、监教、殡葬等的土地，以及风景名胜（包括名胜古迹、旅游景点、革命遗址等）景点及管理机构的建筑用地

1.2　土地利用现状调查

1.2.1　土地利用现状调查的目的

1. 为制定国民经济计划和有关方针政策服务

国民经济各部门的发展都离不开土地。因此，土地利用现状调查获得的土地资料可为编制国民经济和社会发展中长期规划、年度计划提供切实可靠的科学依据。同时也可为国家制定各项政策方针及对重大土地问题的决策提供服务。

2. 为农业生产提供科学依据

农业是国民经济的基础，土地是农业的基本生产资料。因此，土地利用现状调查可为编制农业区划、土地利用总体规划和农业生产规划提供土地基础数据，为制定农业生产计划和农田基本建设等提供服务。

通过土地利用现状调查，查清各类土地的权属、界线、面积等，为土地登记提供证明材料、土地统计提供基础数据，为建立土地登记和土地统计制度服务。

3. 为全面管理土地服务

为地籍管理、土地利用管理、土地权属管理、建设用地管理和土地监察等提供基础资料。

1.2.2 土地利用现状调查的原则

为保质保量地完成调查任务，必须遵守下列调查原则：

1. 实事求是的原则

国家为查实土地资源情况，要投入巨大的人力、物力和财力。因此在调查过程中，一定要坚持实事求是的工作原则，防止来自任何方面的干扰。

2. 全面调查的原则

土地利用现状调查必须严格按《土地利用现状调查规程》的规定和精度要求进行，并实施严格的检查、验收制度。事实证明，各种类型土地都有相对的资源价值，全面调查有益于人们放开视野，把所有的土地资源都视为人们努力开发利用的对象。从调查工作的组织管理来看，全面调查既经济又科学。

3. 一查多用的原则

所谓一查多用，就是不仅为土地管理部门提供基础资料，而且为农业、林业、水利、城建、统计、计划、交通运输、民政、工业、能源、财政、税务、环保等部门提供基础资料。

4. 运用科学的方法

在调查中要按照技术先进性和经济合理性的原则。为了保证和提高精度，应进一步采用现代测绘技术手段，如数字测量技术、全球定位系统（GPS）、遥感技术（RS）和地理信息系统（GIS）等。

土地利用现状调查必须以测绘图件为量测的基础。测绘图件的形成依靠严密的数学基础和规范化的测绘技术，因而测绘图件能精确、有效地反映土地资源、土地权属和行政管辖界线的空间分布；运用测绘图件进行调查的第二个优越性在于土地面积的测量有统一的基准，即土地面积的量测在统一的地球参考面上进行，不同地点的土地面积可以相互比较；第三，图上量测可以将大量外业工作转移到内业进行，减少了工作量和工作难度。

5. 以改进土地利用，加强土地管理为基本宗旨

科学管理好土地、合理利用土地是土地管理的基本出发点。土地利用现状资料是科学管理土地和合理利用土地的必要基础资料。

6. 以"地块"为单位进行调查

在土地所有权宗地内，按土地利用分类标准为依据划分出的一块地，称作土地利用分类地块（简称地块）。地块是土地利用调查基本土地单元，对每一块土地的利用类型都要调查清楚。

1.2.3 土地利用现状调查的内容

根据土地利用现状调查的目的，其调查内容可归纳如下：

（1）查清村和农、林、牧、渔场以及居民点的厂矿、机关、团体、学校等企事业单位的土地权属界线和村以上各级行政辖区范围界线。

（2）查清土地利用的类型及分布，量算地类面积。

（3）按土地权属单位及行政辖区范围汇总面积和各地类面积。

（4）编制分幅土地权属界线图和县、乡两级土地利用现状图。

（5）调查、总结土地权属及土地利用的经验和教训，提出合理利用土地的建议。

1.2.4 土地利用现状调查的程序

土地利用现状调查工作是一项十分庞大的系统工程，为确保成果资料符合《土地利用现状调查技术规程》的要求，必须按照土地利用现状调查工作的特点和技术要求有条不紊地开展工作。其工作程序如图1-1所示。

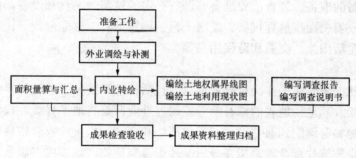

图1-1 土地利用现状调查工作程序图

1. 准备工作

调查准备工作包括调查申请、组织准备、资料准备、仪器和设备准备等方面工作。

（1）调查申请。具备了调查条件的县（市），由县级土地管理部门编写《土地利用现状调查任务申请书》或《土地利用现状调查和登记、统计任务申请书》。其主要内容包括辖区基本情况、需用的图件资料、组织机构及技术力量情况、调查计划及经费预算等。《申请书》要经县级人民政府同意，然后报上级土地管理部门审批。

（2）组织准备。土地利用现状调查由当地政府组织实施，成立专门的领导机构，负责组织专业技术队伍、筹集经费、审定工作计划、协调部门关系、裁定土地权属等重大问题。同时，为确保土地利用现状调查的质量及进度，还应组建一支以土地管理技术人员为主，由水利、农业、计委、城建、统计、民政、林业、交通等部门抽调的技术干部组成专业队伍，设队长、技术负责人、技术指导组、若干作业组、面积量算统计组、图件编绘等。为增强调查人员的责任感，还应建立各种责任制，如技术承包责任制、阶段检查验收制、资料保管责任制等。

（3）资料准备。包括收集、整理、分析各种图件资料、权属证明文件以及社会经济统计资料。权属证明文件的收集包括征用土地文件、清理违法占地的处理文件、用地单位的权源证明等。

为了便于划分土地类型和分析土地利用状况，应向各有关部门收集专业调查资料，如行政区划图、地貌、地质、土壤、水资源、森林资源、气象、交通、人口、劳力、耕地、产量、产值、收益、分配等方面的统计资料、土地利用经验和教训等资料。

土地利用现状调查，从准备工作到外业调绘、内业转绘，都是为了获得真实反映土地利用现状的工作底图，即基础测绘图件。常见的基础测绘图件有以下几种类型：

1）航片。利用最新航片进行外业调绘，能充分利用航片信息量丰富和现势性强的特点，技术较易掌握，外业基本不需仪器，所需调查经费较少，又能保证精度。

2）地形图。需准备两套近期地形图，一套用于外业调查，另一套留室内用于编制工作底图。如果地形图成图时间长，地物地貌会发生变化，必须进行外业补测工作。

3）影像平面图。影像平面图是以航测平面图为基础，在图面上配合以必要的符号、线划和注记的一种新型地图。它既具有航片信息丰富的优点，又可使图廓大小与图幅理论值基本保持一致。直接利用它可进行外业调查、补测，从而减少大量转绘工作。

4）其他图件。如彩红外片和大像幅多光谱航片，其特点是信息量丰富、分辨率高，大量室外判读可转到室内进行，既可减少外业工作量，又能保证精度。

（4）仪器设备的准备。调查前要准备好调查必需的仪器、工具和设备，包括配备必要的测绘仪器、转绘仪器、面积量算仪器、绘图工具、计算工具、聚酯薄膜等；印制各种调查表格；准备必要的生活用品、交通和劳保用品等。

2. 外业工作

土地利用现状调查外业工作又称外业调绘，包括行政界线和土地权属界线调绘、地类调绘和线状地物调绘及其地物地貌的修补测等。通过外业调绘将地类界线、权属界线、行政界线、地物和线状地物等调绘到航片上，并通过清绘和整饰，检查验收合格后成为内业工作的底图。外业调绘也称航片调绘，是指在分析航片影像与地物、地貌内在联系的基础上进行的判读、调查和绘注的工作。因此，外业调绘为保障成果的质量，要严格执行相关的规范和规程，应尽可能采用先进的科技手段和高质量的测绘基础图件。

外业工作的程序包括准备工作、室内预判、外业调绘、外业补测、航片的整饰与接边等内容。调绘前的准备工作和室内预判是为了减少野外工作量，为外业调绘和补测做准备；外业调绘、外业补测是工作的核心，是对权属界线及各种地物要素进行绘注和修补测等工作；航片的整饰和接边是对外业调绘和补测的航片进行清绘、整饰工作。

（1）准备工作。外业调绘的准备工作包括外业图件、说明资料的准备以及野外作业工具的准备。外业图件与资料准备工作包括准备与调查区域有关的航片、航片同名地物点的选刺、调绘面积的划分和预求航片平均比例尺等。所谓同名地物点是指在相邻两张航片的重叠部分上的相同地物点。调绘面积（亦称作业面积）是指单张航片的作业面积，一般是在与相邻航片的重叠部分内划定。划定的调绘面积线不应切割居民地和其他重要地物，避免与道路、沟渠、管线等线状地物重合。在平坦地区常利用地形图求航片比例尺；在丘陵和山区，因单张航片各部位比例尺变化较大，需分带求出局部的平均比例尺。

为减少外业调绘工作量，应先邀请熟悉当地情况的人一起进行室内预判，然后制定外业调绘路线。一般结合土地权属界线调查，外圈走"花瓣"形路线，土地所有权宗地内地类界线的调绘取"S"形路线。

（2）外业调绘。在进行土地利用现状调查时，航片外业调绘是获取野外资料的主要工作。外业调绘是在确定的调查范围内，携底图到实地对内业解译内容经实地核实确认，正确标绘在航片蒙片上，最后在航片上进行清绘。航片调绘时应注意设计调绘路线，选好站立点，确定好航片方位，抓住特征，远看近判、边走边绘，做到走到、看清、问明、记全和绘准。

1）境界、土地权属的调查。境界是指国界及各级行政区界。土地权属界线是指行政村界和居民地以外的厂矿、机关、团体、学校、部队等单位的土地所有权和使用权界线。进行权属调查时，要事先约定相邻土地单位的法人代表和群众代表到现场指界。双方指同一界，为无争议界线。双方按规定格式填写《土地权属界线协议书》一式 3 份，权属单位双方及国土管理部门各执 1 份；双方指不同界，则两界之间的土地为争议土地，将各自认定的界线同时标注在实地和外业调绘的图件上，并附以文字说明，双方填写《土地权属界线争议原由书》一式 3 份。对于有争议的土地界线处理必须依法有据，短时间内难以解决的可由上级主管部门暂做技术处理，其权属界线仅供量算面积时用，待确权后再调整面积。

2）地类调绘。地类调绘是按《土地利用现状调查技术规程》中的"土地利用现状分类及含义"，在土地所有权宗地内，实地对照基础测绘图件逐一判读、调查、绘注的技术性工作。调绘好的图斑给予编号，并将编号、地类、利用状况等载入外业调绘手簿中。地类调绘时应注意：认真掌握分类含义，注意区分相接近的地类，要结合实地询问确定，如改良草地与人工草地、水浇地与菜地等难以区分的地类；地类界应封闭，并以实线表示，对小于图上 1.5mm 的弯曲界线可简化合并，地类按规定的图式符号注记在基础测绘图件上；土地利用现状图上最小图斑面积的规定：居民地为 $4mm^2$，耕地、园地为 $6mm^2$，其他地类为 $15mm^2$。对小于最小图斑面积的分类地块作零星地类处理，实地丈量其面积记入零星地物记载表，待面积量算时再从大图斑中扣除；当地类界与线状地物或土地权属界、行政界重合时，可省略不绘；调绘的地类图斑以地块为单位统一编号；参考和应用可利用的土地调查成果（如更新调查成果等），以提高外业调查效率；对于点（零星地类）、线（线状地物）、面（图斑）的调查应做到位置、长度、宽度准确，各种注记应正确无误、清晰规范。

常用的调绘方法有综合调绘法和全野外调绘法。

①综合调绘法。综合调绘法是内业解译（判读、判译、预判、判绘）和外业核实、补充调查相结合的调绘方法。首先在室内直接对影像进行解译，也可利用已有土地利用数据库与调查底图（DOM）套合解译，依据影像对界线进行调整。将认为能够确认的地类和界线、不能够确认的地类或界线、无法解译的影像等，用不同的线划、颜色、符号、注记等形式（根据自己的习惯自行设定）都标绘在调查底图上。然后到实地，将内业标绘的地类、界线等内容逐一进行核实、修正或补充调查。将新增加的地物补测，并用规定的线划、符号在调查底图上标绘出来，将地物属性标注在调查底图或填写在《农村土地调查记录手簿》上。最终获得能够反映调查区域内土地利用状况的原始调查图件和资料，以此作为内业数据库建设的依据。综合调绘法分三步完成。

第一步：室内解译前可广泛收集与调查区域有关资料，如以往土地调查图件资料、土地利用数据库、自然地理状况、交通图、水利图、河流湖泊分布图、农作物分布图、地名图等，作为室内判读的参考资料。

第二步：室内解译采用的方式有直接目视判读标绘、立体（具备立体像对时）判读标绘以及直接利用已有土地利用数据库与调查底图（DOM）套合解译及标绘。依据影像对界线进行调整标绘。通过室内解译，从影像中判读出地类和界线，并标绘在调查底图上。对影像不够清晰或室内无法判读的地类或界线，由野外补充调查确定。

第三步：外业实地核实、调查。到实地对内业标注的地类、界线等内容逐一核实、修正和补充调查，既要保证成果质量，又要突出重点，提高工作效率，发挥内业解译的作用。

综合调绘法可以将大量外业调绘工作转入室内完成，减轻外业调绘的劳动强度和提高调绘的工效。

②全野外调绘法。全野外调绘法是传统的调绘方法，即携带调查底图直接到实地，将影像所反映的地类信息与实地状况一一对照、识别，将各种地类的位置、界线用规定的线划、符号在调查底图上标绘出来，将地物属性标注在调查底图或填写在《农村土地调查记录手簿》上，最终获得能够反映调查区域内的土地利用状况的原始调查图件和资料，作为内业数据库建设的依据。这种调绘方法主要作业都是在外业实地进行，因此称为全野外调绘法。

a. 设计调绘路线。在外业实地调查前，室内要设计好调绘路线。调绘路线以既要少走路又不至于漏掉要调绘的地物为原则，并做到走到、看到、问道、画到（四到）。这里走到是关键，只有走到才能看到、看清、看准地物的形状特征、地类、范围界线、与其他地物的关系等，才能将地类界线标绘在影像图的准确位置上。

b. 确定站立点。为了提高调绘的质量和效率，要确定站立点在图上的位置。站立点一般选择在易判读的明显地物点上，地势要高，视野要广，看得要全，如路的交叉点、河流转弯处、小的山顶、居民点、明显地块处等。通过定向使调查底图方向和实地方向保持一致。

c. 核实、调查。核实、调查应采取"远看近判"的方法，即远看可以看清物体的总体情况及相互位置关系，近判可以确定具体物体的准确位置，将地物的界线、类别、属性等调查内容调绘准确。当解译的界线、线状地物、地类名称等与实地一致时，则在图上进行标注确认；当不一致时，依据实地现状对解译的界线或线状地物或地类名称等进行修正确认。同时，将调查内容的属性标注在调查底图上或填写在《农村土地调查记录手簿》上。

d. 边走边调绘。根据设计好的调绘路线，在到达下一站立点途中，可边走、边看、边想、边判、边记、边画，在到达下一站立点后，再进行核实。

e. 询问。在调查过程中应向当地群众多询问：一是及时发现隐蔽地物，如林地中被树木遮挡的道路，山顶上的地物，山沟深处有无耕地、居民点等重要地物；二是核实注记地理名称或依据名称寻找实地位置；三是通过询问确定工矿企业及各种调查内容的国有或集体权属性质。为了保证调查的准确，对询问的内容要反复验证。这是提高工作效率、保证调查质量的重要手段。

以上调查的方法、步骤可以交叉进行，并根据自己的习惯、经验综合应用。

3）线状地物调绘。线状地物通常指实地宽度大于 2m 的河流、铁路、公路以及固定的沟、渠、农村道路等（南方线状地物宽带大于 1m 的线状地物，要进行调绘并实地丈量宽度，丈量精确到 0.1m）。线状地物调绘包括地类、界线和权属等方面。

线状地物宽度大于或等于图上 2mm 按图斑调查。对宽度变化较大的线状地物，应分段丈量。实量沟、渠、路、堤等并列的或附近的线状宽度时，同时要查明线状地物的归属。调绘的线状地物应编号，实量宽度及归属填写在外业调查表中。线状地物按规定的图例符号注记在基础测绘图件上：不依比例尺符号，绘在中心；依比例尺符号，实丈宽度描绘边界。对并列的小线状地物，在确保主要线状地物的权属和数据准确的前提下适当综合取舍。下面说明几种主要的线状地物宽度确定方法。

①河流水面。由河流横断面看,河流主要由水面、河滩和河堤构成。主要有有堤类型(图1-2)和河流两侧与成行的树木、耕地紧邻类型(图1-3)。河流水面调查,是指将常水位线调绘在调查底图上。一般情况下,大部分河流的常水位线与近期影像基本一致,可按影像调绘;特殊情况下,可参照近期地形图等资料标绘常水位线。河流滩涂(内陆滩涂)指的是河流的常水位线与一般年份的洪水位线(不是历史最高洪水位)之间的区域,调查时实地量测河流的宽度范围。

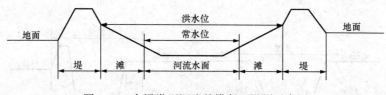

图1-2 有堤类型河流的横断面量测示意图

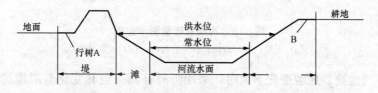

图1-3 河流两侧紧邻行树或耕地类型的河流横断面量测示意图

②铁路(公路、农村道路)。铁路、公路、农村道路类型相似,主要有与地面一致、高于地面和低于地面几种形式。从横断面结构看,主要为有无路基和有无道沟(主要用于护路的沟)之分,如图1-4所示。

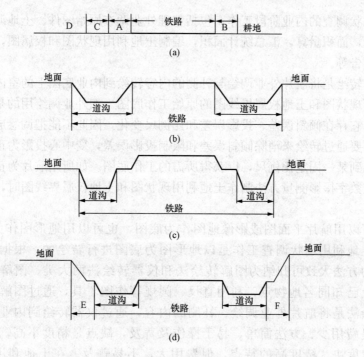

图1-4 铁路(公路、农村道路)横断面量测示意图

③沟渠。沟渠宽度一般量其河（沟、渠）槽的上沿宽度为河流、沟渠宽度，如图 1-5 所示。

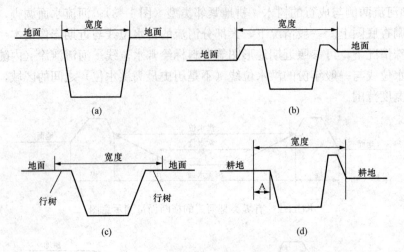

图 1-5　沟渠宽度量测示意图
（a）无堤；（b）有堤；（c）有行树；（d）紧邻耕地

4）补测。当地物、地貌变化不大时，采用野外补测；当其变化范围超过三分之一以上时，则需进行重测或重摄。通常，修补测选择在航片上或工作底图上进行，外业补测与外业调绘结合进行。补测的方法有坐标法和交会法等。

经外业调绘和外业补测的航片应及时清绘整饰，经检查验收合格后，才能转入内业工作阶段。

3. 内业工作

土地利用现状调查的内业阶段工作，包括整理外业调查原始图件、土地调查记录手簿等资料，航片转绘，面积量算，汇总统计面积，编制土地利用现状图和权属图，总结编写土地利用现状调查报告等。

其中，航片转绘是将航片外业调绘与补测的内容转绘到内业底图上的室内工作，其成果是编制土地利用现状图和土地权属界线图的原始工作底图。如外业调绘用的是单张中心投影的未纠正航片，它存在倾斜误差、投影误差和比例尺变化，因此不能把调绘成果直接描绘到内业底图上，需要通过转绘来消除倾斜误差和限制投影误差，变中心投影为正射投影，并将航片比例尺归化到某一固定比例尺，以获得所需的工作底图。如所用航片为正射像片，或用常规航测方法或数字摄影测量方法制作土地利用现状图和土地权属界线图时，此项工作可以不做。

航片转绘可以用航片平面图或影像地图作为底图，也可以用地形图作为底图。目前，大多数地区的土地利用现状调查工作是以地形图为底图进行转绘的。根据转绘手段的不同，航片转绘的方法大致可归纳为图解转绘法和仪器转绘法两大类。图解转绘法是根据航片和地形图上已知同名地物点，利用直尺、圆规等作图工具，通过图解来进行转绘的方法。仪器转绘法是将航片外业调绘、补测的内容，通过仪器转绘到内业底图上。图解转绘法的优点是费用少、方法简单、易于操作及普及，缺点是精度不高，较费工。仪器转绘法则具有速度快、精度高的特点，但费用大，不易普及。在土地利用现状调查中，各地可根据图件资料和仪器设备情况、技术条件和土地利用调查的精度要求及地表条件等，选择各自适宜的转绘方法。

有关面积量算、统计和编制土地利用现状图和权属图等内容见相关的章节。

4. 成果检查验收和核查阶段

土地利用现状调查成果的检查验收是保证调查数据真实、可靠的主要手段之一。调查成果实行省、县、作业组三级检查和省、县二级验收制度。依据《土地利用现状调查技术规程》及其补充规定的各项标准，作业组首先自检和互检，然后县级检查组对作业组成果复查，最后省检查组检查验收县的成果。在此基础上，国家土地管理局和全国土地资源调查办公室可组织全国土地利用现状调查技术指导组成员对各省检查验收的成果全面核查确认。

检查验收的内容主要包括外业调绘与补测、航片转绘、面积量算、统计汇总、图件绘制、调查报告和档案材料整理等方面进行检查验收。

成果质量评价采取计算合格率的方法。凡成果质量合格率在80％以上为合格，县级调查成果检查验收合格后，由省级土地管理部门写出检查验收报告，对成果质量给予全面鉴定，并由省土地管理部门向县颁发质量合格证书。

1.3　耕地坡度等级与田坎系数测算

1.3.1　耕地坡度等级

《土地利用现状调查技术规程》中规定耕地面积应按坡度级进行量算统计，因此在地类调查的同时，一般在地形图上对面状地类界范围实施坡度调查，农村土地调查将耕地分5个坡度级（上含下不含）。坡度小于或等于2°的视为平地，其他分为梯田和坡地两类。耕地坡度分级及代码见表1-4。

表1-4　　　　　　　　　　　　　　　　　耕地坡度分级及代码

坡度分级	≤2°	2°～6°	6°～15°	15°～25°	>25°
坡度级代码	Ⅰ	Ⅱ	Ⅲ	Ⅳ	Ⅴ

土地调查过程中，耕地坡度通过坡度尺、计算等高线的间距或数字高程模型（DEM）生成坡度图等形式来量取坡度，并计算各坡度级面积。当整个耕地图斑属同一坡度级时，该地类图斑各项（线状地物、零星地类、田坎）扣除项后的面积即为耕地面积。当一个耕地地类图斑面积属两个或两个以上坡度级时，在图斑内勾画出坡度级界线，分别量算不同坡度级的面积，并用图斑扣除各扣除项后的面积作控制进行配赋，从而求得各坡度级的面积。

1.3.2　田坎系数测算

由于在现状图上耕地中的田埂、田坎一般都没有表示出来，为了使耕地面积的数据更准确，就要考虑扣除田坎的面积，以得到净耕地面积。《土地利用现状调查技术规程》中规定耕地中北方宽度大于2m、南方宽度大于等于1m的地坎称为田坎（小于1m的地坎计入耕地）。田坎系数指田坎面积占扣除其他线状地物后耕地图斑面积的比例（％），田坎系数的大小随着耕地所处位置（丘陵、山区）、类型（梯田、坡耕地）和利用方式（水田、旱地）等不同而不同。一般规律是：耕地所在的地面坡度越大，田坎系数越大；旱地比水田的田坎系数大；坡地比梯田的田坎系数大；山区比丘陵的田坎系数大。

《土地利用现状调查技术规程》中规定：耕地坡度大于 2°时，测算耕地田坎系数；耕地坡度小于或等于 2°时，不测算田坎系数，必须外业实地量测。为了求取准确的田坎面积和田坎系数，通常采用全面采样、实地量测的方法进行，田坎系数由省（区、市）统一组织测算，测算方案及结果报国土资源部备案。测算耕地田坎系数时按耕地分布、地形地貌相似性等特征，对完整省（区、市）辖区分区。区内按不同坡度级和坡地、梯田类型分组，选择样方、测算系数。样方应均匀分布，每组数量不少于 30 个，单个样方不小于 $0.4hm^2$（6 亩）。

习 题 与 思 考 题

1. 简述土地利用现状调查的目的和原则。
2. 简述土地利用现状分类的原则。
3. 简述土地利用现状调查的基本程序和主要内容。
4. 土地利用现状调查的内外业工作有哪些？
5. 地类调绘的方法有哪些？调绘中应注意哪些问题？
6. 简述综合调绘法的作业流程。
7. 线状地物与境界线重合该如何处理？
8. 简述土地利用现状成果检查验收的内容与方法。
9. 耕地坡度等级如何划分？
10. 土地利用现状调查工作需要使用哪些规范、规程？

第2章 土地等级调查

2.1 土地等级调查概述

2.1.1 土地的质量与性状

土地作为资源被人们利用，不同质量水平的土地被人们利用的程度是不一样的。认识土地的质量，客观上是人们利用土地资源的基础。

土地质量是土地相对于特定用途所表现（或可能表现）出的效果的优良程度。土地质量总是与土地用途相关联的，其适宜的用途受土地本身的性状和环境条件的影响。

土地性状是指土地在自然、社会和经济等方面的性质与状态，是判断土地质量水平的依据。土地的性状指标包括土地自然属性和社会经济属性。土地的自然属性包括土壤、地形地貌、水文、植被、气候等；土地的社会经济属性包括土地利用的现状、地理位置、交通条件、单位面积产量、城市设施、环境优劣度等。

土地的评价，如土地开发和利用的评价、土地生产潜力的评价、土地等级的评价，都必须以土地性状为基础。

2.1.2 土地等级评价

土地等级是反映土地质量与价值的重要标志，是指在特定的目的下，对土地的自然和经济属性进行综合鉴定并使鉴定结果等级化的工作。土地用途不同，衡量等级的指标也不同。所以土地等级评价是一项极其复杂、涉及学科较多的综合性工作。土地分等定级是地籍管理工作的一个重要组成部分，它是以土地质量状况为具体工作对象的，并且必须以土地利用现状调查和土地性状调查为基础。

按城乡土地特点的不同，土地分等定级可以分为城镇土地分等定级和农用土地分等定级两种类型。城镇土地分等定级是对城镇土地利用适宜性的评定，也是对城镇土地资产价值进行科学评估的一项工作。其等级揭示了不同区位条件下的土地价值规律。农用土地分等定级则是对农用土地质量，或是对其生产力大小的评定，也是通过农业生产条件的综合分析，对农用土地生产潜力及其差异程度的评估工作。农用土地分等定级成果直接为指导农用土地利用和农业生产服务。

2.2 土地性状调查

土地性状调查是指对土地性状指标的调查，包括土地自然属性及社会经济属性的调查。

2.2.1 自然条件调查

1. 地形地貌调查

主要查清地面的地貌类型、坡度、坡向、绝对高度（海拔高程）、高差等。

（1）地貌类型。地貌可划分为山地、丘陵、平原，它们在土地性状方面表现出极大的差异。有时为了较细地考察土地性状，从地形特征的角度还可再细分，如平地、山脊、山谷等。

（2）坡度。坡度是指地面两点间高差与水平距离的比值。坡度大小对土地性状影响很大，它与土壤厚度、质地、土壤水分及肥力都直接相关，制约着土壤中水分、养分、盐分的运动规律，是各类农业生产用地适宜性的重要指标。各地在农业利用上划分坡度级的标准很不一致，特别是南北方之间，目前除考虑到适用于规划耕地利用的需要外，划分土地坡度级的重要指标还在于考虑对水土流失的防治，尤其是土地垦殖的临界坡度。

（3）坡向。坡向（即坡地的朝向）是坡地接受太阳辐射的基本条件，对地面气温、土温、土壤水分状况都有直接的影响，对于某些农业生产（果树病害、作物适宜性）尤为重要，对于居民住房建设也有很大的影响。坡向可从地形图上判读或在实地测量。

（4）绝对高度（海拔高程）。地面高度通常是农业生产，尤其是一些农作物适宜种植的临界指标，对于农、林、牧分布也极为重要。我国的海拔高度起始面为黄海平均海水面，称为黄海高程系。根据地形图上的高程点注记及等高线，可直接从地形图上查得任意位置土地的绝对高度。

（5）高差。表示地面上两点间的高程上的差值。高差可以从地形图上推算而知。高差为区分地形特征、考虑灌排条件以及为农业技术的运用提供依据。

2. 土壤调查

土壤性状是土地性状的重要组成部分。特别是对于农业土地利用来讲，土地的生产性能主要取决于土壤肥力，即土壤供给和调节作物所需水分、养料、空气和热量的能力，因而土壤调查的主要目的就是反映土地的肥力水平。农作物产量是反映土地肥力水平的重要标志，但单纯从农作物产量来考察土壤质量性状有较大的局限性，而且需一系列附加条件。最好能在土壤供肥过程发生之前就能判断土壤供肥能力。

土壤调查的项目针对不同地点和不同用途，其调查的价值相差极大，在调查前需认真选择。调查的项目主要是土壤质地、土层厚度及构造、土壤养分、土壤酸碱度和土壤侵蚀等。

3. 农业气候调查

农业气候调查的主要内容为光照强度、热量、水分条件等要素。

光照强度只在个别地区才会有过大或过小的情况。光照的显著差异，通常是小气候的特征之一，在考察小气候条件时有必要调查这方面的资料。

热量对农作物发育有着十分重要的影响。常用指标有农业界线温度的通过日期、持续日数、活动积温（大多作物均以大于 10℃ 的活动积温为指标）、霜冻特征等。

水分条件对于作物生长尤其是作物的生产率关系很大。过多或过少的水分都会抑制作物的生命活动。主要调查内容为年降水量、干燥指数等，尤其是农作物生长需水季节的降水量。有条件时最好统计降水量高于或低于某作物需水值的累计总频率，即降水保证率。对于空气中的水分，可通过测定空气相对湿度、测算湿润指数（或干燥指数）或者计算干燥度来调查。

4. 植被调查

主要查清植被群落、盖度、草层高度、产草量、草被质量以及利用程度等。

群落通常以优势植物命名；盖度则以植被的垂直投影面积与占地面积的百分比来表示。它们共同反映了当地对植物生长的适宜程度及适宜种类，是土地质量多种因素的综合反映指标。

草地调查在荒地及草原等地区尤为重要。草层高度是指草种的生长高度，是草层生产能力的重要指标。按植株的生长高度、健壮程度等可将草被的生活力按强、中、弱加以区别。对于草被质量，主要是调查可被食用的草的数量和营养价值，以及其中有毒、有害植物的种类及分布。

2.2.2 社会经济条件调查

土地利用不仅受到自然规律制约，而且在很大程度上受社会经济因素的制约。这方面的有关项目指标非常多，有许多是社会经济与农业经济调查的内容，这里仅就主要调查指标加以介绍。

1. 地理位置与交通条件

从地理分布来讲，可以通过实地调查和地图分析查清土地与城市、集镇的相对位置，土地与行政、经济中心的相关位置，土地与河流、主要交通道路的相对关系。对于城市用地，"位置优势"往往是衡量土地质量的主要因素。对于农业利用，虽然位置的作用具体表现上与城市不完全一样，但它依然十分重要，是决定土地利用方向、集约利用程度和土地生产力的重要因素。交通条件方面除对道路分布、等级、宽度、路面质量、车站、码头等有必要调查外，对当地货流关系的调查有时很有必要，因为它对于开发产品、疏通流通环节、充分发挥土地资源优势，都是十分重要的。

2. 人口和劳动力

人口及劳动力是提高土地利用集约化水平的重要因素。应当查清人口、劳动力数及其构成情况。尤其应当调查统计人均土地、劳均耕地等直接关系到土地利用集约程度的指标。此外，人口增长率、人口流动趋势可以作为调查的指标。

3. 农业生产及农业生产环境条件

农、林、牧、渔生产结构与布局反映了当地土地利用的方向，应当加以查明。作物品种、布局、轮作制度、复种指数、农产品成本、用工量、投肥量、单产、总产、产值、纯收入，林木积蓄量、载畜量、出栏率、牲畜品种、鱼种类等方面，可根据研究土地资料的目的，有选择地进行调查。农业生产条件，如水利（灌溉、排水）条件，包括水源、渠系、水利工程、机电设备等，往往是对土的质量水平有关键作用的因素，应加以调查。此外，与农业机构有关的机械设备、机械作业经济效益等指标在机械化作业地区也是很重要的。

4. 土地利用水平

上述不少指标与土地利用水平有关。除已叙述的项目外，主要还有土地开发利用和土地组织利用方面的项目。土地开发利用方面，可以对反映当地土地质量水平的指标作调查，如土地垦殖率、土地农业利用率、森林覆盖率、田土比、稳产高产农田比重、水面养殖利用率等；土地组织利用方面，主要有农、林、牧用地结构和地段形态特征的调查。

5. 地段形态特征

在机械化作业的情况下，地段形态特征是很重要的调查项目。它是指一定范围土地的外形及内部利用上的破碎情况，是影响土地高效利用的因素。调查具体项目指标按需要选取，小到每一个地块的耕作长度和外部形状，大到一定范围内土地的破碎情况，甚至一个土地使用单位的相连成片的土地的规整程度。土地范围规整程度可用规整系数、紧凑系数或伸长系数来衡量。

2.3 土地等级调查

土地等级是反映土地质量与价值的重要标志。土地等级是地籍的重要组成部分，在地籍调查中也要把土地等级调查清楚，记载在地籍调查表中。

土地等级评价，又叫土地分等定级，是指在特定的目的下，对土地的自然和经济属性进行综合鉴定并使鉴定结果等级化的工作。土地用途不同，衡量等级的指标也不同。所以土地等级评价是一项极其复杂、涉及学科较多的综合性工作。土地分等定级是地籍管理工作的一个重要组成部分，它是以土地质量状况为具体工作对象的，并且必须以土地利用现状调查和土地性状调查为基础。

按城乡土地的特点不同，土地分等定级可以分为城镇土地分等定级和农用土地分等定级两种类型。城镇土地分等定级是对城镇土地利用适宜性的评定，也是对城镇土地资产价值进行科学评估的一项工作。其等级揭示了不同区位条件下的土地价值规律。

农用土地分等定级则是对农用土地质量，或是对其生产力大小的评定，也是通过农业生产条件的综合分析，对农用土地生产潜力及其差异程度的评估工作。农用土地分等定级成果直接为指导农用土地利用和农业生产服务。

2.3.1 城镇土地分等定级概述

城镇土地分等定级的工作对象为城镇规划区的全部土地及独立工矿区土地。

1. 城镇土地等级体系

为正确反映城镇土地质量的差异，土地质量采用"等"和"级"两个层次的划分体系。

城镇土地等别涉及城市的具体地段、街道或分片，用于反映城镇之间的土地质量差异。它是将各城镇看作一个点，研究整个城镇在各种社会经济、自然、区位条件影响下，从整体上表现出的土地质量差异，土地等别在全国范围内具有可比性。

城镇土地级别反映城镇内部的土地质量差异。通过分析投资于土地上的资本、自然条件、经济活动程度和频率条件得到收益的差异，并据此划分出土地的级别高低。土地级别的顺序是在各城镇内部统一排列的。土地级的数目，根据城镇的性质、规模及地域组合的复杂程度，一般规定为：大城市 5～10 级，中等城市 4～7 级，小城市以下 3～5 级。

2. 城镇土地分等定级方法体系

城镇土地分等定级方法目前主要有三种，即多因素综合评定法、级差收益测算评定法和地价分区定级法。

（1）多因素综合评定法。多因素综合评定法是通过对影响城镇土地质量的自然、经济、社会等多种因素的综合分析，揭示土地的使用价值或价值及其在空间分布的差异性，并以此划分土地级别的方法。多因素综合评定法的指导思想是从影响土地的使用价值或质量的原因着手，采用由原因到结果，由投入到产出的思维方法。即通过系统、综合地分析各类因素和因子对土地的作用强度，推论土地的优劣差异在空间上的分布。

（2）级差收益测算评定法。级差收益测算评定法是通过级差收益确定土地级别的方法。其指导思想是从土地的产出（企业利润）入手，认为土地级别由土地的级差收益体现，级差收益又是企业利润的一部分，所以由土地的区位差异所产生的土地级差收益完全可以通过企业利润反映出来。级差收益测算方法主要对发挥土地最大使用效益的商业企业利润进行分析，从中剔除非土地因素如资金、劳力等带来的影响，建立适合的经济模型，测算土地的级差收益，从而划分土地级别。

（3）地价分区定级法。指导思想是直接从土地收益的还原量（地价）出发，根据地价水平高低在地域空间上划分地价区块，制定地价区间，从而划分土地级别。

由于上述三种方法各有优缺点，在实际土地定级中，应根据实际情况将各种方法结合起来综合运用。

3. 城镇土地定级的工作程序

（1）土地定级因素选择。要选择覆盖面广、指标值有较大变化且指标值的变化对土地级别有较显著影响的因素。

（2）定级因素权重的确定。权重值与因素对土地质量影响的大小成正比，其数值在 0 和 1 之间。因素权重确定方法有特尔斐测定法、因素成对比较法和层次分析法。

（3）土地定级单元的划分。定级单元是评定土地级别的基本空间单位和定级因素分值计算的基础，是土地内部特性和区位条件相对均一的地块。定级单元划分的方法有主导因素判定法和格网法。

（4）土地定级因素分值的计算。分值的计算分两种情况按其数学模型进行计算：一种是定级因素对土地质量的影响仅与因素指标值有关；另一种是定级因素对土地质量的影响既与因素涉及的呈点、线状分布的设施规模有关，又与土地和设施的相对距离有关。

（5）初步划分土地级别。用因素分值加权求和法计算单元总分值，然后可采用总分数轴法或总分频率曲线法或总分剖面图法初步划分土地级别。

（6）级差收益测算。通过级差收益测算，检验土地级别初步划分是否合理。如果不合理，则需要重新调整初步划分的级别，直至合理。

（7）级别边界落实、成果整理、验收。土地级别的边界要落实到图上。土地级别边界落实后，要编制土地级别图，进行面积量算、成果验收、归档。

2.3.2 农用地分等定级概述

农用地分等定级的工作对象为农用地（包括耕地、林地、草地、农田水利用地、养殖水面）和宜农未利用地，不包括自然保护区和土地利用总体规划中的永久性林地、牧草地和水域。

1. 农用地等级体系

我国对农用地质量也是采用"等"和"级"两个层次划分体系。农用地等别的划分是依据构成土地质量稳定的自然条件和经济条件，在全国范围内进行的农用地质量综合评定。农用地分等成果在全国范围内具有可比性。

农用地的等别反映农用地潜在的（或理论的）区域自然质量、平均利用水平和平均效益水平的不同所造成的农用地生产力水平差异。农用地级别反映因农用土地现实的（或实际可能的）区域自然质量、利用水平和效益水平不同所造成的农用地生产力水平差异。

2. 农用地分等定级的方法体系

农用地分等的方法主要有因素法和样地法。农用地定级的方法主要有因素法、样地法和修正法。

因素法是通过对构成土地质量的自然因素和社会经济因素的综合分析，确定因素因子体系及其影响权重，计算单元因素总分值，以此为依据客观评定农用地等级的方法。

样地法是以选定的标准样地为参考，建立特征属性计分规则，通过比较计算分等定级单元特征属性分值，评定土地等级的方法。

修正法是在农用地分等指数的基础上，根据定级目的，选择区位条件、耕作便利度等因素修正系数，对分等成果进行修正，评定出农用地级别的方法。

目前，我国农用地分等定级工作才刚刚起步，在农用地分等中采用较多的是因素法。因为农用地定级工作往往是在农用地分等的基础上进行的，所以可以在农用地定级中采用修正法。

3. 农用地分等的工作程序

下面以因素法为例简要介绍农用地分等的工作程序。

（1）确定标准耕作制度、基准作物和指定作物。目前，我国现阶段标准耕作制度主要是指种植制度。种植制度是一个地区或生产单位作物组成、配置、熟制与种植方式的总称。基准作物是指全国比较普遍的主要粮食作物，如小麦、玉米、水稻，按照不同区域生长季节的不同，进一步区分春小麦、冬小麦、春玉米、夏玉米、一季稻、早稻和晚稻等 7 种粮食作物，是理论标准粮的折算基准。指定作物是《农用地分等规程》所给定的，行政区所属耕作区标准耕作制度中所涉及的作物。

（2）划分分等单元。分等单元的划分可采用叠置法、地块法、网格法、多边形法。一般采用地块法，以土地利用现状图的图斑为分等单元，分等单元不打破村界线。

（3）分等指标因素及其权重的确定。各县可以在《农用地分等规程》附件中查到本县所在分区，查到本县农用地分等评价指标体系所包含的必选评价指标，这些诊断指标的分级、以及诊断指标级别所对应的指标分值和指标权重。如果各地实际情况与附件中给出的评价指标、指标分级、指标分值及指标权重有较大出入，可参考附件"区域性土壤指标分级、指标分值、指标权重"给出的全国性评价指标、指标分级、指标分值及指标权重，来确定本地区的评价指标、指标分级、指标分值及指标权重。

（4）计算农用地自然质量分。按指定作物用几何平均法或加权平均法将分等因素质量分综合成该分等评价单元的农用地质量分。

（5）计算农用地分等自然质量等指数。从规程附录中查找光温生产潜力指数、产量比系数，根据标准耕作制度，对各指定作物的光温生产潜力指数逐一进行自然质量修正，再加和，得自然质量等指数。

（6）初步划分农用地等。分指定作物，计算土地利用系数，编制等值区图。对农用地自然质量等进行利用水平修正，得利用等指数。

分指定作物，计算土地经济系数，编制等值区图。对农用地利用等进行经济水平修正，得分等指数，依据分等指数初步划分农用地等。

（7）对初步划分得农用地等进行检查、校验调整，确定农用地等。在所有分等单元中随机抽取不超过总数 5％的单元进行野外实测，将实测结果与分等结果进行比较。如果差异小于 5％，则认为初步分等成果总体上合格，对于发现的不合格的初步分等结果应进行调整；如果大于 5％，则应对初步分等成果进行全面调整。

（8）进行成果资料整理及验收。

4. 农用地定级的工作程序

下面以修正法为例简要介绍农用地定级的工作程序。

（1）确定修正因素。修正因素是指在县域范围内具有明显差异，对农用地级别有显著影响的因素，包括必选因素和参选因素。必选因素有土地区位因素和耕作便利因素。

（2）外业补充调查。农用地定级外业调查宜结合分等调查进行，共享一套外业调查资料。农用地定级外业调查与分等外业调查的侧重点不同，定级的外业调查更详细，需要根据定级参数的计算需要，补充相应的定级评价因素的调查。

（3）编制修正因素分值图。根据现有资料整理出定级修正因素分值，标注在与定级单元图相同比例尺的底图上。根据外业补充调查资料获得的定级修正因素分值，标注在底图上。再综合成定级修正因素分值图。

（4）划分定级评价单元。定级单元以农用地分等评价单元图进行划分，定级单元的边界应满足定级目的的要求。定级单元划分方法可采用采用地块法和网格法。

（5）计算单元修正因素质量分。呈点、线状分布的修正因素分值由相应因素对单元中心点的作用分值按相应衰减公式直接计算，面状因素分值则直接读取中心点所在指标区域的作用分值。

（6）计算修正系数。主要计算土地区位修正系数、耕作便利修正系数、参选修正因素修正系数。各因素的修正系数等于本单元的因素分值除以反映区域内该因素平均作用分值。

（7）计算定级指数。根据单元所对应的自然质量等指数和修正系数，采用乘积法逐步修正光温生产潜力指数，得到农用地定级指数。

（8）初步划分农用地级。根据单元定级指数，采用数轴法、总分频率曲线法进行农用地级别的初步划定。

（9）校验及级别调整，级别确定。

（10）进行成果资料整理及验收。

习 题 与 思 考 题

1. 简述土地等级调查的含义和目的。
2. 土地等级调查的主要内容有哪些？
3. 土地的自然条件主要包括哪些？
4. 什么是坡度？坡度大小对土地的性状有何影响？
5. 简述土地利用变更调查的基本技术流程。
6. 简述土地分等定级的含义。其主要方法有哪些？
7. 简述城镇土地分等定级方法及适用条件。
8. 简述城镇土地定级的基本程序。
9. 土地质量等级调查的目的是什么？
10. 农业土地定级的基本思路是什么？
11. 简述农业土地定级的基本程序。

第3章 土地权属调查

土地权属调查是地籍测量的前提和基础，它是指以宗地为单位，对土地的权利、位置等属性的调查和确认（土地登记前具有法律意义的初步确认）。土地权属调查可分为土地所有权调查和土地使用权调查。在我国，初始土地所有权调查与土地利用现状调查一起进行，同时也调查城镇以外的国有土地使用权，如铁路、公路、独立工矿企事业、军队、水利、风景区的用地和国营农场、林场、苗圃的用地等。

3.1 土地权属确认

3.1.1 土地权属的含义

土地权属即土地产权的归属。权属调查是对土地权属单位的土地权源及其权利所及的位置、界址、数量和用途等基本情况的调查。在城镇权属调查是针对土地使用者的申请，对土地使用者的宗地位置、界址、用途等基本情况实地核实、调查和记录的全过程。调查成果经土地使用者认定，可为地籍测量、权属审核和登记发证提供具有法律效力的文书凭证。界址调查是权属调查的关键，权属调查是地籍调查的核心。

1. 土地所有权

土地所有权是土地所有制在法律上的表现，即在法律规定的范围内确认土地所有者对土地拥有占有、使用、收益和处分的权利，包括与土地相连的生产物、建筑物的占有、支配、使用的权利。土地所有者除上述权利外，同时有对土地的合理利用、改良、保护、防止土地污染、防止荒芜的义务。

新中国成立以来，土地的所有权关系经历了三个阶段：

（1）新中国成立之初至1957年，建立了土地国有和农民劳动者所有并存的土地所有权关系。

（2）1958～1978年，建立了土地全民所有和农村劳动群众（农业社、人民公社）集体所有并存的土地所有权关系。

（3）1978年以后，我国城乡进行了经济体制改革，建立了土地全民所有和农村集体所有的土地所有权关系。同时，进一步明确了土地所有权与使用权分离的土地使用制度。

按我国现行的法律规定：城市市区的土地属于国家所有；农村和城市郊区的土地，除由法律规定属于国家所有的外，属于农民集体所有；宅基地和自留地、自留山，属于农民集体所有；土地所有权受国家法律的保护。

2. 土地使用权

土地使用权是指依照法律土地使用者对土地加以利用并从土地上获得合法收益的权利。按照有关规定，我国的政府、企业、团体、学校、农村集体经济组织以及其他企事业单位和公民，根据法律的规定并经有关单位批准，可以有偿或无偿使用国有土地或集体土地。

土地使用权是根据社会经济活动的需要由土地所有权派生出来的一项权能，两者的登记人可能一致，也可能不一致。当土地所有权人同时是使用权人的时候，称为所有权人的土地使用权；当土地使用权人不是土地所有权人的时候，称之为非所有权人的土地使用权。二者的权利和义务是有区别的。土地所有权人可以在法律规定的范围内对土地的归宿做出决定。

3. 土地权属主

所谓土地权属主（以下简称权属主，或权利人）是指具有土地所有权的单位和土地使用权的单位或个人。

根据我国土地法律的规定，国家机关、企事业单位、社会团体、"三资"企业、农村集体经济组织和个人，经有关部门的批准，可以有偿或无偿使用国有土地，土地使用者依法享有一定的权利和承担一定的义务。单位和个人依法使用的国有土地，由县级或县级以上人民政府登记造册，核发土地使用权证书，确认使用权；其中，中央国家机关使用的国有土地的具体登记发证机关，由国务院确定。

依照法律规定的农村集体经济组织可构成土地所有权单位。乡、镇企事业单位，农民个人等可以使用集体所有的土地。集体所有的土地，由县级人民政府登记造册，核发土地权利证书，确认所有权和使用权。

有关林地、草原的所有权或者使用权的确认，水面、滩涂的养殖使用权的确认，分别依照国家森林法、草原法和渔业法的有关规定办理。

3.1.2 土地权属的确认方式

所谓土地权属的确认（简称确权）是指依照法律对土地权属状况的认定，包括土地所有权和土地使用权的性质、类别、权属主及其身份、土地位置等的认定。确权涉及用地的历史、现状、权源、取得时间、界址及相邻权属主等状况，是地籍调查中一件细致而复杂的工作。一般情况下，确权工作由当地政府授权的土地管理部门的主持，土地权属主（或授权指界人）、相邻土地权属主（或授权指界人）、地籍调查员和其他必要人员都必须到现场。具体的确认方式如下：

（1）文件确认。它是根据权属主所出示并被现行法律所认可的文件来确定土地使用权或所有权的归属，这是一种较规范的土地权属认定手段，城镇土地使用权的确认大多用此方法。

（2）惯用确认。它主要是对若干年以来没有争议的惯用土地边界进行认定的一种方法，是一种非规范化的权属认定手段，主要适用于农村和城市郊区。在使用这种认定方法时，为防止错误发生，要注意以下几点：一是尊重历史，实事求是；二是注意四邻认可，指界签字；三是不违背现行法规政策。

（3）协商确认。当确权所需文件不详，或认识不一致时，本着团结、互谅的精神，由各方协商，对土地权属进行认定。

（4）仲裁确认。在有争议而达不成协议的情况下，双方都能出示有关文件而又互不相让的情况下，应充分听取土地权属各方的申述，实事求是地、合理地进行裁决，不服从裁决者，可以向法院申诉，通过法律程序解决。

3.1.3 土地权属的确认

1. 城市土地使用权的确认

城市的土地所有权为国家所有，权属主只有土地使用权。城市土地使用权主要按以下述文件确认：

（1）单位用地红线图。红线图是指在大比例尺的地形图上标绘用单位的用地红线，并注有用地单位名称、用地批文的文件名、批文时间、用地面积、征地时间、经办人和经办单位印章等信息的一种图件。红线图的形成经过建设立项、上级机关批准、用地所在市县审批、城市规划部门审核选址、地籍管理部门和建设用地部门审定和办理征（拨）地手续、由城市勘测部门划定红线等一系列法定手续。红线图是审核土地权属的权威性文件。在进行地籍调查时，可根据该红线图来判定土地权属，并到实地勘定用地范围的边界。

（2）房地产使用证。包括地产使用证、房地产使用权证或房产所有权证。1949 年以来的几十年中，有的城市曾经核发过地产使用证。1978～1986 年，城市房地产部门组织过地籍测量，绘制过房产图，并发放过房地产使用权证或房产所有权证。这些文件可作为确权依据。

（3）土地使用合同书、协议书、换地书等。1949～1986 年的几十年中，企事业单位之间的调整、变更，企事业单位之间的合并、分割、兼并、转产等情况，它们所签订的各种形式的土地使用合同书、协议书、换地书等，本着尊重历史、注重现实的原则，可作为确权文件。

（4）征（拨）地批准书和合同书。1949～1982 年，企事业单位建设用地采取征（拨）地制度。权属主所出示的征（拨）地批准书和合同书，可作为确权文件。

（5）有偿使用合同书（协议书）和国有土地使用权证书。1986 年之后，国家进一步明确了土地所有权与使用权分离的制度，改无偿使用土地为有偿使用土地。政府土地管理部门为国有土地管理人，以一定的使用期限和审批手续，对土地使用权进行出让、转让或拍卖。所签订的有偿使用合同书（或协议书）和发放国有土地使用权证是土地使用权确认的文件。

（6）城市住宅用地确权的文件。现阶段我国的城市住宅有三种所有制，即全民所有制住宅、集体所有制住宅和个人所有制住宅。一般情况下，住宅的权属主同时是该住宅所坐落的土地的权属主。单位住宅用地根据其征（拨）地红线图和有关文件确权；个人住宅用地（含购商品房住宅）根据房产证、契约等文件确权；奖励、赠予的房屋用地应根据奖励证书、赠予证书和有关文件（如房产证）确认土地使用权。

2. 农村地区土地所有权和使用权的确认

农村土地所有权和使用权的确认涉及村与村、乡与乡、乡村与城市、村与独立工矿及事业单位的边界等。它不但形式复杂，而且往往用地手续不齐全。因此，应将文件确认、惯用确认、协商确认或仲裁确认几种方式结合起来确认农村土地的所有权和使用权。对完成了土地利用现状调查的地区，其调查成果的表册和图件是很有说服力的确权文件的，应予承认。

3. 铁路、公路和军队、风景名胜区国有土地使用权的确认

铁路、公路、军队、风景名胜区和水利设施等用地，其所有权属国家，使用权归各管理部门。由于这些用地分布广泛，并且比较零乱，其权属边界比较复杂。在进行土地权属调查

时，按照土地使用原则和征地或拨地文件确认土地的使用权和所有权。

3.2 地籍调查单元划分与编号

3.2.1 地籍调查单元划分

根据我国国情，要达到科学管理土地的要求，地籍测量必须建立地块标识系统，包括土地的划分规则和编号系统。尽量做到划分空间层次与行政管理系统相一致。这不仅有利于土地利用规划、统计汇总，而且便于资料信息化、自动化管理。

1. 城镇地区地籍调查单元划分

首先按各级行政区划的管理范围进行划分土地，城镇可划分区和街道两级，在街道内划分宗地（地块）。当街道范围太大时，可在街道的区域内，根据线状地物，如街道、马路、沟渠或河道等为界，划分若干街坊，在街坊内划分宗地（地块）；若城镇比较小，无街道建制时，也可在区或镇的管辖范围内，划分若干街坊，在街坊内划分宗地（地块）。对城镇，完整的土地划分就是××省××市××区××街道××街坊××宗地（地块）。

2. 农村地区地籍调查单元划分

按我国日前农村行政曾辖系统，末级行政区是乡（镇），按城镇模式，完整的土地划分应是××省××县（县级市）××乡（镇）××行政村××宗地（地块）××图斑。

3. 地籍区和地籍子区

在我国，地籍管理的基层单位为县、区级土地管理部门。实际工作中，地籍区相当于街道或乡镇，地籍子区相当于街坊或行政村。当然还有其他的划分方法。在德国的某些地方用1：2000的地籍图的图幅范围为一个地籍区或地籍子区。

3.2.2 地块、宗地

1. 地块与宗地

地块是可辨认出同类属性的最小土地单元。在地面上确定一个地块实体的关键在于根据不同的目的确定"同类属性"的含义。它可以是权利的，或生态的，或经济的，或利用类别的等。如地块具有权利上的同一性，则称为权利地块，实质上就是我们所说的宗地或丘；如地块具有利用类别上的同一性，则称为分类地块，在土地利用现状调查中称为图斑；如地块具有质量上的统一性，则称为质量地块（均质地域）；如地块是受特别保护的耕地，则叫农田保护区或基本农田保护区等。地块的特征如下：

（1）在空间上具有连续性。

（2）空间位置是固定的，边界是相对明确的。

（3）"同类属性"既可以是某一种属性，也可以是某一类属性的集合，即可以采用土地的权利、质量、利用类别等中的一个属性或几个属性的组合作为"同类属性"来标识一个地块的具体空间位置。在地籍工作中，宗地、图斑、均质地域、农田保护区等都是具有确定的"同类属性"的地块。

宗地是指权利上具有同一性的地块，即同一土地权利相连成片的用地范围。根据地块的含义，宗地具有固定的位置和明确的权利边界，并可同时辨认出确定的权利、利用、质量和时态等土地基本要素。

2. 宗地的划分

根据权属性质的不同，宗地可分为土地所有权宗地和土地使用权宗地。依照我国相关法律法规，通常调查集体土地所有权宗地、集体土地使用权宗地和国有土地使用权宗地。

（1）基本方法。无论是集体土地所有权宗地，还是集体土地使用权宗地和国有土地使用权宗地，其划分如下：

1）由一个权属主所有或使用的相连成片的用地范围划分为一宗地。

2）如果同一个权属主所有或使用不相连的两块或两块以上的土地，则划分为两个或两个以上的宗地。

3）如果一个地块由若干个权属主共同所有或使用，实地又难以划分清楚各权属主的用地范围的，划为一宗地，称为组合宗。

4）对一个权属主拥有的相连成片的用地范围，如果土地权属来源不同，或楼层数相差太大，或存在建成区与未建成区（如住宅小区），或用地价款不同，或使用年限不同等情况，在实地又可以划清界线的，可划分成若干宗地。

（2）集体非农建设用地使用权宗地划分。在农村和城市郊区，依据宗地划分的基本原则，农村居民地内村民建房用地（宅基地）和其他建设用地，可按集体土地的使用权单位的用地范围划分为宗地，一般反映在农村居民地地籍图（岛图）上。

（3）集体土地所有权宗地的划分。依照《中华人民共和国土地管理法》规定，农村可根据集体土地所有权单位［如村民委员会、农业集体经济组织、村民小组、乡（镇）农民集体经济组织等］的土地范围划分土地所有权宗地。

一个地块由几个集体土地所有者共同所有，其间难以划清权属界线的，为共有宗。共有宗不存在国家和集体共同所有的情况。

（4）城镇以外的国有土地使用权宗地的划分。城镇以外，铁路、公路、工矿企业、军队等用地，都是国有土地，这些国有土地使用权界线大多与集体土地的所有权界线重合，其宗地的划分方法与前述相同。

（5）争议地、间隙地和飞地。争议地是指有争议的地块，即两个或两个以上土地权属主都不能提供有效的确权文件，却同时提出拥有所有权或使用权的地块；间隙地是指无土地使用权属主的空置土地；飞地是指镶嵌在另一个土地所有权地块之中的土地所有权地块。这些地块均实行单独分宗。

3.2.3 地籍的编号

1. 城镇地区土地编号

通常以行政区划的街道和宗地两级进行编号，如果街道下划分有街坊（地籍子区）就采用街道、街坊和宗地三级编号。一般情况下，地籍编号统一自西向东、从北到南从"001"开始顺序编号。如02—04—010，表示××省××市××区第2街道，第4街坊，第10宗地。地籍图上采用不同的字体和不同字号加以区分；而宗地号在图上宗地内以分数形式表示，分子为宗地编号，分母为地类号。

2. 农村地区地籍编号

农村应以乡（镇）、宗地和地块三级组成编号。如02—05—006表示××省××县（县级市）××乡（镇）第2行政村，第5宗地，第6地块（图斑）。

通常省、县（县级市）、乡（镇）、行政村的编号在调查前已经编好，调查时只编宗地号和地块号，并及时填写在相应的表册中。

3. 其他的编号方法

根据宗地的划分情况，每个宗地编号共有 13 位，编号方法见表 3 - 1。编号第 1～10 位为该宗地所属行政区划的代码。其中，前 6 位即省、地市、县/区的代码，可直接采用身份证的前 6 位编号方案，如 610324 代表陕西省宝鸡市扶风县；第 7、8 位为街道/镇/乡代码；第 9、10 位为街坊/行政村代码，它们是在所属上一级行政区划范围内统一编号的；第 11、12、13 位为宗地所在街坊/行政村（村民委员会）范围内按"弓"形顺编的序号。

表 3 - 1   宗 地 编 号

在编号中的位置	第 1、2 位	第 3、4 位	第 5、6 位	第 7、8 位	第 9、10 位	第 11、12、13 位
宗地编号	× ×	× ×	× ×	× ×	× ×	× × ×
代码数字范围	00～99	00～99	00～99	00～99	00～99	001～999
代码意义	省级代码	城市级代码	县、县级市、区代码	街道、镇、乡代码	街坊、行政村代码	宗地序号

注：城镇中在划分街坊时　般以马路、巷道、河沟等线状地物为界来划分、街坊划分不宜过大，以宗地不超过 999 个为宜，并且要给变更编号留有较大的余地。

3.2.4 土地权属界址

土地权属界址（简称界址）包括界址线、界址点和界标。所谓土地权属界址线（简称界址线）是指相邻宗地之间的分界线，或称宗地的边界线。有的界址线与明显地物重合，如围墙、墙壁、道路、沟渠等，但要注意实际界线可能是它们的中线、内边线或外边线。界址点是指界址线或边界线的空间或属性的转折点。

界标是指在界址点上设置的标志。界标不仅能确定土地权属界址或地块边界在实地的地理位置，为今后可能产生的土地权属纠纷提供直接依据及和睦邻里关系，同时也是测定界址点坐标值的位置依据。《城镇地籍调查规程》设计了 5 种界标，分别如图 3 - 1～图 3 - 5 所示，图中数值的单位为毫米。

（1）混凝土界址标桩（地面埋设用）如图 3 - 1 所示。

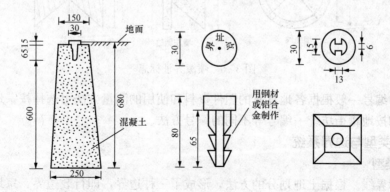

图 3 - 1 混凝土界址标桩

（2）石灰界址标桩（用于地面填设）如图 3 - 2 所示。
（3）带铝帽的钢钉界址标桩（在坚硬的地面上打入埋设）如图 3 - 3 所示。

（4）带塑料套的钢棍界址标桩（在房、墙角浇筑）如图3-4所示。

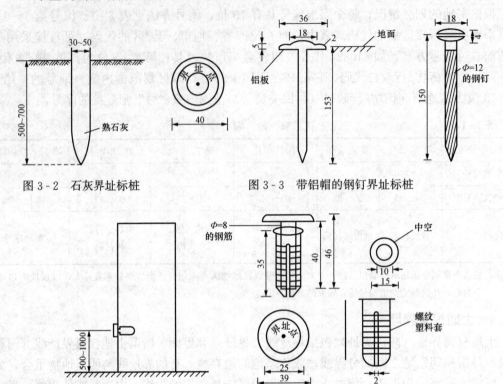

图3-2 石灰界址标桩　　　　　　　图3-3 带铝帽的钢钉界址标桩

图3-4 带塑料套的钢棍界址标桩

（5）喷漆界址标志（在墙上喷漆）如图3-5所示。

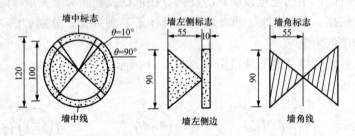

图3-5 喷漆界址标志

界址点的编号一般根据各地具有的图件资料和使用的测量方法可选择按宗地编号、按图幅统一编号和按地籍街坊统一编号等不同的编号方法。

3.2.5 边界类型与边界系统

1. 边界类型

边界也称界线。根据土地划分的方法，形成了三种边界，即行政边界、宗地边界和地块边界。

（1）行政边界。包括省界、县界、市界、区界、乡镇、行政村界等。这些边界一般由各级政府部门（如民政部门等）划定。它们大都由路、沟渠、河流、田埂、山脊或山谷、人造边界要素等构成，边界多半有一定的宽度，并由行政辖区双方共有。在农村，一般这些边界都与土地所有权界线重合。

（2）宗地边界。根据宗地划分方法而划分出的地块边界。

（3）地块边界。在土地管理工作中，根据地块的含义划分出的地块的边界。

2. 边界系统

边界系统就是人们或政府管理机构通常以某种方式所承认的界线存在形式，一般由普通边界和法律边界组成。普通边界是指主要依靠自然的或人造的边界要素，依据各地的普通规则，但没有精确的边界数据，或有边界数据但没有法律手续固定下来的边界。这种边界在我国农村地区普遍存在，至今我国的行政边界也大都属于此类。我国土地利用现状的调查中的地块边界也属此类。法律边界是指对人造的或自然的边界要素进行精确的测量，获取测量数据，通过法律程序给予承认，并在实地以法律的形式固定下来的边界。

自然边界要素主要指一些固定的、明显的地物点（如围墙、道路中心线、房角等）和固定的、明显的线状地物或地形结构线（如山脊线、山谷线、行树、河流的边线或中心线等）。人造边界要素主要指人工制作的界标，如《地籍调查规程》中设计的5种界标。在这里，最重要的是精确测量这些要素，其数据通过法律程序予以确认即可。

在我国的地籍管理工作中，这两种边界都存在。普通边界由于其自然要素的存在，缺乏必需的边界数据和法律手续，缺乏安全性容易引起争议。如果全部采用法律边界，需要强大的经济支持，此时就必须详细地分析普通边界向法律边界转换的经济与利益的关系和必要性。

3.3 权属调查表填写与宗地草图绘制

3.3.1 土地权属调查的内容及步骤

1. 土地权属调查的内容

（1）土地的权属状况，即宗地权属性质、权属来源、取得土地时间、土地使用者或所有者名称、土地使用期限等。

（2）土地的位置，即土地的坐落、界址、四至关系等。

（3）土地的行政区划界线，包括行政村界线（相应级界线）、村民小组界线（相应级界线）、乡（镇）界线、区界线以及相关的地理名称等。

（4）对城镇国有土地，调查土地的利用状况和土地级别。

2. 土地权属调查的步骤

（1）拟订调查计划。明确调查任务、范围、方法、时间、步骤，人员组织以及经费预算，然后组织专业队伍，进行技术培训与调查试点工作。

（2）物质方面准备。印刷统一制定的调查表格，配备各种仪器与绘图工具、生活交通工具和劳保用品等。

（3）调查底图的选择。一般要求选择使用近期测绘的地形图、航片、正射像片等。对土地所有权调查，调查底图的比例尺在1：5000至1：50 000之间；对土地使用权调查，调查底图的比例尺在1：500至1：2000之间。

（4）街道和街坊的划分。在调查底图上标定调查范围，依据行政区划或自然界线划分成若干街道和街坊，作为调查工作区。

（5）发放通知书。按照工作计划，实地调查前，要向土地所有者或使用者发出通知书，同时对其四至发出指界通知。并要求土地所有者或使用者（法人或法人委托的指界人）及其四至的合法指界人，按时到达现场。

（6）土地权属资料的收集、分析和处理。在进行实地调查以前，调查员应到各土地权属单位，收集土地权属资料，并对这些资料进行分析处理，确定实地调查的技术方案。对于能完全确权的宗地，在调查的底图上标绘出各宗地的范围线，并预编宗地号，及时建立地籍档案。否则，按街道或街坊将宗地资料分类，预编宗地号，在工作图上大致圈定其位置，以备实地调查。

（7）实地调查。逐宗地进行实地调查，现场确定界址位置，填写地籍调查表，绘制宗地草图。

（8）资料整理。建立宗地档案，准备地籍测量所需的资料。

3. 土地权属状况调查

（1）土地权属来源调查。土地权属来源（简称权源）是指土地权属主依照国家法律获取土地权利的方式。

1）集体土地所有权来源调查。集体土地所有权的权属来源种类主要有：

①土改时分配给农民并颁发了土地证书，土改后转为集体所有。

②农民的宅基地、自留地、自留山及小片荒山、荒地、林地、水面等。

③城市郊区依照法律规定属于集体所有的土地。

④凡在 1962 年 9 月《农村人民公社工作条例修正草案》颁布时确认的生产经营的土地和以后经批准开垦的耕地。

⑤城市市区内已按法律规定确认为集体所有的农民长期耕种的土地、集体经济组织长期使用的建设用地、宅基地。

⑥按照协议，集体经济组织与国营农、林、牧、渔场相互调整权属地界或插花地后，归集体所有的土地。

⑦国家划拨给移民并确定为移民拥有集体土地所有权的土地。

2）城镇土地使用权来源调查。迄今为止，我国城镇土地使用权属来源主要分两种情况：

一种是 1982 年 5 月《国家建设征用土地条例》颁布之前权属主取得的土地，通常叫历史用地。

另一种是 1982 年 5 月《国家建设征用土地条例》颁布之后权属主取得的土地。具体地：

——经人民政府批准征用的土地，叫行政划拨用地，一般是无偿使用的。

——1990 年 5 月 19 日中华人民共和国国务院令第 55 号《中华人民共和国城镇国有土地使用权出让和转让暂行条例》发布后权属主取得的土地，叫协议用地，一般是有偿使用的。

3）土地权属来源调查的注意事项。在调查土地权属来源时，应注意被调查单位（即土地登记申请单位）与权源证明中单位名称的一致性。发现不一致时，需要对权属单位的历史沿革、使用土地的变化及其法律依据进行细致调查，并在地籍调查表的相应栏目中填写清楚。

（2）其他要素的调查。

1）权属主名称。权属主名称是指土地使用者或土地所有者的全称。有明确权属主的为权属主全称；组合宗地要调查清楚全部权属主全称和份额；无明确权属主的，则为该宗地的地理名称或建筑物的名称，如××水库等。

2）取得土地的时间和土地年期。取得土地的时间是指获得土地权利的起始时间。土地年期是指获得国有土地使用权的最高年限。在我国，城镇国有土地使用权出让的最高年限规定为：住宅用地为 70 年；工业用地为 50 年；教育、科技、文化、卫生、体育用地 50 年；商业、旅游、娱乐用地 40 年；综合或者其他用地 50 年。

3）土地位置。对土地所有权宗地，调查核实宗地四至，所在乡（镇）、村的名称以及宗地预编号及编号。对土地使用权宗地，调查核实土地坐落，宗地四至，所在区、街道、门牌号，宗地预编号及编号。

4）土地利用分类和土地等级调查。由于集体土地所有权宗地的土地类型较多，其调查方法参阅第三章；而城镇村庄土地使用权宗地的土地类型比较单一，2002 年以前采用《城镇土地利用分类及含义》，2002 年以后采用《全国土地分类（试行）》。

4. 土地权属界址调查

（1）界址调查的指界。界址调查的指界是指确认被调查宗地的界址范围及其界址点、线的具体位置。现场指界必须由本宗地及相邻宗地指界人亲自到场共同指界。若由单位法人代表指界，则出示法人代表证明。当法人代表不能出席指界时，应由委托的代理人指界，并出示委托书和身份证明。由多个土地所有者或使用者共同使用的宗地，应共同委托代表指界，并出示委托书和身份证明。

对现场指界无争议的界址点和界址线，要埋设界标，填写宗地界址调查表，各方指界人要在宗地界址调查表上签字盖章，对于不签字盖章的，按违约缺席处理。

宗地界址调查表的填写应特别注意标明界址线应在的位置，如界址点（线）标志物的中心、内边、外边等。

对于违约缺席指界的，根据不同情况按下述办法处理：

1）如一方违约缺席，其界址线以另一方指定的界址线为准确定。

2）如双方违约缺席，其界址线由调查员依据有关图件和文件，结合实地现状决定。

3）确定界址线（简称确界）后的结果以书面形式送达违约缺席的业主，并在用地现场公告，如有异议的，必须在结果送达之日起十五日内提出重新确界申请，并负责重新确界的费用，逾期不申请，确界自动生效。

（2）权属主不明确的界线调查。

1）征地后未确定使用者的剩余土地和法律、法规规定为国有而未明确使用者的土地，在国有土地使用权、乡（镇）集体土地所有权和村集体土地所有权界线调查的基础上，根据实际情况划定土地界线。

2）暂不确定使用者的国有公路、水域的界线，一般按公路、水域的实际使用范围确界。

3）不明确或暂不确定使用者的国有土地与相邻权属单位的界线，暂时由相邻权属单位单方指界，并签订《权属界线确认书》，待明确土地使用者并提供权源材料后，再对界线予以正式确认或调整。

（3）乡镇行政境界调查。调查队会同各相邻乡（镇）土地管理所依据既是村界又是乡（镇）界的界线，结合民政部门有关境界划定的规定，分段绘制相邻乡（镇）行政境界接边草图，并将该图附于《乡（镇）行政界线核定书》，并由调查队将所确定的乡（镇）行政界线标注在航片或地形图上，提供内业编辑。

（4）界标的设置。调查人员根据指界认定的土地范围，设置界标。对于弧形界址线，按弧线的曲率可多设几个界标。对于弯曲过多的界址线，由于设置界标太多，过于繁琐，可以采取截弯取直的方法，但对相邻宗地来说，由取直划进、划出的土地面积应尽量相等。

乡（镇）、行政村、村民小组、公路、铁路、河流等界线一般不设界标。但土地行政管理部门或权属主有要求和易发生争议的地段，应设立界标。

（5）界址的标注和调查表的填写。一个乡（镇）权属调查结束后，在乡（镇）境界内形成的土地所有权界线，国有土地使用权界线，无权属主或权属主不明确的土地权属界线，争议界线，城镇范围线构成无缝隙、无重叠的界线关系，这些界址点、线均应标注在调查用图上。

《地籍调查表》是土地权属调查确定权属界线的原始记录，是处理权属争议的依据之一，必须按规定的格式和要求认真填写。

5. 土地权属界址的审核与调处

外业调查后，要对其结果进行审核和调查处理。使用国有土地的单位，要将实地标绘的界线与权源证明文件上记载的界线相对照。若两者一致，则可认为调查结束，否则需查明原因，视具体情况作进一步处理。对集体所有土地，若其四邻对界线无异议并签字盖章，则调查结束。

有争议的土地权属界线，短期内确实难以解决的，调查人员填写《土地争议原由书》一式5份，权属双方各执1份，市、县（区）、乡（镇、街道）各1份。调查人员根据实际情况，选择双方实际使用的界线，或争议地块的中心线，或权属双方协商的临时界线作为现状界线，并用红色虚线将其标注在提供市、区的《土地争议原由书》和航片（或地形图）上。争议未解决之前，任何一方不得改变土地利用现状，不得破坏土地上的附着物。

3.3.2 权属调查表填写

宗地权属调查完成后，调查人员现场应将权属调查的结果填写在《地籍调查表》上。经双方认可的无争议的界址，须由双方指界人在《地籍调查表》上签字盖章。有争议的界址，调查现场处理不了的，也可填写《土地纠纷缘由书》，说明有争议的土地位置和双方意见及调查员意见，并草绘界址纠纷示意图，送登记办公室处理。

每一宗地单独填写一份《地籍调查表》，宗地草图是调查表的附图。填表时应随调查随填表，做到图表与实地一致，项目齐全，准确无误。表中主要内容包括：本宗地籍号及所在图幅号；土地坐落、权属性质、宗地四至；土地使用者名称；单位所有制性质及主管部门；

法人代表或户主姓名，身份证明号码、电话号码；委托代理人姓名、身份证明号码、电话号码；批准用途、实际用途及使用期限；界址调查记录；宗地草图；权属调查记事及调查员意见；地籍勘丈记事；地籍调查结果审核。若相邻宗地指界人无争议，则由双方指界人在地籍调查表上签字盖章。

1. 填写要求

（1）必须做到图表与实地一致，各项目填写齐全，准确无误，字迹清楚整洁。

（2）填写各项目均不得涂改，同一项内容划改不得超过两次，全表不得超过两处，划改处应加盖划改人员印章。

（3）每宗地填写一份，项目内容多的，可加附页。

（4）地籍调查结果与土地登记申请书填写不一致时，应按实际情况填写，并在说明栏中注明原因。

2. 填表说明

（1）说明。变更地籍调查时，将原使用人、土地坐落、地籍号及变更的主要原因在此栏内注明。

（2）宗地草图。对较大的宗地，本表幅面不够时，可加附页绘制附在宗地草图栏内。

（3）权属调查记事及调查员意见。记录在权属调查中遇到的政策、技术上的问题和解决方法；如存在遗留问题，将问题记录下来，并尽可能提出解决意见等；记录土地登记申请书中有关栏目的填写与调查核实的情况是否一致，不一致的要根据调查情况作更正说明。

（4）地籍勘丈记事。记录勘丈采用的技术方法和使用的仪器；勘丈中遇到的问题和解决办法；遗留问题并提出解决意见等。

（5）地籍调查结果审核意见：对地籍调查结果是否合格进行评定。

（6）表内其他栏目可参照土地登记申请书中的填写说明填写。

3.3.3 宗地草图的绘制

宗地草图是描述宗地位置、界址点、线和相邻宗地关系的实地草编记录。在进行权属调查时，调查员填写并核实所需要调查的各项内容，实地确定了界址点位置并对其埋设了标志后，现场草编绘制宗地草图。图 3-6 为城镇土地使用权宗地草图样图。

1. 宗地草图记录的内容

（1）本宗地号和门牌号，权属主名称和相邻宗地的宗地号、门牌号、权属主名称。

（2）本宗地界址点，界址点序号及界址线，宗地内地物及宗地外紧靠界址点线的地物等。

（3）界址边长、界址点与邻近地物的相关距离和条件距离。

（4）确定宗地界址点位置，界址边长方位所必需的建筑物或构筑物。

（5）概略指北针和比例尺、丈量者、丈量日期。

2. 宗地草图的特征

（1）它是宗地的原始描述。

（2）图上数据是实量的，精度高。

（3）所绘宗地草图是近似的，相邻宗地草图不能拼接。

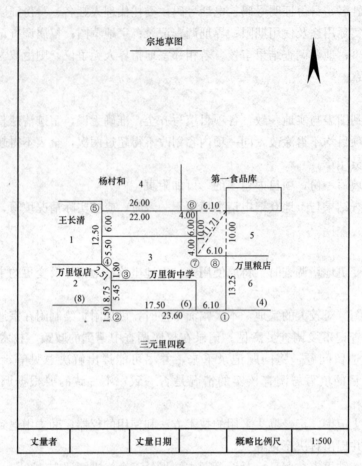

图 3-6 城镇土地使用权宗地草图样图

3. 宗地草图的作用

(1) 它是地籍资料中的原始资料。

(2) 配合地籍调查表，为测定界址点坐标和制作宗地图提供了初始信息。

(3) 可为界址点的维护、恢复和解决权属纠纷提供依据。

4. 绘制宗地草图的基本要求

绘制宗地草图时，图纸质量要好，能长期保存，其规格为 32 开、16 开或 8 开，过大宗地可分幅绘制；草图按概略比例尺，使用 2H～4H 铅笔绘制，要求线条均匀，字迹清楚，数字注记字头向北向西书写；过密的部位可移位放大绘出；应在实地绘制，不得涂改注记数字；用钢尺丈量界址边长和相关边长，并精确至 0.01m。

习 题 与 思 考 题

1. 地籍调查的含义和内容是什么？

2. 简述土地所有权和土地使用权的含义与区别。

3. 土地权属的确认方式有哪几种？

4. 城市土地使用权常见的确权文件有哪些？

5. 简述宗地的概念和划分原则。

6. 城镇和农村地区完成的土地划分方法是什么？

7. 宗地编号中 13 位方法每位数字代表的含义是什么？

8. 试述土地权属界址的组成及概念。

9. 常见界标的种类有哪些？

10. 依据土地划分的方法形成的边界类型包括哪几种？

11. 简述土地权属调查的内容和工作程序。

12. 农村集体土地和城市国有土地的权属来源分别有哪些？

13. 土地权属调查中，违约缺席指界该怎么处理？

14. 土地权属调查中，权属主不明确的宗地该如何处理？

15. 地籍调查表的主要内容有哪些？

16. 简述宗地草图的概念和主要内容。

第4章　土　地　统　计

4.1　土地统计概述

土地统计是利用数字、表格、图件及文字记录、整理和分析土地数量、质量、分布、权属及动态变化的工作。土地统计是地籍管理、土地管理的重要基础。

4.1.1　土地统计类型

土地统计，按其任务和统计时间的差别，可分为土地初始统计和土地变更统计两种类型。

1. 土地初始统计

土地初始统计是对土地的数量、质量、分布、权属和利用状况进行的首次较系统的记载和分析。其输出载体为有关土地统计的统计图和统计表。土地初始统计的任务是将有关土地面积、质量、分布、权属、利用状况的数据，按全国统一规范要求分别记入土地统计表和统计图，逐级汇总分析统计资料。由于土地初始统计所依据的资料主要是土地调查成果资料和土地登记文件资料，因此，土地初始统计一般是在大规模土地调查和土地登记工作结束后立即进行，以反映同一时期的土地现状，便于逐级汇总资料。

2. 土地变更统计

所谓土地变更统计就是在土地初始统计的基础上，对随时间变化的土地数量、质量、权属、利用状况等及时、准确地反映到土地统计文件中去。土地变更统计所依据的资料，主要是土地变更登记文件和定期土地统计调查资料。

土地变更统计的任务是：首先查明一定时期内土地数量、质量、分布、权属、利用类型所发生的变化，并载入土地统计文件；其次是改正初始统计中出现的错误和补充记载由于某种原因遗漏的资料，也就是对初始统计阶段的资料进行不断的更新、补充和修正，使之保持准确性和现势性。

因此，土地初始统计是土地变更统计的基础和起点，直接影响着全面统计数据的可信度。土地变更统计是土地初始统计的后续工作，是保证土地信息更新的常规方法，可以反映各种统计信息增减变动程度的趋向，是构成基层土地统计资料的主要来源和重要成分。同时作为土地统计的主体，土地变更统计既是编写土地统计年报的可靠依据，也是对土地管理工作成果的信息反馈和实行统计监督的一项措施。

4.1.2　土地统计指标体系

土地统计指标体系有两种类型。一种是指标间的关系可以用数学公式表达。例如，农作物总产量＝播种面积×单位面积产量。另一种是指标体系的各指标间无数学关系，但起着互相配合、互相补充的作用。例如，评价土地质量采用土地评价单元所处地位、土壤酸碱度、土地灌溉条件、坡度、土壤质地、单位面积产量等指标形成的指标体系对土地质量进行综合鉴定，其中，每一项指标都从不同的侧面评价土地质量。下面分别介绍土地数量、质量、权属三种统计指标体系。

1. 土地数量统计指标体系

（1）土地总面积。指行政区域内的土地总面积，即包括耕地、林地、园地、牧草地、城镇村庄及工矿用地、交通用地、水域及未利用土地等各类土地面积之和。

（2）耕地面积。指种植农作物，经常进行耕锄的田地面积，包括水田面积和旱地面积。

（3）园地面积。指种植以采集果、叶、根、茎等为主的集约经营的多年生木本和草本作物，覆盖率75%，或每公顷株数大于合理株数70%的土地面积。包括果园面积、桑园面积、茶园面积、橡胶园面积和其他园地面积。

（4）林地面积。指生长乔木、竹类、灌木、沿海红树林等林木的土地面积，包括有林地面积、灌木林地面积、疏林地面积、未成林人造林地面积、迹地面积和苗圃面积。

（5）牧草地面积。指生长草本植物为主，用于畜牧业的土地面积，包括天然草地面积、改良草地面积和人工草地面积。

（6）城镇村庄及工矿用地面积。指城乡居民点、独立于居民点以外的工矿、国防、名胜古迹等企事业单位用地面积（包括其内部交通绿化用地面积），包括城市面积、建制镇面积、村庄面积、独立工矿用地面积、盐田面积和特殊用地面积。

（7）交通用地面积。指居民点以外的各种道路及其附属设施和民用机场用地面积（包括护路林面积），包括铁路用地面积、公路用地面积、道路用地面积、民用机场用地面积和港口用地面积、码头用地面积。

（8）水域面积。指陆地水域和水利设施用地面积，包括河流水面面积、湖泊水面面积、水库水面面积、坑塘水面面积、苇地面积、滩涂面积、沟渠用地面积、水工建筑物用地面积和冰川及永久积雪占地面积。

（9）未利用土地面积。指目前还未利用的土地面积，包括荒草地面积、盐碱地面积、沼泽地面积、沙地面积、裸土地面积、裸岩地面积、石砾地面积、田坎占地面积和其他未利用土地面积。

（10）年内变化的耕地面积。包括年初耕地面积、年内增加的耕地面积（包括开荒、围垦、废弃地利用、平整土地等）、年内减少的耕地面积（包括国家建设用地、集体建设用地、农村个人建房用地、农业结构调整占地、灾害毁地等）、年末耕地面积。三者关系为：

年内变化的耕地面积 = 年末耕地面积－年初耕地面积

年末耕地面积 = 年初耕地面积＋年内增加的耕地面积－年内减少的耕地面积

（11）各类建设用地当年增加面积。包括国家建设用地面积、集体建设用地面积、农村个人建房用地面积。

（12）城镇建设用地当年增加面积。包括商业用地面积、工业用地面积、仓储用地面积、交通用地面积、市政公用设施及绿化用地面积、公共建筑面积、住宅面积、特殊用地面积、其他用地面积。

2. 土地质量统计指标体系

（1）自然指标。是从土地的自然属性方面反映土地质量状况及其变化的指标。主要的统计指标有：气候（≥10℃的积温、干燥度、无霜期的天数等）、坡度、土层厚度、障碍层出现部位及厚度、有机质含量、土壤质地、酸碱度、侵蚀程度、灌溉保证率、地下水埋深、污染指数、岩石裸露程度等。

（2）社会经济指标。是从土地的社会经济属性方面反映土地质量状况及其变化的指标。主要的统计指标有：单位面积产量（产值）、产投比、纯收入、级差收入、人均耕地拥有量、人口密度等。

（3）土地质量等级指标。是对土地质量综合评定的指标，通常用"一等地""二等地"、"三等地"、"一级地"、"二级地"等表示。

3. 土地权属统计指标体系

（1）集体所有的土地面积。指依照法律属于村农民集体所有，或属于乡（镇）农民集体所有，或属于村民小组农民集体所有的土地面积。其中包括指标有：集体所有土地总面积、集体所有耕地面积、集体所有园地面积、集体所有林地面积、集体所有牧草地面积、农村居民点及独立工矿用地面积、集体所有交通用地面积、集体所有水域面积和集体所有未利用土地面积等。

（2）集体建设用地使用权面积。一般是指农民集体和个人进行非农业建设依法使用集体所有土地的面积。其中包括的统计指标有：乡镇企业非农业用地面积、农村个人建房用地面积、其他集体建设用地面积等。

（3）国有土地使用权面积。指从国家取得土地便用权的用地面积，土地所有权仍属国家所有。其中包括的统计指标有：国营农、林、牧、渔企业用地总面积及各种地类面积、城市用地面积、建制镇用地面积、国营独立工矿企业用地面积、国有铁路用地面积、国有公路用地面积、国有水利工程用地面积、其他国家建设用地面积和集体使用国有土地面积等。

（4）征用集体土地面积。指国家为了公共利益的需要，依法对集体所有的土地实行征用的面积。征用后的土地所有权属国家，使用权属建设单位。其中包括的统计指标有：城市建设征用耕地面积、建制镇建设征用集体土地面积、铁路建设征用集体土地面积、公路建设征用集体土地面积、水利工程建设征用集体土地面积、其他国家建设征用集体土地面积及被征用的耕地面积和被征用的园地面积等。

4.1.3 土地统计调查

土地统计调查是采用科学的方法，有组织、有目的地对土地的数量、质量、分布、利用、权属、位置等方面进行的调查。目的在于掌握各类土地的数量、质量和分布情况，以及土地的权属、利用现状和变迁的动态，为进行土地统计、统计分析和预测决策提供必需的资料。

1. 土地统计调查的内容

（1）调查行政管辖范围内的土地总面积和各类土地面积。

（2）调查各类土地的分布及其变动情况。

（3）调查各类土地的质量及其变动情况。

（4）调查土地的利用状况、利用效果和保护情况。

（5）调查土地权属及其变更等情况。

（6）调查土地的地理位置和范围界限。

2. 土地统计调查的基本要求

土地统计调查要做到准确、及时、全面、系统。

（1）准确。就是指各项原始资料必须真实可靠、符合实际。这就要求国家机关、社会团体、各种企事业组织和个体工商户，都要依照《土地管理法》、《统计法》和国家规定来提供数字资料，不允许虚报、瞒报，不允许伪造篡改。统计机构和人员必须坚持实事求是的原则，以维护和保障调查资料的准确性。

（2）及时。要求及时完成各项调查资料的上报任务，从时间上满足各部门对土地统计资料的需求。

（3）全面。搜集的资料要全面，包括应该调查的全部单位的资料。可分为以下三个方面：是否包括全部应调查的单位；是否包括全部登记的标志；是否全部问题都有答案。

（4）系统。在全面了解情况的同时，还要有的放矢，进行系统的观察，系统地搜集资料，这样才能反映事实发展过程中各个方面的特征、趋势和问题，根据系统而细致的资料，从而作出正确的判断。

3. 土地统计调查的程序

土地统计调查是一项复杂、细致而严密的工作，任何疏忽和大意都会导致调查资料的失实，必须有目的、有计划地组织进行，因此，明确土地统计调查的程序是土地统计调查的关键工作。

（1）确定调查目的。在调查之前，首先要明确研究什么问题，搜集什么资料，要解决哪些问题。有了明确目的，才会"有的放矢"。

（2）确定调查对象和范围。调查的目的确定之后，就可确定调查对象和调查单位。调查对象就是指需要进行调查的社会现象的总体。确定调查对象就是明确规定所要研究的总体的范围。调查单位就是组成调查总体的单位，也就是在调查中需要登记其标志（特征）的单位。确定调查单位，就是要解决向谁调查。除了确定调查单位之外，还要规定填报单位。

（3）拟定调查项目。确定了调查目的、对象和范围之后，要进一步确定调查项目和内容。调查项目和内容应是调查目的和调查对象的具体体现。如为了土地权属统计而进行的调查，应包括以下项目：查清土地所有单位内容和土地使用单位的土地权属界线；查清各权属单位内各类土地面积；按权属单位编制土地利用现状图；汇总统计出全地区按土地权属单位的土地总面积及分类面积。

确定调查项目的内容时，应注意以下问题：

1）只列出调查目的所必需的项目，只登记与问题本质有关的标志，不应包括可有可无的标志，以免内容庞杂，影响调查工作的效率。

2）要从实际出发，只提出能够取得确切资料的项目。有些虽属需要，但还没有条件取得资料的项目，就不该列入。

3）调查项目之间尽可能相互联系，以便相互核对，检查答案是否正确。同时应尽可能做到此次调查项目与历次同类调查项目之间的联系，同样的项目最好保持不变，以便作动态对比。

4）列入的调查项目或标志的含义要明确具体，作出统一的解释或提示，以免调查人员或被调查者按照各自的理解填写，造成答案不一致，结果无法汇总。

5）调查项目的答案要有明确的表示形式，即文字式、是否式和数字式，对数字式应标明计量单位，以便取得确切的答案并有利于及时汇总。

（4）制定调查表。调查项目一经确定，按照合理的顺序排列在表格上，就形成了调查表。调查表是统计调查的重要工具，是表达调查资料的重要形式。为便于数字的填写和资料的整理，土地统计中一些主要表格，如"土地利用现状分类面积统计表"、"土地利用现状汇总表"、"权属面积核实表"、"基层土地统计表"、"年度土地统计表"、"土地统计台账"等土地统计表格，由国家土地管理局统一提供，这样就为调查项目的系统化和规范化打下了基础。

（5）实地调查。

1）确定调查时间。调查时间有两种含义：一种是调查资料所属时间，另一种是指进行调查工作的期限。调查资料所属的时间是指调查资料所属的时期或时点，所谓资料所属的时期，是指调查资料属于某一时期的总量。调查工作的期限是指调查工作的起止时间，包括搜集资料和报送资料的整个工作所需要的时间。为了保证资料的及时性，尽可能缩短调查时间。

2）制定调查组织实施计划。调查工作计划，它的主要内容应该包括：确定调查的组织领导机构、调查的方式和方法、调查人员的培训、经费预算及开支办法等。对于规模大而又缺少经验的统计调查，还需要组织试点调查。

3）开展调查。

4. 土地统计调查的方法

土地统计调查的具体方法很多，最常使用的有遥感技术法、直接观察法、报告法、采访法、通信法等。

（1）遥感技术法。遥感技术法就是不与调查对象接触而搜集信息资料的一种方法。它是在距地面较远距离的飞机、卫星、飞船上，使用光学、电子和电子光学仪器（遥感仪器），接收物体的辐射、反射和散射的电磁波信号，用图像胶片和数据磁带记录下来，再传送到地面接收站，经过处理加工，分析判断现象的变化规律，从中取得物体和现象的有用信息。人们把这种接收、传输和处理分析判断遥感信息的整个过程，叫做遥感技术。这种方法已经在土地利用现状调查、土壤调查、森林资源调查、预测病虫害、控测森林火灾等方面广泛运用，随着科学发展，遥感技术将会在更多的领域得到运用。

（2）直接观察法。直接观察法是指调查人员深入现场亲自观察，对调查对象进行测量、计数以取得资料的方法。如地籍测量，调查人员要亲自参加每宗地的权属界线、地类界线、位置、形状、面积等方面的工作，以取得实际调查资料。采用直接观察法所取得的资料，具有较高的准确性，但也有它的局限性。这种调查需要较多的人力、物力和时间。而且，在有些情况下，用直接观察法是搜集不到所需资料的。因此，许多统计调查都较多地采用报告法和采访法。

（3）报告法。报告法是指报告单位利用各种原始记录和核算资料作为基础，逐级向有关部门提供统计资料的方法。如我国现行统计报表制度包括土地统计报表制度就是采用报告法。只要各填报单位的原始记录和核算工作健全，采用这种方法可以取得正确的数字资料。

（4）采访法。采访法是指调查人员按调查项目的要求，向被调查者提出问题，根据被调查者的答复以取得资料的一种调查方法。它又可分为自填法和派员法。

1）自填法。即被调查者自填法。由调查人员将调查表交给被调查者，说明填表的要求和方法，由被调查者自己填写的一种调查方法。

2）派员法。即口头询问法。由调查机关派出调查人员，按照调查项目的要求向被调查者询问，根据回答的结果填写调查表。它又可分为个别询问法和开调查会两种方法。

（5）通信法。通信法是调查单位用通信的方法向被调查者收集资料的一种方法，这种方法要求使被调查者知道调查的真正意图，所调查的问题必须简单易答，否则难以有好的效果。这种方法一般适于精度要求不高的调查。

上述的各种调查方法，在实际运用时，应根据调查目的，结合具体情况灵活选择，有时根据需要，还可以把它们有机地结合起来运用。

4.1.4 土地统计制度

土地统计管理体制是国家组织土地统计工作的机构设置和土地统计管理职能权限划分所形成的体系和制度。

我国在国家土地管理局成立后，根据国家《统计法》和《土地管理法》的有关规定，逐步建立了集中统一的土地统计系统，形成了统一领导、分级管理的土地统计管理体制。

（1）土地统计管理机构。土地统计管理机构是土地统计管理体制的核心部分，它负责组织土地统计的具体工作，贯彻落实土地统计的有关制度，检查和监督土地统计政策法规的执行情况。我国现行的土地统计管理机构是根据《统计法》和《土地管理法》以及其他有关政策法规设置的。

1）国家土地行政主管部门。国家土地行政主管部门成立时，就在其地籍司设置了土地统计处，其主要职责包括：

①组织领导和协调全国土地统计工作，并依照国家有关法律、政策和计划，与国家统计局共同制定土地统计工作规章及土地统计报表制度。

②定期汇总省、市、自治区人民政府土地管理部门上报的土地数据，并根据国家土地管理工作的需要，整理、提供全国性的基本土地统计资料。

③对土地利用及其变化情况组织调查、监督，进行统计分析、统计预测和统计监督。

④检查、审定、管理全国性土地统计资料，组织指导全国土地统计干部培训工作。

2）县级以上土地行政主管部门。县级以上地方人民政府土地行政主管部门也成立了地籍处（科、股）或地籍地政处（科、股），配置了专门的土地统计人员负责本辖区的土地统计工作，其主要职责是：

①执行国家土地统计标准，定期完成各年度土地统计报表并汇总，并按规定向上级土地管理部门和同级人民政府统计机构报送和提供基本的土地统计资料。

②根据本地区制定的政策和进行土地管理的需要，调查、整理、提供土地统计信息，并对本地区土地利用及变更的基本情况进行土地统计分析、预测和监督。

③在完成国家土地统计报表制度规定任务的前提下，编制地方相应的报表制度和方法，但不得与国家土地统计报表制度的要求相矛盾。

3）县级土地行政主管部门及乡（镇）土地管理所。县及县以下的乡（镇）土地管理所也配备了土地管理员专管土地统计工作，其主要职责包括：

①完成上级土地管理部门布置的土地调查统计任务，执行国家统计标准，贯彻全国统一的基本统计报表制度。

②按照规定，调查、整理、分析、提供本县、本乡（镇）的基本土地统计资料。

③做好土地统计原始调查记录表的建立与管理，健全本县、乡（镇）的土地统计台账和土地统计档案制度。

我国土地统计工作起步不久，土地统计体制还很不完善，随着经济的不断发展和新形势的迫切要求，土地统计管理机构也要做相应的调整和改变。

（2）土地统计的工作体系。我国土地统计的工作体系是：以行政管辖范围为单位，实行分级统计，逐级上报汇总至中央的集中统一的工作体系。即村每年按规定定期向乡（镇）土地管理机关呈报土地统计报表，乡（镇）向县土地管理机关呈报，然后逐级上报到市（地区）、省、直至中央。在整个土地统计工作体系中，上级土地管理部门负责指导、监督、帮助下级土地管理部门开展土地统计工作，各级人民政府要对土地管理部门执行国家统计制度进行领导和监督。

（3）土地统计工作程序。土地统计工作是一项复杂的、严密的科学工作，必须有目的、有组织、按程序进行。一个完整的土地统计工作过程可为四个阶段：

1）土地统计资料的搜集。土地统计资料是土地统计整理和分析的基础，土地统计资料的质量好坏，直接影响着土地统计工作的质量。因此，必须做好土地统计资料的搜集工作，在具体调查时注意以下方面：

①图件资料的搜集。图件资料包括地籍图、土地利用现状图、土地权属图、边界结合图、土地规划图、居民点规划图等。

②文据资料搜集。文据资料包括土地定级成果资料、土地登记成果资料、面积量算统计表及土地规划、征地的批件、土地划界文件等。

③有关专业调查资料。包括土壤、水利、植被、交通和区划等专业调查资料。

2）土地统计资料的整理。统计调查阶段取得的各项原始资料是零星的、分散的，不系统的，不便于直接填入报表。为了编制统计报表和积累统计资料，必须对原始资料进行分类和汇总，使之系统化、条理化。对原始资料进行整理，常用的方法是建立统计台账。统计台账是将分散的原始资料按时间顺序集中登录在一个表册上，它的基本形式有两种：

①多指标的综合台账。这种台账是在一个表册上，按时间先后顺序，同时登记若干个有关指标数值的发展变化情况。

②单指标的专业台账。这种台账是在一个表册上，按时间先后顺序，同时登记多个单位某一指标数值的发展变化情况。通过统计台账可随时集中记录各项原始资料，便于前后对比和编制统计报表。

3）土地统计资料的填写。根据报表中的排列项目，按照报表填写要求，将统计台账的资料填写到报表中，报表的填写要认真、规范。

4）土地统计资料的审查与上报。呈报土地统计报表的单位，必须在规定的时间内，经同级政府核准，自下而上、逐级上报汇总土地统计资料，以确保土地统计资料的可靠性、及时性和准确性。对审核中发现的问题要及时纠正。

4.1.5 土地统计报表制度

1. 土地统计报表制度的内容

土地统计报表制度是指基层单位和各级土地管理部门按照国家统一规定的表格形式，统一的报送时间和报送程序，定期向国家土地管理部门报告有关土地统计资料变化情况的一种报告制度。它是我国土地统计调查的基本组织形式，也是各级土地管理部门必须履行的一项重要的报告制度。其内容包括三部分：

（1）报表目录。报表目录包括报表编号、报表名称、报送时间、报送方式、报送份数、制表单位及批准部门等。

（2）表式。表式是土地统计报表的具体格式，它是土地统计报表的主体，统计调查资料是通过对这些表式的填报而取得的。表式的主要内容有：主栏项目、宾栏项目和各项补充资料等。

（3）填表说明。为了使填报单位填制报表时，对某些问题有统一理解，以保证报表质量，在制定统计报表时，必须编制填表说明。填表说明包括：

1）填报范围。即实施范围，它要求明确规定统计报表的填报单位和各级主管部门的综合范围。明确规定填报范围，一方面可以避免填报单位的遗漏，保证取得完整的统计资料；另一方面遇到填报范围有变动时，也易于对统计资料进行调整。

2）指标解释。即对列入表式的统计指标的概念、计算方法、计算范围及其他有关问题的具体说明。有了明确统一的指标解释，便于填报单位准确填报。否则，各单位都依照自己的理解填报，资料就无法汇总。

3）分类目录。即有关统计报表主栏中横行填报的有关项目一览表，它是填报单位进行填报的主要依据。

2. 土地统计报表的设置和分类

（1）土地统计报表的分类。

1）土地统计报表按调查对象的范围不同可分为全面的土地统计报表和非全面土地统计报表。我国现行的土地统计报表一般都属于全面的统计报表。

2）土地统计报表按报送周期长短不同可分为定期报表和年报表。现行土地统计报表绝大多数属于年报表，有少数是定期报表。

3）土地统计报表按填报单位不同可分为基层统计报表和综合统计报表。基层统计报表是基层单位根据原始记录整理、汇总、编报的统计报表。综合统计报表是各级土地管理部门根据所属单位的基层统计报表加以汇总、整理、编报的统计报表，综合统计报表按内容可分为基本统计报表和专项统计报表。

（2）土地统计报表的实施办法。土地统计报表的实施办法是指为正确执行土地统计报表制度所作的若干具体规定，具体内容如下：

1）为适应我国土地管理和土地利用方式转变的要求，满足各级政府宏观管理及社会各阶层的需要，根据《中华人民共和国土地管理法》和《中华人民共和国统计法》的规定，特制定国家土地管理综合统计报表制度。

2）各省、自治区、直辖市土地行政主管部门，应按照全国统一规定，认真组织和实施该报表制度。

3）该综合统计报表制度是对各省、自治区、直辖市土地行政主管部门的基本要求。各地区在保证完成该制度规定填报内容的前提下，可以根据本地区需要，另行适当补充少量报表。但补充报表统计口径必须与该制度一致并需上报国家土地行政主管部门批准。

4）执行该报表制度时，应按照填报说明和有关指标解释的要求填写。除另有规定外，该制度要求的指标值准确度为整数个位。

5）报送单位应在报表的左上角加盖单位公章，各省、自治区、直辖市土地行政主管部门及上报单位汇总上报所需表示及其报送软件，由国家土地行政主管部门统一设计。

6）各省、自治区、直辖市土地行政主管部门填报该制度规定的报表时，应做到数字真实、准确，说明清楚，报送及时，不重不漏，不得以任何理由拒报、虚报、瞒报和迟报。

7）综合统计年度报表和季度报表由县级以上政府土地行政主管部门填写，采取直接上报与逐级上报相结合的双重渠道。各省、自治区、直辖市土地行政主管部门负责汇总辖区内各市、县的数据后上报；凡是经国务院批准设市的城市土地行政主管部门和直辖市各市辖区土地行政主管部门，在向其上一级土地行政主管部门上报的同时，直接上报一份给国家土地行政主管部门。其中，计划单列市、省会城市，其他地级市直接上报国家土地行政主管部门的统计数字仅限市管各区的数字，不包括辖区内县级市和县的数字；各县土地行政主管部门采取逐级上报的办法报送。

8) 计划单列市和新疆生产建设兵团土地行政主管部门的汇总资料，在报送省、自治区土地行政主管部门的同时报送到国家土地行政主管部门。

9) 年度报表报告期：年度报告期一月一日至十二月三十一日。省（区、市）局、厅每年的二月十五日以前报送到国家土地行政主管部门；各城市土地部门每年一月十五日前报送到国家土地行政主管部门。

季度报表报告期：一月一日至三月三十一日为第一季度报告期；四月一日至六月三十日为第二季度报告期；七月一日至九月三十日为第三季度报告期；十月一日至十二月三十一日为第四季度报告期。省（区、市）局、厅在每季后十日内、各城市土地行政主管部门在每季度后五日内报送到国家土地行政主管部门。

10) 各省、自治区、直辖市土地行政主管部门的计财处（或指定机构）要认真做好组织指导，综合协调本部门各职能机构的统计工作，贯彻并检查监督统计法规的实施。

11) 该报表制度是国家土地土地行政主管部门综合性统计调查制度，土地行政主管部门内各业务司、室可以根据业务需要向系统内对口业务部门作进一步细致的统计调查，但事前须经综合统计机构协调、审核后下发统计报表。对于非法统计报表各单位有权拒报，并应及时向上级行政主管部门反映。

（3）土地统计报表制度的设置。国家土地管理综合统计报表制度共设置 11 个表，其中年报 9 个，定期报表 2 个。

4.2　土地面积量算

土地面积量算是土地统计中一项必不可少的工作内容。它为调整土地利用结构、合理分配土地、收取土地费（税）、制定国民经济计划、农业区划以及土地利用规划等提供数据基础。土地面积测算包括行政管辖区、宗地、土地利用分类等方面的面积量算。

4.2.1　土地调查数据库面积汇总统计规定

1. 基本要求

县级农村土地调查数据库进行成果汇总统计上表之前，应对数据库成果进行检查，数据满足如下要求：

（1）数据库图形面积计算要求。数据库中图形的面积计算应严格按照《图幅理论面积与图斑椭球面积计算公式及要求》（国土调查办发［2008］32 号）的要求进行，经过控制修正的图斑面积应满足第二次全国土地调查成果数据质量检查软件椭球面积检查规则的要求。

（2）县辖区控制面积计算要求。县辖区控制面积计算应严格按照《第二次全国土地调查技术规程》的要求，进行图幅面积控制和分幅累加计算，并制作《图幅理论面积与控制面积接合图表》。

（3）各级面积统计逻辑基本要求。

1）县辖区控制面积应等于村级单位控制面积之和，等于全县所有图斑面积之和（地类图斑层的图斑面积字段汇总值）。

2）村级单位控制面积应等于本村所有图斑面积之和（地类图斑层的图斑面积字段汇总值）。

3）乡级控制面积等于各村级单位控制面积汇总值。

2. 基本步骤

（1）建立数据库面积汇总基础计算表，从数据库中各图层生成数据库面积汇总基础计算表，检查基础计算表的正确性和逻辑一致性。

（2）将数据库面积汇总基础计算表的单位转换为公顷，强制调平小数位取舍造成的误差，形成基础统计表，检查确保基础统计表的正确性和逻辑一致性。

（3）基础统计表是数据库面积汇总统计的基础，在基础数据未发生变化的情况下，各类面积统计报表均由该基础统计表生成。

3. 基础计算表结构

基础计算表按村级单位为单元，分组统计排列。基础计算表的单位为平方米，参考表结构见表4-1。

表4-1   基础计算表参考表结构

序号	字段名称	字段代码	字段类型	字段长度	小数位数	值域	约束条件	备注
1	坐落单位名称							
2	坐落单位代码							
3	权属单位名称							
4	权属单位代码							
5	权属性质							
6	耕地类型							
7	耕地坡度级							
8	土地总面积							
9	（一二级地类面积）							

4.2.2 面积量算的方法

面积量算的方法很多，但概括起来可以分为两大类：一类是解析法面积量算，一类是图解法面积量算。根据实测的数值计算面积的方法称解析法面积量算，从图纸上量算面积的方法称图解法面积量算。土地面积量算遵循"整体到局部，先控制后碎部"的原则，即以图幅理论面积为基本控制，按图幅分级测算，依面积大小比例平差的原则。面积量算方法的选择主要由面积量算的精度要求决定，同时考虑面积的大小和设备条件。

1. 几何图形法

几何图形法是解析法面积量算的一种，之所以称之为解析法，是因为它是根据实地测量有关的边、角元素进行面积计算的方法。将规则图形分割成简单的矩形、梯形或三角形等简单的几何图形分别计算面积并相加得到所需面积的数据。计算面积的边长量至厘米。不具备采用坐标法面积计算的小城镇可采用此法。

(1) 三角形。如图 4-1 所示，三角形面积计算公式为：

$$P = \frac{1}{2}ch_c = \frac{1}{2}bc\sin A \tag{4-1}$$

(2) 四边形。如图 4-2 所示，四边形面积计算公式为：

$$P = \frac{ad\sin A + bc\sin C}{2} \tag{4-2}$$

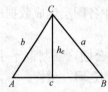
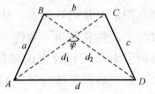

图4-1 三角形面积　　　　图4-2 四边形面积

(3) 梯形。如图 4-2 所示，梯形面积计算公式为：

$$P = \frac{d^2 - b^2}{2(\mathrm{ctan}A + \mathrm{ctan}D)} \tag{4-3}$$

2. 坐标法

坐标法也是解析法面积量算的一种，是指对一个不规则的几何地块，测出该地块边界转折点的坐标值，然后用坐标法面积计算公式计算出地块的面积。

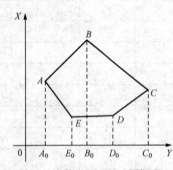

图4-3 坐标法面积计算图示

通常一个地块的形状是一个任意多边形，如果其拐点坐标是在野外实测直接得到的，再利用坐标计算图形的面积，我们称之为解析法。如果其拐点坐标是在地形图或地籍图上图解得到的，从严格意义上来说，应属于图解法。当地块很不规则，甚至某些地段为曲线时，可以增加拐点，测量其坐标。曲线上加密点越多，就越接近曲线，计算出的面积越接近实际面积。

如图 4-3 所示，已知多边形 $ABCDE$ 各顶点的坐标为 (X_A, Y_A)、(X_B, Y_B)、(X_C, Y_C)、(X_D, Y_D)、(X_E, Y_E)，则多边形 $ABCDE$ 的面积：

$$P_{ABCDE} = P_{A_0ABCC_0} - P_{A_0AEDCC_0} = P_{A_0ABB_0} + P_{B_0BCC_0} - (P_{CC_0D_0D} + P_{DD_0E_0E} + P_{EE_0A_0A})$$

$$= (X_A + X_B)(Y_B - Y_A)/2 + (X_B + X_C)(Y_C - Y_B)/2 + (X_C + X_D)(Y_D - Y_C)/2$$

$$+ (X_D + X_E)(Y_E - Y_D)/2 + (X_E + X_A)(Y_A - Y_E)/2$$

化成一般形式：

$$\left. \begin{aligned} 2P &= \sum_{i=1}^{n}(X_i + X_{i+1})(Y_{i+1} - Y_i) \\ 2P &= \sum_{i=1}^{n}(Y_i + Y_{i+1})(X_{i+1} - X_i) \end{aligned} \right\} \tag{4-4}$$

$$P = \frac{1}{2} \sum_{i=1}^{n} X_i (Y_{i+1} - Y_{i-1}) \left.\right\}$$

$$P = \frac{1}{2} \sum_{i=1}^{n} Y_i (X_{i-1} - X_{i+1}) \left.\right\}$$

$$(4 - 5)$$

其中，X_i，Y_i 为地块拐点坐标。当 $i-1=0$ 时，$X_0 = X_n$，当 $i+1=n+1$ 时，$X_{n+1} = X_1$。

3. 格网法

利用伸缩性小透明的板材建立起互相垂直的平行线，将板材放在地图上适当的位置进行土地面积测算的方法，称为格网法。板材上平行线间的间距为 1mm，则每一个方格是面积为 $1mm^2$ 的正方形，把它的整体称为方格网求积板。

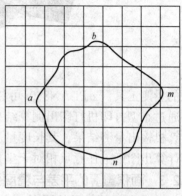

图 4 - 4 中曲线部分为要量测的图形，可将透明方格网置于该图形的上面，首先累积计算图形内部的整方格数，再估读被图形边线分割的非整格面积，两者相加即得图形面积。

图 4 - 4　格网法图示

4. 求积仪法

在国内市场上，此种仪器来源于日本的测机舍，主要型号有三种：动极式 KP-90（图 4 - 5）、定极式 KP-80（图 4 - 6）和多功能 x-PLAN360i（图 4 - 7）。

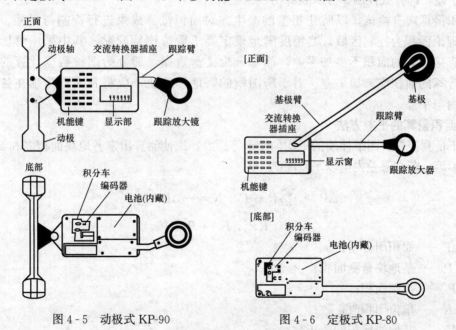

图 4 - 5　动极式 KP-90　　　　　图 4 - 6　定极式 KP-80

用 KP-80 和 KP-90 可求出允许测量面积范围内的任意闭合图形的面积，可进行面积的累加计算，可求出多次量测值（可多达 10 次）的平均值。测算时可选择比例尺和面积单位，测量精度在 ±0.2% 以内。

x-PLAN360i 是一种多功能的仪器，它集数字化和计算处理功能为一体，是一种十分方

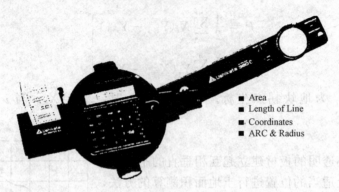

图 4-7　多功能 x-PLAN360i

便的量测工具。x-PLAN360i 可以量测面积、线长（直线或曲线）、坐标、弧长和半径等，并通过小型打印机打印出测算结果，同时也可通过 RS232C 接口接收来自计算机的指令或向计算机输出量测结果。其长度量测的分辨率可高达 0.05mm。由于该仪器具有数字功能，可以计算出图纸上任意点相对于坐标原点和坐标轴的坐标。

4.2.3　面积量算的平差与精度要求

1. 面积量算的平差原则

土地面积量算，与一般测量工作一样，也有整体与局部、控制与碎部之分，所以其量算的总原则也是从整体到局部，先控制后碎部，层层控制、分级量算、块块检查、逐级按面积成比例平差，即分级控制、分级量算与平差。

面积量算应有检核，以防止粗差的产生并对面积量算成果进行控制与平差。以街道或图幅理论面积为控制区域，当精度满足规定要求后按比例配赋。其中采用解析法或丈量数据直接计算的面积不参加平差，而部分为丈量数据，部分为图解数据计算的面积及图解法计算的面积应参加平差。对于跨图幅的宗地和地块，应将其面积分别在各图幅内进行量测与平差。

2. 面积量算的平差方法

由于量测误差、图纸伸缩的不均匀变形等原因，致使测算出来各地块面积之和 $\sum P'_i$ 与控制面积不等，若在限差内可以平差配赋，即

$$\Delta P = \sum_{i=1}^{k} P'_i - P_0,\ K = -\Delta P / \sum_{i=1}^{k} P'_i$$

$$V_i = KP'_i,\ P_i = P'_i + V_i \tag{4-6}$$

式中　ΔP——面积闭合差；

　　P'_i——某地块量测面积；

　　P_0——控制面积；

　　K——单位面积改正数；

　　V_i——某地块面积的改正数；

　　P_i——某地块平差后的面积。

平差后的面积应满足检核条件：

$$\sum_{i=1}^{k} P_i - P_0 = 0 \tag{4-7}$$

3. 面积量算的精度要求

(1) 一般规定。土地面积量算要求无论采用何种量算方法，均应独立量算两次。不同的量算方法与面积大小，对两次量算结果有不同的较差要求。对于图解法量算时，应选用图纸变形小的原图上进行。两次量算的较差在限差之内的取中数，否则需重新量算。

例如，用求积仪对同一图形两次测算，分划值的较差不超过表4-2的规定。

表 4 - 2　　　　　　　　　　　求积仪对同一图形两次测算的分划值的较差

求积仪量测分划值数	允许误差分划数	求积仪量测分划值数	允许误差分划数
<200	2	>2000	4
200~2000	3		

注：其指标适用于重复绕圈的累计分划值。

当用其他方法量算时，同一图斑两次测算面积较差与其面积之比应小于表4-3的规定。

表 4 - 3　　　　　　　　　　　同一图斑两次测算面积较差与其面积之比

图上面积/mm²	允许误差	图上面积/mm²	允许误差
<20	1/20	1000~3000	1/150
50~100	1/30	3000~5000	1/200
100~400	1/50	>5000	1/250
400~1000	1/100		

(2) 土地分级量算的限差要求。为了保证土地面积测算成果精度，通常按分级与不同测算方法来规定它们的限差。

1) 分区土地面积测算允许误差，按一级控制要求计算，即

$$F_1 < 0.0025 P_1 = P_1/400 \tag{4-8}$$

式中　F_1——与图幅理论面积比较的限差（hm²）；

P_1——图幅理论面积（hm²）。

2) 土地利用分类面积测算限差，作为二级控制，分别按不同公式计算。

求积仪法：

$$F_2 \leqslant \pm 0.08 \times \frac{M}{10\ 000} \sqrt{15 P_2} \tag{4-9}$$

方格法：

$$F_3 \leqslant \pm 0.1 \times \frac{M}{10\ 000} \sqrt{15 P_2} \tag{4-10}$$

式中　F_2、F_3——不同测算方法与分区控制面积比较的限差（hm²）；

M——被量测图纸的比例尺分母；

P_2——分区控制面积（hm²）。

4.2.4　土地面积量算的程序

从土地面积测算的全过程来看，一般是三级量算两级控制：图幅土地面积测算为第一级量算，其理论面积作为首级控制；街坊（或村）为第二级量算，其平差后的面积和为第二级

控制；宗地（或农村地类）面积为第三级量算。土地面积量算程序如图 4-8 所示。

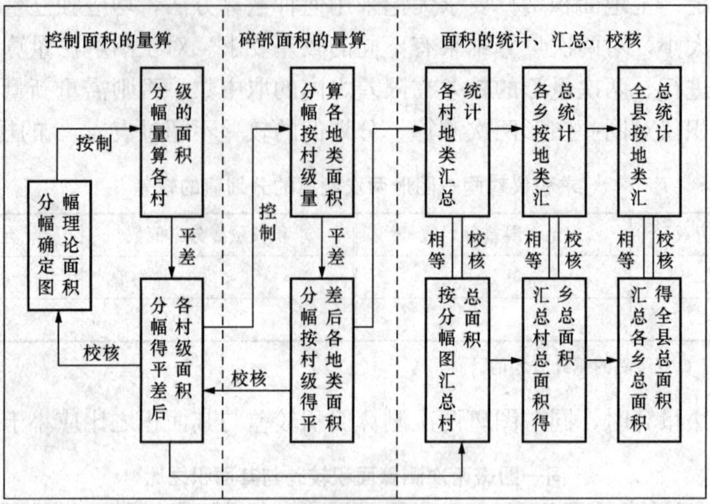

图 4-8　土地面积量算程序

1. 图幅面积量算

（1）图幅理论面积查算。

1）梯形图幅面积。根据不同比例尺，以图幅纬度为引数，直接在《大比例尺图幅元素表》中的"图廓大小与图幅面积"栏内查取图幅理论面积。

2）正方（矩）形图幅面积。可以根据不同比例尺和图廓边的理论尺寸，直接计算其图幅的理论面积。

（2）图幅实际面积量算。当图纸为聚酯薄膜，其伸缩变形较小时，可以直接引用图幅的理论面积；否则应在图纸上量取图廓尺寸与对角线长度，然后组成两组不同的三角形，根据三角形面积公式，计算其面积（要进行图纸形变改正）。两组结果可以起检核作用。

2. 街坊（或村）面积测算

（1）用解析法测算街坊（或村）面积。用解析法野外施测出各街坊拐点的坐标，组成一个闭合多边形，根据公式（4-5）计算出街坊面积，并以此控制街坊内各宗地和其他地类面积。

（2）用图解法测算街坊（或村）的面积。

1）以图幅为单位，用数字面积仪法或其他方法，在图上量测出各街坊（村）的面积。

2）求其闭合差。将其图幅内各街坊面积相加，与图幅理论面积比较，求出面积闭合差。

3）闭合差在限差内，将不符合值配赋到各街坊（或村）的面积中。

4）检核。平差配赋后各街坊（村）的面积之和，应与图幅理论面积相等。

3. 宗地与地类面积测算

宗地面积可采用解析法和图解法，地类（如道路、水系、空闲地等）面积采用图解法测算。平差方法和误差分配同前。

习 题 与 思 考 题

1. 土地统计有哪些类型？其各自任务是什么？

2. 什么是土地统计指标？它有何作用？

3. 简述土地统计指标体系的组成。

4. 简述土地统计调查的内容要求、种类和方法。

5. 试述土地初始统计调查的主要内容。

6. 试述土地变更统计调查的意义、原则和任务。

7. 土地变更统计调查的方法有哪些？

8. 我国现行的土地统计制度是什么？

9. 什么是土地统计报表制度？

10. 什么是解析法面积测算？常用的方法有哪些？

11. 土地面积测算有哪几项改算？试述改算的基本原理。

12. 土地面积测算与平差的原则是什么？

13. 试述只有一个权利人的宗地应计算土地面积的项目和关系。

14. 试述共有使用权宗地面积计算中，分摊土地面积的原则和方法。

15. 简述用图解法测算街坊（或村）面积的基本步骤。

第 5 章　地 籍 控 制 测 量

地籍控制测量是根据界址点和地籍图的精度要求，视测区范围的大小、测区内现存控制点数量和等级等情况，按测量的基本原则和精度要求进行技术设计、选点、埋石、野外观测、数据处理等测量工作，是关系到地籍图件和界址点精度的重要技术环节。

5.1　国家坐标系与地方独立坐标系

5.1.1　大地坐标系

大地坐标系是以参考椭球面为基准的，其两个参考面分别是通过英国格林尼治天文台与椭球短轴所作的平面，称为起始子午面（图 5-1 中的 P_1GP_2 平面），它与椭球表面的交线称为子午线；及过椭球中心 O 与短轴相垂直的平面，即 Q_1EQ_2 平面，称为赤道平面。

过地面点 P 的子午面与起始子午面之间的夹角，称为大地经度，用 L 表示，并规定以起始子午面为起算，向东量取为东经（正号），取值由 0° 到 +180°；向西量取为西经（负号），取值由 0° 到 -180°。

图 5-1　大地坐标系

地面点 P 的法线（过 P 点与椭球面相垂直的直线）与赤道平面的交角，称为大地纬度，用 B 表示。并规定以赤道平面为起算，向北量取为北纬（正号），取值由 0° 到 +90°；向南量取为南纬（负号），取值由 0° 到 -90°。

地面点 P 沿法线方向至椭球面的距离，称为大地高，用 H 表示，从参考椭球面起算向外为正，向内为负。

例如 $P(L,B)$ 表示地面点 P 在椭球上投影点的位置，而 $P(L,B,H)$ 则表示地面点 P 在空间的位置。

5.1.2　高斯平面直角坐标系

将旋转椭球当作地球的形体，球面上点的位置可用大地坐标 (L,B) 来表示。球面不经过形变是不可能展开成平面的，而在地籍测量中，却需要用平面表示，因此就存在如何将球面上的点转换到平面上去的问题。解决的途径就是通过地图的投影方法将球面上的点投影到平面上。地图投影的种类很多，地籍测量主要选用高斯—克吕格投影（简称高斯投影），以高斯投影为基础建立的平面直角坐标系称为高斯平面直角坐标系。

1. 高斯平面直角坐标系的原理

高斯投影就是运用数学法则，将球面上点的坐标 (L,B) 与平面上坐标 (X,Y) 之间建立起一一对应的函数关系，即

$$\left. \begin{array}{l} X = f_1(L,B) \\ Y = f_2(L,B) \end{array} \right\} \tag{5-1}$$

从几何概念来看，高斯投影是一个横切椭圆柱投影。将一个椭圆柱横套在椭球外面（图

5-2)，使椭圆柱的中心轴线 QQ_1 通过椭球中心 O，并位于赤道平面上，同时与椭球的短轴（旋转轴）相垂直，而且椭圆柱与球面上一条子午线相切。这条相切的子午线称中央子午线（或称轴子午线）。过极点 N（或 S）沿着椭圆柱的母线切开便是高斯投影平面（图 5-3）。中央子午线和赤道的投影是两条互相垂直的直线，分别为纵轴（X 轴）和横轴（Y 轴），于是就建立起高斯平面直角坐标系。其余的经线和纬线的投影均是以 X 轴和 Y 轴为对称轴的对称曲线。

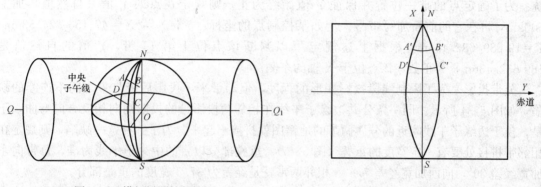

图 5-2　横切椭圆柱投影图　　　　　　图 5-3　高斯投影平面

2. 高斯投影带的划分

高斯投影属等角（或保角）投影，即投影前、后的角度大小保持不变，但线段长度（除中央子午线外）和图形面积均会产生变形，离中央子午线越远，则变形越大。变形过大将会使地籍图发生"失真"，因而失去地籍图的应用价值。为了避免上述情况的产生，有必要把投影后的变形限制在某一允许范围之内。常采用的解决方法就是分带投影，即把投影范围限制在中央子午线两旁的狭窄区域内，其宽度为 6°、3°或 1.5°。该区域即被称为投影带。如果测区边缘超过该区域，就使用另一投影带。

我国通常采用 6°带和 3°带两种分带方法。6°带划分是从首子午线开始，自西向东每隔经差 6°的范围为一带，依次将参考椭球面分为 60 带，其相应的带号依次为 1，2，3，…，60。经差每 3°分为一带，称为 3°带。它是在 6°带基础上划分的，就是 6°带的中央子午线和边缘子午线均为 3°带的中央子午线。3°带的带号是自东经 1.5°起，每隔 3°按 1，2，3，…，120 顺序编号，如图 5-4 所示。

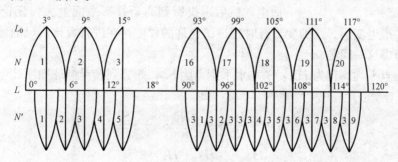

图 5-4　投影带的划分

若 6°带的带号为 N，则各带中央子午线的经度 L_0 为：

$$L_0 = N \times 6° - 3° \tag{5-2}$$

若3°带的带号为 N'，则各带中央子午线的经度 L_0' 为：

$$L_0' = N' \times 3° \tag{5-3}$$

若某城镇地处两相邻带的边缘时，也可取城镇中央子午线为中央子午线，建立任意投影带，这样可避免一个城镇横跨两个带，同时也可减少长度变形的影响。

每一投影带均有自己的中央子午线、坐标轴和坐标原点，形成独立的但又相同的坐标系统。为了确定点的唯一位置并保证 Y 值始终为正，则规定在点的 Y 值（自然值）加上 500km，再在它的前面加写带号。例如某控制点的坐标（6°带）为 $X = 47\ 156\ 324.536$m、$Y = 19\ 689\ 632.436$m，根据上述规定可以判断该点位于第 19 带，Y 值的自然值是 $189\ 632.436$m，为正数，该点位于 X 轴的东侧。

分带投影是为了限制线段投影变形的程度，但却带来了投影后带与带之间不连续的缺陷，如图 5-4 所示。同一条公共边缘子午线在相邻两投影带的投影则向相反方向弯曲，于是，位于边缘子午线附近的分属两带的地籍图就拼接不起来。为了弥补这一缺陷，则规定在相邻带拼接处要有一定宽度的重叠（图 5-5）。重叠部分以带的中央子午线为准，每带向东加宽经差 $30'$，向西加宽经差 $7.5'$。相邻两带就是经差为 $37.5'$ 宽度的重叠部分。

位于重叠部分的控制点应具有两套坐标值，分属东带和西带，地籍图、地形图上也应有两套坐标格网线，分属东、西两带。这样，在地籍图、地形图的拼接和使用，控制点的互相利用以及跨带平差计算等方面都是方便的。

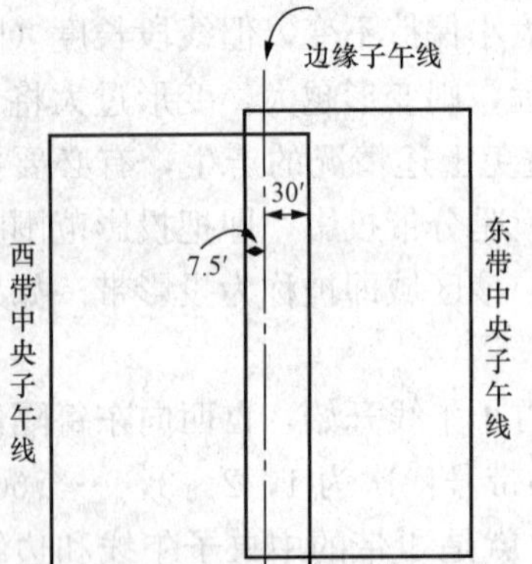

图 5-5 相邻两带的拼接

3. 高斯投影长度变形

地面上有两点 A、B，已知它们的平面直角坐标分别为 $A(X_A, Y_A)$、$B(X_B, Y_B)$，则可由式（5-4）计算出 AB 间的距离 S：

$$S = \sqrt{(X_B - X_A)^2 + (Y_B - Y_A)^2} \tag{5-4}$$

S 仅表示在高斯投影平面上两点间的距离。若用测量工具（如钢尺、测距仪器等）在地面直接测量这两点的水平距离 S_1，是不会与 S 相等的，它们之间的差值就是由长度变形所引起的。

测量工作总是把直接测得的边长首先归算到参考椭球面上，然后再投影到高斯投影平面上去，无论是归算还是投影过程总要产生变形。这种变形有时超过了允许的程度，在进行大比例尺的地籍图测绘工作时，必须考虑这一问题。

假如某两点平均高程为 H_m，平均水平距离为 S_m，归算到参考椭球面所产生的变形大小用式（5-5）计算：

$$\Delta S = -\frac{H_m}{R} S_m + \frac{H_m^2}{R^2} S_m + \frac{S_0^2}{24R^2} \tag{5-5}$$

$$H_m = (H_A + H_B)/2$$

式中　H_A、H_B——分别为 A、B 两点的高程；

　　　　R——平均曲率半径；

　　　　S_0——两点投影到参考椭球面上的弦长。

式（5-5）右端前两项是当地面距参考椭球面有一定的高度（即 $H_m \neq 0$）时产生的变形。H_m 越大，变形也越大，所以在高原地区进行测量工作要特别重视这种变形的影响。右端第三项是由地球曲率所引起的。例如，某两点平均高程为 $H_m = 500m$，平均水平距离为 $S_m = 1000m$，按式（5-5）计算得：

$$\Delta S = -78.5mm + 0.006mm + 0.001mm = -78.5mm$$

参考椭球面上的长度投影到高斯平面上所产生的变形，用式（5-6）计算：

$$\Delta S = \frac{1}{2}\left(\frac{Y_m}{R}\right)^2 \times S \qquad (5-6)$$

式中　Y_m——两点的横坐标（自然值）的平均值；

R——平均曲率半径；

S——两点（长度）归算到参考椭球面上的长度。

由式（5-6）可知，线段离中央子午线越远（即 Y_m 越大），所产生的变形越大。

例如，已知 A、B 两点在参考椭球面上的长度 $S = 1000m$，$Y_A = 75\ 124.5m$，$Y_B = 75\ 523.4m$，两点的平均纬度 $B_m = 31°14'$，将它投影到高斯投影平面上所产生的变形，按式（5-6）计算得：$\Delta S = +70mm$。

为减少因长度变形而引起的误差，一般采用如下方法：若因测区地面平均高程引起的变形大于 2.5cm/km 时，则采用测区平均高程面作为归算面以减少变形，这是因为 H_m 值变得很小，由式（5-6）可知，ΔS 必然也很小。若因测区偏离中央子午线而引起的投影变形大于 2.5cm/km 时，则应选择测区中央的某一子午线为投影带的中央子午线，带宽为 3°，由此建立的投影带称为任意投影带。

4. 平面坐标转换

坐标转换是指某点位置由一坐标系的坐标转换成另一坐标系的坐标的换算工作，也称为换带计算。它包括 6°带与 6°带之间、3°带与 3°带之间、3°带与 6°带之间以及 3°（6°）与任意投影带之间的坐标转换。

坐标转换计算（也称换带计算）利用高斯正、反算公式（即高斯投影函数式）进行。具体做法是：先根据点的坐标值（X，Y），用投影反算公式计算出该点的大地坐标值（L，B），再应用投影正算公式换算成另一投影带的坐标值（X'，Y'）。

5.1.3　国家坐标系和地方独立坐标系

1. 国家坐标系

（1）1954 年北京坐标系。新中国成立以后，我国大地测量进入了全面发展时期，为满足国家建设的需要，我国采用了苏联的克拉索夫斯基椭球参数，其为长半轴 $a = 6\ 378\ 245m$，扁率 $f = 1/298.3$，并与前苏联 1942 年坐标系进行联测，通过计算建立了我国大地坐标系，定名为 1954 年北京坐标系。1954 年北京坐标系为参心坐标系，其原点在苏联的普尔科沃。与 1942 年苏联普尔科沃坐标系所不同的是，1954 年北京坐标系的高程异常是以苏联 1955 年大地水准面差距重新平差结果为起算值，且以 1956 年青岛验潮站求出的黄海平均海水面为基准面，按我国的天文水准路线传算出来的。

（2）1980 西安坐标系。由于 1954 年北京坐标系大地原点距我国甚远，在我国范围内该参考椭球面与大地水准面存在明显的差距，在东部地区最大达 68m 之多。因此，1978 年 4 月在西安召开全国天文大地网平差会议，确定重新定位，其数值为 1975 年国际大地测量与地球物理联合会第十六届大会推荐的数据。

长半轴：$a=6\ 378\ 140m$；扁率：$f=1/298.257$

地球引力常数（含大气层）：$GM=3.986\ 005×10^{14}m^3/s^2$

地球重力场二阶带谐系数：$J_2=1.082\ 63×10^{-3}$

地球自转角速度：$\omega=7.292\ 115×10^{-5}rad/s$

该坐标系也是一种参心坐标系，其大地原点设在我国中部的陕西省泾阳县永乐镇，位于西安市西北方向约 60km，故又称 1980 西安坐标系。基准面采用青岛大港验潮站 1952～1979 年确定的黄海平均海水面（即 1985 国家高程基准）。

（3）2000 国家大地坐标系。随着社会的进步，科技的发展，参心坐标系已不适合建立全球统一坐标系，不便于阐明地球上各种地理和物理现象，特别是空间物体的运动。现在利用空间技术所得到的定位和形象成果都是以地心坐标系为参照系，迫切需要采用原点位于地球质量中心的地心坐标系作为国家大地坐标系。为此，国家测绘局公布自 2008 年 7 月 1 日起启用 2000 国家大地坐标系。2000 国家大地坐标系是全球地心坐标系在我国的具体体现，其原点为包括海洋和大气的整个地球的质量中心。2000 国家大地坐标系采用的地球椭球参数如下：

长半轴：$a=6\ 378\ 137m$

扁率：$f=1/298.257\ 222\ 101$

地心引力常数：$GM=3.986\ 004\ 418×1014m^3/s^2$

自转角速度：$\omega=7.292\ 115×10^{-5}rad/s$

（4）WGS-84 坐标系（World Geodetic System-1984 Coordinate System）。WGS-84 坐标系是一种国际上采用的地心坐标系，由美国国防部研制确定的，是一种协议地球坐标系。

WGS-84 坐标系的几何定义是：坐标系的原点是地球的质心，Z 轴指向 BIH（国际时间）1984.0 定义的协议地球极（CTP）方向，X 轴指向 BIH 1984.0 的零子午面和 CTP 赤道的交点，Y 轴和 Z、X 轴构成右手坐标系。

WGS-84 椭球采用国际大地测量与地球物理联合会第 17 届大会大地测量常数推荐值，采用的 4 个基本参数是：

长半轴：$a=6\ 378\ 137m$

地球引力常数（含大气层）：$GM=3\ 986\ 005×10^8m^3/s^2$

正常化二阶带谐系数：$\overline{C}_{2.0}=-484.166\ 85×10^{-6}$

地球自转角速度：$\omega=7\ 292\ 115×10^{-11}rad/s$

2. 地方独立坐标系

地籍测量工作中应首先尽可能采用国家统一坐标系，当测区远离中央子午线或横跨两带，或由于测区平均高程较大，而导致长度投影变形较大，难以满足精度要求时，采用国家坐标系会带来许多不便。因此，基于限制变形，以及方便实用、科学的目的，在实际工作中中往往会建立适合本测区的地方独立坐标系。这时可以选择测区中央某一子午线作为投影带的中央子午线，由此建立任意投影带独立坐标系。这既可使长度投影变形小，又可使整个测区处于同一坐标系内，无论对提高地籍图的精度还是拼接以及使用都是有利的。当投影变形值小于 2.5cm/km 时，可不经投影直接建立独立坐标系，可采用以下几种方法：

（1）用国家控制网中的某一点坐标作为原点坐标，某边的坐标方位角作为起始方位角。

（2）从中、小比例尺地形图上用图解方法量取国家控制网中一点的坐标或一明显地物点的坐标作为原点坐标，量取某边的坐标方位角作为起始方位角。

（3）假设原点的坐标和一边的坐标方位角作为起始方位角。

5.2 地籍平面控制测量

5.2.1 地籍控制测量的原则

地籍控制测量必须遵循"从整体到局部、由高级到低级、分级控制（或越级布网）"的原则。

《城镇地籍调查规程》规定："地籍平面控制测量应尽量采用国家统一坐标系，条件不具备的地方也可采用地方坐标系或独立坐标系。"地籍控制测量分为地籍基本控制测量和地籍图根控制测量两种。地籍基本控制测量可采用三角网（锁）、三边网、导线网和 GPS 相对定位测量网进行施测，施测的地籍基本控制网点分为一、二、三、四等和一、二级。精度高的网点可作精度低的控制网的起算点。在基本控制网的基础上，再布设地籍图根控制网，以加密控制满足测量界址点的需要，地籍图根控制测量主要采用导线网和 GPS 相对定位测量网施测，施测的地籍图根控制网点分为一、二级。

5.2.2 地籍控制点的精度和密度

1. 地籍控制点的精度

地籍平面控制在精度上要满足测定宗地界址点坐标精度的要求，在密度上要满足权属界址等地籍细部测量的要求。

地籍平面控制测量的精度是以界址点的精度和地籍图的精度为依据而制定的，与地籍图的比例尺精度无关。《城镇地籍调查规程》规定："四等网中最弱相邻点的相对点位中误差不得超过±5cm，四等以下网最弱点（相对于起算点）的点位中误差不得超过±5cm。"

2. 地籍控制点的密度

平面控制点的密度与测图比例尺无直接关系，应根据界址点的精度和密度以及地籍图测图比例尺和成图方法等因素综合确定，但还应考虑到地籍测量的特殊性，满足日常地籍管理的需要。地籍控制点密度的确定必须首先保证满足界址点测量的要求，再考虑测图比例尺所要求的控制点密度，最小密度应符合《城市测量规范》的要求。在通常情况下，地籍控制网点的密度为：

（1）城镇建城区：100～200m 布设三级地籍控制。

（2）城镇稀疏建筑区：200～400m 布设二级地籍控制。

（3）城镇郊区：400～500m 布设一级地籍控制。

在旧城居民区，内巷道错综复杂，建筑物多而乱，界址点非常多，在这种情况下应适当地增加控制点和埋石的密度和数目，以满足地籍测量的需求。

5.2.3 地籍控制测量的主要技术要求

地籍控制测量可采用三角网（锁）、三边网、导线网和 GPS 网等进行施测，根据不同的施测方法，各等级地籍基本控制网点的主要技术指标也各不相同，具体要求详见表 5-1～表 5-5。

表 5 - 1   **各等级三角网的主要技术规定**

等级	平均边长/km	测角中误差/(″)	起始边相对中误差	导线全长相对闭合差	水平角观测测回数			方位角闭合差/(″)
					DJ$_1$	DJ$_2$	DJ$_3$	
二等	9	±1.0	1/300 000	1/120 000	12			±3.5
三等	5	±1.8	1/200 000（首级） 1/120 000（加密）	1/80 000	6	9		±7.0
四等	2	±2.5	1/120 000（首级） 1/80 000（加密）	1/45 000	4	6		±9.0
一级	0.5	±5.0	1/80 000（首级） 1/45 000（加密）	1/27 000		2	6	±15.0
二级	0.2	±10.0	1/27 000	1/14 000		1	3	±30.0

表 5 - 2   **各等级三边网主要技术规定**

等级	平均边长/km	测距相对中误差	测距中误差/mm	测距仪等级	测距测回数	
					往	返
二等	9	1/300 000	±30	I	4	4
三等	5	1/100 000	±30	I、II	4	4
四等	2	1/120 000	±16	I/II	2/4	2/4
一级	0.5	1/33 000	±15	II	2	2
二级	0.2	1/17 000	±12	II	2	2

表 5 - 3   **各等级测距导线主要技术规定**

等级	平均边长/m	附合导线长度/km	测距中误差/mm	测角中误差/(″)	导线全长相对闭合差	水平角观测测回数			方位角闭合差/(″)
						DJ$_1$	DJ$_2$	DJ$_3$	
三等	3000	15.0	±18	±1.5	1/60 000	8	12		±3$\sqrt{n}$
四等	1600	10.0	±18	±2.5	1/40 000	4	6		±5$\sqrt{n}$
一级	300	3.6	±15	±5.0	1/14 000		2	6	±10$\sqrt{n}$
二级	200	2.4	±12	±8.0	1/10 000		1	3	±16$\sqrt{n}$
三级	100	1.5	±12	±12.0	1/6000		1	2	±24$\sqrt{n}$

注：n 为导线转折角个数。当导线布设网状，结点与结点、结点与起始点间的导线长度不超过表中的附合导线长度的 0.7 倍。

表 5 - 4   **各等级 GPS 相对定位测量的主要技术规定（1）**

等级	平均边长 D/km	GPS接收机性能	测量量	接受机标称精度优于	同步观测接收数量
二等	9	双频（或单频）	载波相位	10mm+2×10^{-6}	≥2
三等	5	双频（或单频）	载波相位	10mm+3×10^{-6}	≥2
四等	2	双频（或单频）	载波相位	10mm+3×10^{-6}	≥2
一级	0.5	双频（或单频）	载波相位	10mm+3×10^{-6}	≥2
二级	0.2	双频（或单频）	载波相位	10mm+3×10^{-6}	≥2

表 5 - 5 各等级 GPS 相对定位测量的主要技术规定 (2)

项 目	等 级				
	二等	三等	四等	一级	二级
卫星高度角	≥15°	≥15°	≥15°	≥15°	≥15°
有效观测卫星数	≥6	≥4	≥4	≥3	≥3
时段中任一卫星有效观测时间/min	≥20	≥15	≥15		
观测时间段	≥2	≥2	≥2		
观测时段长度/min	≥90	≥60	≥60		
数据采样间隔	15~60	15~60	15~60		
卫星观测值象限分布	3 或 1	2~4	2~4	2~4	2~4
点位几何图形强度因子/PDOP	≤8	≤10	≤10	≤10	≤10

5.2.4 地籍平面控制测量的方法

1. 利用 GPS 卫星定位技术布测地籍基本控制网

GPS 卫星定位技术的迅速发展，给测绘工作带来了革命性的变化，也给地籍测量工作，特别是地籍控制测量工作带来了巨大的影响。由于 GPS 技术具有布点灵活、全天候观测、观测及计算速度快、精度高等优点，使 GPS 技术已逐步发展成为控制测量中的主导技术手段与方法。在实际工作中一般分为以下几个工作阶段：

（1）准备工作。

1）已有资料的收集与整理。主要收集测区基本概况资料、测区已有的地形图、控制点成果、地质和气象等方面的资料。

2）GPS 网形设计。根据测区实际情况和测区交通状况确定布网观测方案，GPS 网应由一个或若干个独立观测环构成，以增加检核条件，提高网的可靠性，可按点连式、边连式、边点混合连接式、星形网、导线网、环形网基本构网方法有机地连接成一个整体。其中：点连式、星形网、导线网附合条件少，精度低；边连式附合条件多，精度高，但工作量大；边点混合连接式和环形网形式灵活，附合条件多，精度较高，是常用的布设方案。

（2）选点和埋石。由于 GPS 观测站之间不需要相互通视，所以选点工作较常规测量要简便得多。但是，考虑到 GPS 点位的选择对 GPS 观测工作的顺利进行并得到可靠的效果有重要的影响，所以应根据测量任务、目的、测区范围对点位精度和密度的要求，充分收集和了解测区的地理情况及原有的控制点的分布和保存情况，尽量选点在视野开阔，远离大功率无线电发射源和高压线及对电磁波反射（或吸收）强烈的物体，地面基础坚固，交通方便的地方。选好点位后，应按要求埋设标石，以便保存，为了使用方便，最好至少能与另一埋石点通视。

（3）GPS 外业观测。

1）选择作业模式。为了保证 GPS 测量的精度，在测量上通常采用载波相位相对定位的方法。GPS 测量作业模式与 GPS 接收设备的硬件和软件有关，主要静态相对定位模式、快速静态相对定位模式、伪动态相对定位模式和动态相对定位模式四种。

2）天线安置。测站应选择在反射能力较差的粗糙地面，以减少多路径误差，并尽量减少周围建筑物和地形对卫星信号的遮挡。天线安置后，在各观测时段的前后各量取一次仪器高。

3）观测作业。观测作业的主要任务是捕获 GPS 卫星信号并对其进行跟踪、接收和处理，以获取所需的定位信息和观测数据。

4）观测记录与测量手簿。观测记录由 GPS 接收机自动形成，测量手簿是在观测过程中由观测人员填写。

（4）内业数据处理。

1）GPS 基线向量的计算及检核。GPS 测量外业观测过程中，必须每天将观测数据输入计算机，并计算基线向量。计算工作是应用随机软件或其他研制的软件完成的。计算过程中要对同步环闭合差、异步环闭合差以及重复边闭合差进行检查计算，闭合差符合规范要求。

2）GPS 网平差。GPS 控制网是由 GPS 基线向量构成的测量控制网。GPS 网平差可以以构成 GPS 向量的 WGS-84 系的三维坐标差作为观测值进行平差，也可以在国家坐标系中或地方坐标系中进行平差。

（5）提交成果。提交成果包括技术设计说明书、卫星可见性预报表和观测计划、GPS 网示意图、GPS 观测数据、GPS 基线解算结果、GPS 基点的 WGS-84 坐标、GPS 基点的国家坐标中的坐标或地方坐标系中的坐标。

2. 利用全站仪进行地籍基本控制测量

在城镇地区，由于建筑物密集，在地面进行 GPS 测量信号死角多，所以 GPS 测量往往具有一定难度。而导线测量则布设灵活，实施方便，通常使用 GPS 做完首级控制后，再利用全站仪加密控制点。导线测量的布设形式一般为单一导线或导线网。其布设规格和技术指标见表 5-3。具体操作分为以下几个步骤。

（1）收集资料、实地踏勘。收集本测区的资料，包括小比例尺地形图和去测绘管理部门抄录已有控制点成果，然后去测区踏勘，了解测区行政隶属、气候及地物、地貌状况、交通现状、当地风俗习惯等。同时踏勘测区已有控制点，了解标石和标志的完好情况。

（2）技术设计。根据测区范围、地形状况、已有控制点数量及分布，确定确定全站仪导线的等级和规程，拟定技术设计。既要考虑控制网的精度，又要考虑节约作业费用，也就是说在进行控制网图上选点时，要从多个方案中选择技术和经济指标最佳的方案，这就是控制网优化问题。

（3）选点埋石。根据图上设计进行野外实地选点时应尽量选在土质坚实、视野开阔、相邻点间通视良好的地方，同时要有足够的密度，点位分布力求均匀，为了长期保存点位和便于观测工作的开展，还应在所选的点上造标埋石，绘制点之记。

（4）外业观测。采用全站仪施测导线时，其主要工作是进行水平角和边长观测，有关技术见表 5-3。

（5）平差计算。计算是根据观测数据通过一定方法计算出点的空间位置。计算之前，应全面检查导线测量外业记录，数据是否齐全，可靠，成果是否符合精度要求，起算数据是否准确。控制网的平差计算可以利用平差软件来完成，如清华山维 NASEW，南方平差易。

运用清华山维平差软件 NASEW 进行图根控制平差计算的一般处理过程为：

1）数据输入。可以是键入整理好的观测记录，也可以是从 ELER 生成的 MSM 文件。

2）概算。完成全网的坐标高程计算，或反算观测值，归心改正，投影改化等，并能计算控制网的各种路线闭合差，以方便对观测质量的评价和粗差定位。

3）平差。在选择平差中设置先验误差，进行单次平差或验后定权法平差。

4）精度评定。NASEW 对所有点和边进行精度评定，还可对用户指定的边进行评定。

5）成果输出。根据打印机和纸张的设置，以及所选的字体，NASEW 自动设计和调整每页输出的内容和网图等，并提供了模拟预显功能。

3. 图根控制测量

图根控制测量是为满足地籍细部测量和日常地籍管理的需要，在基本控制（首级网和加密控制网）点的基础上进行加密，其控制成果直接供测图及测量界址点使用。地籍图根控制点的精度和密度应满足界址点坐标测量的精度要求，特别对于城镇建筑物密集、错综复杂、条件差的地区，应根据地籍细部测量的实际要求，适当增加图根控制点的密度。

地籍图根控制测量不仅要为当前的地籍细部测量服务，同时还要满足日常地籍管理的需要，因此在地籍图根控制点上应尽可能埋设永久性或半永久性标志。地籍图根控制点在内业处理时，应有示意图、点之记描述。

地籍图根控制测量通常采用图根导线测量的方法，其主要技术规定见表 5 - 6，导线布设形式可以是附合导线、闭合导线，也可以是无定向导线和支导线。同时，随着 GPS-RTK（Global Positioning System Real-time kinematic）技术的日益成熟，利用 GPS-RTK 进行图根控制测量已经普遍应用与实际工作中，利用 RTK 进行控制测量不受天气、地形、通视等条件的限制，操作简便、机动性强，工作效率高，大大节省人力，不仅能够达到导线测量的精度要求，而且误差分布均匀，不存在误差积累问题，是其他方法无法比拟的。

表 5 - 6   光电测距图根导线主要技术规定

等级	平均边长 /m	导线长度 /km	测距中误差 /mm	测角中误差/(″)	导线全长相对闭合差	水平角观测测回数		方位角闭合差/(″)	距离测回数
						DJ$_2$	DJ$_6$		
一级	100	1.5	±12	±12	1/6000	1	2	±24$\sqrt{n}$	2
二级	75	0.75	±12	±20	1/4000	1	1	±40$\sqrt{n}$	1

GPS-RTK 定位技术是基于载波相位观测值的实时动态定位技术，它能够实时实地获得测站点在指定坐标系中的三维定位结果，其精度达到厘米级 $[(1-2)\ \text{cm}\pm2\times10^{-6}D]$，完全满足界址点对邻近图根点位中误差及界址线与邻近地物或邻近界线的距离中误差不超过 10cm 的精度要求，而且误差分布均匀，不存在误差积累问题。采用 GPS-RTK 来进行控制测量，能够实时知道定位精度，大大提高作业效率，在实际生产中得到非常广泛的应用。

GPS-RTK 定位的基本原理是在基准站上设置 1 台 GPS 接收机，对所有可见 GPS 卫星进行连续地观测，并将已知的 WGS-84 坐标和观测数据实时的用数传电台或 GPRS/CDMA 数传终端实时地传输给流动站，在流动站上，GPS 接收机在接收 GPS 卫星信号的同时，通过无线电接收设备接收基准站传输的观测数据，通过差分处理实时解算载波相位整周模糊度，得到基准站和流动站之间的坐标差 ΔX、ΔY、ΔZ，坐标差再加上基准站坐标得到流动站的 WGS-84 坐标，最后通过坐标转换参数求出流动站每个点的在相应坐标系的坐标。基准站和流动站必须保持 4 颗以上相同卫星相位的跟踪和必要的几何图形，流动站则随时给出厘米级定位精度。GPS-RTK 图根控制测量的作业流程如图 5 - 6 所示。

（1）收集测区已有控制成果，主要包括控制点的坐标、等级，中央子午线，采用的坐标系统等。

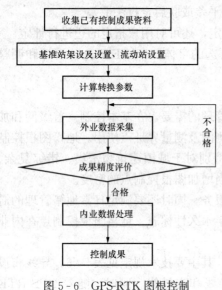

图 5-6 GPS-RTK 图根控制
测量的作业流程

（2）计算转换参数。GPS-RTK 测量要实时得出待测点在国家统一坐标系或地方独立坐标系中的坐标，就需要通过坐标转换将 GPS 观测的 WGS-84 坐标转换为国家平面坐标或者独立坐标系坐标。对于 WGS-84 坐标到国家平面坐标（如北京 54 坐标）的转换，我们可以采用高斯投影的方法，这时需要确定 WGS-84 与国家平面坐标（如北京 54 坐标）两个大地测量基准之间的转换参数（三参数或七参数），需要定义三维空间直角坐标轴的偏移量和旋转角度并确定尺度差。但通常情况下，对于一定区域内的工程测量应用，我们往往利用以往的控制点成果求取"区域性"的地方转换参数。

（3）基准站架设及设置。GPS-RTK 定位的数据处理过程是基准站和流动站之间的单基线处理过程，基准站和流动站的观测数据质量好坏、无线电的信号传播质量好坏对定位结果的影响很大，因此基准站位置的选择尤为重要。基准站一般要架设在视野比较开阔，周围环境比较空旷、地势比较高的地方，如山头或楼顶上；避免架设在高压输变电设备、无线电通信设备收发天线、树林等对 GPS 信号的接收以及无线电信号的发射产生较大影响的物体附近。GPS-RTK 测量中，流动站随着基准站距离增大，初始化时间增长，精度将会降低，所以流动站与基准站之间距离不能太大，一般不超过 10km 范围。

基准站的设置含建立项目和坐标系统管理、基准站电台频率选择、GPS-RTK 工作方式选择、基准站坐标输入、基准站工作启动等，以上设置完成后，可以启动 GPS-RTK 基准站，开始测量并通过电台传送数据。

（4）流动站设置。主要包括建立项目和坐标系统管理、流动站电台频率选择、有关坐标的输入、GPS-RTK 工作方式选择，流动站工作启动等。以上设置完成后，可以启动 GPS-RTK 流动站，开始测量作业。

（5）测量前的质量检查。为了保证 GPS-RTK 的实测精度和可靠性，必须进行已知点的检核，避免出现作业盲点。研究表明，GPS-RTK 确定整周模糊度的可靠性最高为 95%，GPS-RTK 比静态 GPS 还多出一些误差因素如数据链传输误差等，更容易出错，必须进行质量控制。我们一般采用已知点检核和重测比较的方法，确认无误符合要求后再进行 GPS-RTK 测量。

（6）内业数据处理。数据传输就是在接收机与计算机之间进行数据交换。GPS-RTK 测量数据处理相对于 GPS 静态测量简单得多，如用 TGO（Trimble Geomatics Office）软件处理接收机导入 DAT 格式的测量数据直接可以将坐标值以文件的形式输出和打印，得到控制点成果。

5.3　地籍高程控制测量的方法

在通常的情况下，地籍测量的地籍要素是以二维坐标表示的，不必测量高程。但在某些情况下，土地管理部门可以根据本地实际情况，有时要求在平坦地区测绘一定密度的高程注记点，或者要求在丘陵地区和山区的城镇地籍图上表示等高线，以便使地籍成果更好地为经济建设服务。高程控制测量一般采用水准测量和三角高程测量的方法进行。

5.3.1 水准测量

城市高程控制测量分为二、三、四等。根据城市范围的大小，城市基本控制网可以布设成二等或三等，用三等或四等水准网做进一步加密，在四等或四等以下布设直接为地籍细部测量用的图根水准网。在一般情况下，对于小区域高程控制测量可以以国家和城市等级水准点为基础，建立四等水准网或水准路线，用图根水准测量或三角高程测量的方法测定图根点的高程。各等级水准测量的主要技术要求见表 5 - 7。

表 5 - 7 　　　　　　　　　　　各等级水准测量的主要技术要求

等级	每千米高差中数中误差/mm		附合导线长度/km	测段往返侧高差不符值/mm	附合路线或环线闭合差/mm
	偶然中误差	全中误差			
二	±1	±2	400	$\pm 4\sqrt{R}$	$\pm 4\sqrt{L}$
三	±3	±6	45	$\pm 12\sqrt{R}$	$\pm 12\sqrt{L}$
四	±5	±10	15	$\pm 20\sqrt{R}$	$\pm 20\sqrt{L}$
图根	±10	±20	8		$\pm 40\sqrt{L}$

注：表中 R 为测段长度，单位 km；L 为附合路线或环线的长度，单位为 km。

5.3.2 光电测距三角高程测量

三角高程测量是通过观测垂直角和距离推算两点间高差的一种高程测量方法，它具有测定高差速度快、操作简便灵活、不受地形条件限制等优点，特别是在高差较大，水准测量困难的地区有很大的优越性。

三角高程测量一般是在平面控制网的基础上布设成光电测距三维控制网，把测水平角、垂直角和测距同时进行，一次性完成平面和高程控制。以代替四等水准的光电测距三角高程测量为例，光电测距三角高程测量应起闭于不低于三等的水准点上，在四等导线的基础上布设成光电测距三维控制网，各边的高差均应采用对向观测。边长的测定采用测距精度不低于 $5mm+5\times10^{-6}D$ 的测距仪往返观测两个测回，每测回为照准一次读数四次，垂直角的观测可采用 2″仪器中丝法观测 4 个测回，两次读数互差不应大于 3″，各测回互差和指标差互差不应大于 6″，仪器高、棱镜高或觇牌高应在测前和测后用量测杆测量两次，估读至 0.5mm，两次测量互差不得大 1mm，对向观测高差之差不应大于 $30\sqrt{D}$（D 为测边水平距离，单位 km），环线或附合路线闭合差及应符合四等水准测量的要求。

5.4 界址测量

界址测量是在权属调查和地籍控制测量的基础上进行的，是地籍测量工作的重要组成部分，其目的是核实、测定宗地权属界址点和土地权属界线的位置、形状、面积、利用状况等基本情况，为土地登记、核发权属证书和依法管理土地提供基础资料。

在进行界址测量的同还应进行其他地籍要素测量，内容包括主要建筑物、构筑物、河流、沟渠、湖泊、道路等，需通过测量的方法确定其平面位置，并在地籍图上表示出来。

5.4.1 界址测量的精度要求

界址点坐标是在某一特定的坐标系中界址点地理位置的数学表达。它是确定宗地地理位置的依据，是量算宗地面积的基础数据。界址点坐标对实地的界址点起着法律上的保护作用，一旦界址点标志被移动或破坏，则可根据已有的界址点坐标，用测量放样的方法恢复界址点的位置，如把界址点坐标输入计算机，则可以方便地进行管理和用于规划设计。

界址点坐标的精度可根据土地经济价值和界址点的重要程度来加以选择。《城镇地籍调查规程》将城镇地区的权属界址点分为两类，街坊外围界址点及街坊内明显界址点为一类，街坊内部隐蔽界址点及村庄内部界址点为二类。界址点的精度指标见表 5-8。

表 5-8 界址点的精度指标

类别	界址点对邻近图根点点位误差/cm		界址点间距允许误差/cm	界址点与邻近地物点关系距离允许误差/cm	使 用 范 围
	中误差	允许误差			
一	±5	±10	±10	±10	城镇街坊外围界址点及街坊内明显界址点
二	±7.5	±15	±15	±15	城镇街坊内部隐蔽界址点及村庄内部界址点

注：界址点相对于对邻近控制点的点位中误差系指采用解析法测量的界址点应满足的精度要求；界址点间距允许误差是指采用各种方法测量的界址点应满足的精度。

5.4.2 界址测量的方法

界址点测量的方法一般有解析法和图解法两种。但无论采用何种方法获得的界址点坐标，一旦履行确权手续，就成为确定土地权属主用地界址线的准确依据之一。界址点坐标取位至 0.01m。

解析法是根据角度和距离测量结果按公式解算出界址点坐标的方法。地籍图根控制点及以上等级的控制点均可作为界址点坐标的起算点。可采用极坐标法、正交法、截距法、距离交会法等方法实测界址点与控制点或界址点与界址点之间的几何关系元素，按相应的数学公式求得界址点坐标。在地籍测量中要求界址点精度为 ±0.05m 时必须解析法测量界址点。所使用的主体测量仪器可以是光学经纬仪、全站型电子速测仪、电磁波测距仪和电子经纬仪或 GPS 接收机等。

图解法是在地籍图上量取界址点坐标的方法。作业时，要独立量测两次，两次量测坐标的点位较差不得大于图上 0.2mm，取中数作为界址点的坐标。采用图解法量取坐标时，应量至图上 0.1mm。此法精度较低，适用于农村地区和城镇街坊内部隐蔽界址点的测量，并且是在要求的界址点精度与所用图解的图件精度一致的情况下采用。

在实际工作中通常以地籍基本控制点或地籍图根控制点为基础（视界址点精度要求）测定界址点坐标。具体的方法有 GPS-RTK 法、全站仪极坐标法和交会法等。

1. GPS-RTK 法

GPS-RTK 法是目前测量点测量的一种主要方法，是基于载波相位观测值的实时动态定位技术，它能够实时地提供测站点在指定坐标系中的三维坐标，并达到厘米级精度。GPS-RTK 系统主要包括三部分：基准站、流动站和软件系统。其中基准站由 GPS 接收机、GPS 天线、发送电台及天线、电源等组成；流动站由 GPS 接收机、GPS 天线、接收电台及天线、控制器、对中杆、电源等组成；软件系统由支持实时动态差分的软件及工程测量应用软件组成。

这里以华测 X90 接收机为例简单介绍 GPS-RTK 界址点测量的基本作业过程。

（1）准备工作。GPS-RTK 外业采集数据前需要进行已知控制点的选取、仪器设备检查和手簿设置三项准备工作。

1）选取合适的已知控制点。在流动站开始测量之前，一般要在测区内至少选取三个或四个已知点进行点校正，通过点校正拟合出 WGS-84 坐标到相应坐标系的最佳转换参数，从而测定流动站每个点的坐标。为了保证测量精度，一般要求选取的已知点连成的图形尽可能的覆盖测区。

2）仪器设备检查。主要检查和确认接收机接收机能否正常工作，电台能否正常发射，蓝牙连接是否正常以及需要配件是否齐全、设备电量是否充足等。

3）手簿设置。利用常规 GPS-RTK 方法进行外业数据采集之前需要在手簿中进行创建坐标系统、新建任务、键入已知点坐标的设置等相关参数的设置。具体流程如图 5-7 所示。

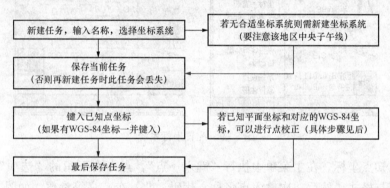

图 5-7 手簿设置流程

①新建任务。运行手簿测地通软件，执行"文件→新建任务"，输入任务名称，选择坐标系统，其他为附加信息，可留空。新建任务完成后，点击"文件→保存任务"，保存新建的任务，如图 5-8 所示。

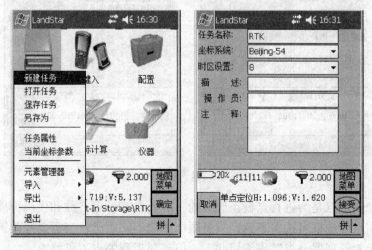

图 5-8 新建任务

②配置坐标系统。执行"配置→坐标系管理",根据实际情况,进行坐标系的设置。选择已有坐标系进行编辑(主要是修改中央子午线,如标准的北京 54 坐标系一定要输入和将要进行点校正的已知点相符的中央子午线),或新建坐标系,输入当地已知点所用的椭球参数及当地坐标的相关参数,而基准转换、水平平差、垂直平差都选"无";当进行完点校正后,校正参数会自动添加到水平平差和垂直平差;如果已有转换参数可在基准转换中输入七参数或三参数。当设置好后,选择"确定",即会替代当前任务里的参数,这样测量的结果就为经过转换的,如图 5-9 所示。

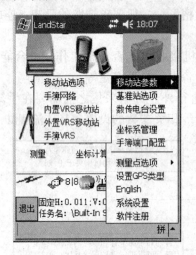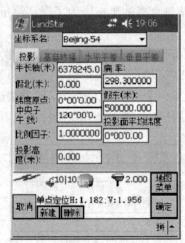

图 5-9　配置坐标系统

③键入已知点坐标。在主菜单中执行"键入→点",点击右下角的"选项"选择要输入点的坐标系统与格式,然后一次输入点名称、代码、北、东、高等参数,如图 5-10 所示。

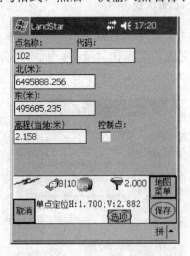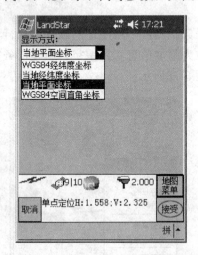

图 5-10　键入已知点坐标

提示:此处输入点是为进行点校正服务的。键入点时,点名称和代码可以输入数字、字母或汉字;控制点复选框可选可不选,只是图标标记不同而已;当需要修改键入点时,可以通过"文件→元素管理器→点"来编辑此点,但碎部观测的点不可修改。

（2）架设基准站。基准站的架设包括电台天线的安装，电台天线、基准站接收机、DL3电台、蓄电池之间的电缆连线，如图5-11所示。基准站一定要架设在视野比较开阔，周围环境比较空旷、地势比较高的地方，如山头或楼顶上；避免架设在高压输变电设备、无线电通信设备收发天线、树林等对GPS信号的接收以及无线电信号的发射产生较大影响的物体附近。常规GPS-RTK方法架设基准站具体操作如图5-12所示，对于网络RTK则不需要架设基准站。

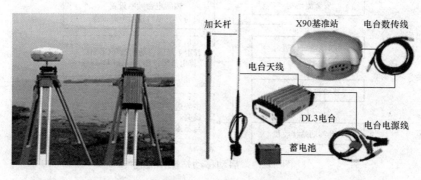

图5-11 架设基准站

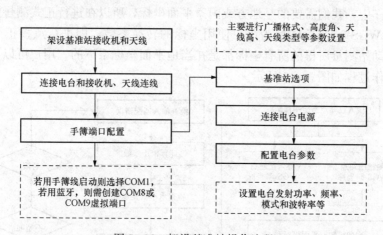

图5-12 架设基准站操作流程

1）连接接收机、电台、电台天线。GPS接收机接收卫星信号，将接收到的差分信号通过电台发射给流动站。电台数据发射的距离取决于电台天线架设的高度与电台发射功率。

2）连接基准站接收机与DL3电台。DL3电台由蓄电池供电，使用电台电源线接蓄电池时一定要注意正负极（红色接正极，黑色负极）。当基准站启动好后，把电台和基准站主机连接，电台通过无线电天线发射差分数据，一般情况下，电台应设置一秒发射一次，也就是说电台的红灯一秒闪一次，电台的电压一秒变化一次，每次工作时根据以上现象判断一下电台工作是否正常。按下电源键即可开机（接入电源为11～16V），电源键具有开机与回退的功能，需短按，在任何时候长按即起到关机的效果。可"设置"电台当前的波特率、模式、功频、液晶等相关信息，用向上或向下按钮选择，回车键进行确认后，即完成相应设置。

3）架设电台天线。电台天线转接头一边与加长杆连接，一过与电台天线底部连接。加长杆铝盘接三脚架顶部，加长杆插到中间。

（3）启动移动站。当 GPS 差分数据从电台开始发射，基准站架设并启动成功后，就可以启动移动站。GPS-RTK 移动站的启动如图 5 - 13 所示。启动以后，移动站开始初始化，手簿屏幕下放会出现一个电台的标志，说明已经收到基准站电台发射的差分数据信号，并依次显示串口无数据、正在搜星、单点定位、浮动、固定，当得到固定解后方可进行测量工作，否则测量精度较低。

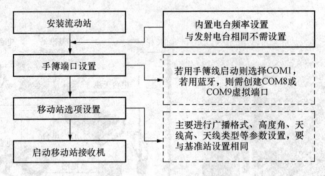

图 5 - 13　启动移动站操作流程

（4）点校正。点校正的目的是为了计算坐标转换参数。由于 GPS 测量的是 WGS-84 坐标，而实际工作中，我们需要的是地方或国家平面坐标，所以在进行正式测量前，必须通过坐标转换求解 WGS-84 坐标转换为用户使用坐标的转换参数，即进行点校正。点校正完成以后，使用移动站测量所得的所有坐标都是在当地平面坐标系下的，用户可以直接使用测量的结果，其操作过程如图 5 - 14 所示。

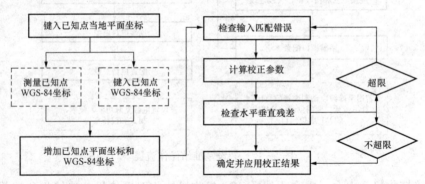

图 5 - 14　点校正操作流程

（5）测量。点校正完成以后，当测地通界面显示"固定"后，就可以进行测量。为了保证 GPS-RTK 的实测精度和可靠性，必须进行已知点的检核，确认无误后再进行 GPS-RTK 测量。

2. 全站仪极坐标法

极坐标法是测定界址点坐标最常用的方法，如图 5 - 15 所示。已知数据 $A(x_A, y_A)$，$B(x_B, y_B)$，观测数据 β、S，则界址点 P 的坐标 $P(x_P, y_P)$ 为：

$$\left.\begin{array}{l} x_P = x_A + S\cos(\alpha_{AB} + \beta) \\ y_P = y_A + S\sin(\alpha_{AB} + \beta) \end{array}\right\}$$

(5 - 7)

其中，$\alpha_{AB} = \arctan \dfrac{y_B - y_A}{x_B - x_A}$。

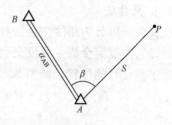

测定 β 角的仪器有光学经纬仪、电子经纬仪、全站型电子速测仪等，S 的测量一般都采用电磁波测距仪、全站型电子速测仪或鉴定过的钢尺。目前极坐标法常用的仪器全站仪，通过测角、测边直接获得界址点坐标数据，并存入电子手簿或全站仪内存，然后通过和计算机连接

图 5 - 15　极坐标法

编绘成图。以尼康全站仪 DTM-352 为例介绍全站仪界址点数据采集过程。尼康 DTM-352C 全站仪坐标测量的作业流程可以大致分为初始设置、建立并设置项目、建站和测量四个模块。具体操作如下：

（1）初始设置。全站仪开机后在基本测量状态下，按［菜单］键屏幕显示主菜单包含 9 项，选择第三项，进入仪器的初始化设置菜单，进行角度、距离、坐标、单位、存储模式等的设置。此步骤也可省略，直接在下一步建立项目时进行设置，但所进行的设置只对该项目适用，再次建立项目时还要进行设置。

（2）建立项目。

1）在已知点上架设全站仪，待全站仪进入进入初始测量状态，按［菜单］键屏幕显示主菜单，在［菜单］中选择第一项，进入项目管理功能，全站仪列出了以前所有建立的项目。按屏幕左下方的［创建］键，进入项目创建屏幕，通过输入字母或数字键入项目名建立项目。然后按［设置］键进入项目设置设置或检查，最后按［回车］键新项目创建成功。

2）项目创建好以后，还要进行测距模式的设置。在基本测量状态下按［测量 1］键或［测量 2］键 1 秒钟，全站仪屏幕显示测量模式，用［控制］键的上下键选中需要改变的项目，用［导航］键的左右键选择各项目中的参数，最后按［回车］键确认。

（3）建站。在项目设置结束以后，进行建站设置（按［建站］键），选择第一项已知，即全站仪所在点的坐标和后视点的坐标已知（或起始方位角已知）情况下进行建站。在已知项选择后，要求输入测站信息，从列表中调取（提前输入已知点的情况下）或直接输入当前测站点信息（测站点点号、仪器高、站点的坐标、代码）。

以上信息输入完成后按［回车］键，然后选择建站方法：一是通过输入后视点的坐标建站，二是通过已知起始坐标方位角进行建站。根据选择的建站方法把已知后视信息（后视点点号、标高、后视坐标或起始坐标方位角）输入即可。

输入完成后必须精确照准后视按［测量］键或［回车］键。当后视点上架设有棱镜时，显示实际测量值与理论计算值的差值，要求检验测站，若误差不超限记录（［回车］键），建站完成，操作进入基本测量状态。

（4）坐标测量。在建站工作完成后，直接按测量键即可开始坐标数据采集，先做测站点、已知点、同名点检查，之后全站仪转向待测碎部点，对测量的碎部点坐标数据进行存储，存储时可以同时输入该点的属性信息（外业操作码），以供成图需要。

（5）归零检查。在进行一段测量之后，为了确认测站是否有误，旋转照准部照准后视点，在建站界面下选择 BS 检查，调用 BS 检查功能，对后视方向进行检验，按［重置］键对后视方向归零。按［ESC］键或［放弃］键不重新进行后视方向归零。

3. 交会法

交会法可分为角度交会法和距离交会法。

（1）角度交会法。角度交会法是分别在两个测站上对同一界址点测量两个角度进行交会以确定界址点的位置。如图 5-16 所示，A、B 两点为已知测站点，其坐标为 $A(x_A, x_A)$，$B(x_B, y_B)$，观测 α、β 角，P 点为界址点，其坐标计算公式如下：

$$
\left.
\begin{aligned}
x_P &= \frac{x_B \cot\alpha + x_A \cot\beta + y_B - y_A}{\cot\alpha + \cot\beta} \\
y_P &= \frac{y_B \cot\alpha + y_A \cot\beta - x_B + x_A}{\cot\alpha + \cot\beta}
\end{aligned}
\right\}
\tag{5-8}
$$

也可用极坐标法公式进行计算，此时图 5-16 中的 $S = S_{AB}\sin\alpha / \sin(180 - \alpha - \beta)$。其中 S_{AB} 为已知边长，把相应参数代入极坐标法计算式（5-7）即可。

角度交会法一般适用于在测站上能看见界址点位置，但无法测量出测站点至界址点的距离。交会角 $\angle P$ 应在 $30°\sim150°$ 的范围内。A、B 两测站点可以是基本控制点或图根控制点。

（2）距离交会法。距离交会法就是从两个已知点分别量出至未知界址点的距离以确定出未知界址点的位置的方法。如图 5-17 所示，已知 $A(x_A, y_A)$，$B(x_B, y_B)$，观测 S_1、S_2，P 点为界址点，其坐标计算公式如下：

$$
\left.
\begin{aligned}
x_P &= x_B + L(x_A - x_B) + H(y_A - y_B) \\
y_P &= y_B + L(y_A - y_B) + H(x_B - x_A)
\end{aligned}
\right\}
\tag{5-9}
$$

式中

$$
\left.
\begin{aligned}
L &= \frac{S_2^2 + S_{AB}^2 - S_1^2}{2 S_{AB}^2} \\
H &= \sqrt{\frac{S_2^2}{S_{AB}^2} - L^2}
\end{aligned}
\right\}
\tag{5-10}
$$

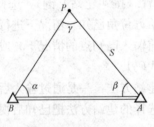
图 5-16　角度交会

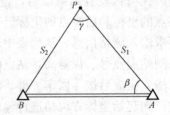
图 5-17　距离交会

由于测设的各类控制点有限，因此可用这种方法来解析交会出一些控制点上不能直接测量的界址点。A、B 两已知点可能是控制点，也可能是已知的界址点或辅助点（为测定界址点而测设的）这种方法仍要求交会角 $\angle P$ 在 $30°\sim150°$。

以上两种交会法的图形顶点编号应按顺时针方向排列，即按 B、P、A 的顺序。进行交会时，应有检核条件，即对同一界址点应有两组交会图形，计算出两组坐标，并比较其差值。若两组坐标的差值在允许范围以内，则取平均值作为最后界址点的坐标。或把求出的界址点坐标和邻近的其他界址点坐标反算出的边长与实量边长进行检核，其差值如在规范所允许范围以内，则可确定所求出的界址点坐标是正确的。

5.4.3 野外观测成果的内业整理

界址点的外业观测工作结束后，应及时地计算出界址点坐标，并反算出相邻界址边长，填入界址点误差表中，计算出每条边的 Δ_1。如 Δ_1 的值超出限差，应按照坐标计算、野外勘丈、野外观测的顺序进行检查，发现错误及时改正。

当一个宗地的所有边长都在限差范围以内才可以计算面积。当一个地籍调查区内的所有界址点坐标（包括图解的界址点坐标）都经过检查合格后，按界址点的编号方法编号，并计算全部的宗地面积，然后把界址点坐标和面积填入标准的表格中，并整理成册。

5.4.4 界址点误差的检验

界址点误差包括界址点点位误差、界址间距误差。表 5-9 中 ΔS 为界址点点位误差，表 5-10 中的 ΔS_1 表示界址点坐标反算出的边长与地籍调查表中实量的边长之差，ΔS_2 表示检测边长与地籍调查表中实量的边长之差。ΔS_1 和 ΔS_2 为界址点间距误差。

表 5-9   界址点坐标误差表

界址点号	测量坐标		检测坐标		比较结果		
	x/m	y/m	x/m	y/m	Δx/cm	Δy/cm	ΔS/cm

表 5-10   界址间距误差表

界址边号	实量边长/m	反算边长/m	检测边长/m	ΔS_1/cm	ΔS_2/cm	备注

在界址点误差检验时常用的中误差计算公式为：

$$m = \pm\sqrt{\frac{[\Delta\Delta]}{2n}} = \pm\sqrt{\frac{\sum_{i=1}^{n}\Delta_i^2}{2n}} \tag{5-11}$$

习 题 与 思 考 题

1. 什么是地籍控制测量？有哪些要求？
2. 地籍控制测量的原则是什么？
3. 地籍控制测量中采用的坐标系统主要有哪些？
4. 国家统一坐标系主要有哪些？它们有什么区划？
5. 高斯投影如何分带？为什么要进行分带？
6. 在地籍控制测量中如何选择坐标系？
7. 设某地面点的经度为东经 115°22′30″，问该点位于 6°投影带和 3°投影带时分别为第几带？其中央子午线的经度为多少？
8. 若我国某处地面点 A 的高斯平面直角坐标值为 $X=3\,234\,567.89$m，$Y=38\,432\,109.87$m，问该坐标值是按几度带投影计算而得的？A 点位于第几带？该带中央子午线的经度是多少？Y 坐标的自然值为多少？

    9. 在地籍控制测量中如何选择坐标系？

    10. 简述利用 GPS 卫星定位技术布测地籍基本控制网的作业方法。

    11. 地籍图根控制测量采用的方法主要有哪些？

    12. 测定界址点的主要方法有哪些？

    13. 在实际工作中如何保证支导线精度？

    14. 解析法测定界址点的方法有哪些？

    15. 简述 GPS-RTK 的基本原理与作业方法。

    16. GPS-RTK 测量中为什么要进行点校正？

    17. 极坐标法测定界址点的观测程序是什么？

    18. 简述界址点的分类、精度划分及适用范围。

第6章 地籍图测绘

6.1 地籍图测绘

6.1.1 地籍图基本知识

1. 地籍图的概念

地籍图是按照特定的投影方法、比例关系和专用符号把地籍要素及其有关的地物和地貌测绘在平面图纸上的图形,是地籍管理的基础资料之一,是制作宗地图的基础图件。

地籍图既要反映包括行政界线、地籍街坊界线、界址点、界址线、地类、地籍号、面积、坐落、土地使用者或所有者及土地等级等地籍要素,又要反映与地籍有密切关系的地物及文字注记等,使图面简明、清晰,便于用户根据图上的基本要素去增补新的内容加工成满足用户需要的各种专题地图。

2. 地籍图的种类

地籍图按表示的内容可分为基本地籍图和专题地籍图,按城乡地域的差别可分为农村地籍图和城镇地籍图,按图的表达方式可分为模拟地籍图和数字地籍图,按用途可分为税收地籍图、产权地籍图和多用途地籍图,按图幅的形式可分为分幅地籍图和地籍岛图。

我国现在主要测绘制作的有:城镇地籍图、宗地图、农村居民地地籍图、土地利用现状图、土地所有权属图等。为满足土地登记和土地管理的需要,目前我国城镇地籍调查需测绘的地籍图主要有以下几种。

(1)宗地草图。宗地草图是描述宗地位置、界址点、线和相邻宗地关系的实地草编记录。在土地权属调查时由调查人员现场绘制,地籍资料中的原始记录。

(2)基本地籍图。基本地籍图是依照规范、规程规定,实施地籍测量的基本成果之一,是土地管理的专题地图。一般按矩形或正方形分幅,故又称分幅地籍图。

(3)宗地图。宗地图是以宗地为单位在地籍图的基础上编绘而成,是描述宗地位置、界址点、线和相邻宗地关系的实地记录,是土地证书和宗地档案的附图。

3. 地籍图的比例尺

地籍图比例尺的选择应满足地籍管理的需要。地籍图需准确地表示土地的权属界址及土地上附着物等的细部位置,为地籍管理提供基础资料,特别是地籍测量的成果资料将提供给很多部门使用,故地籍图应选用大比例尺。考虑到城乡土地经济价值的差别,农村地区地籍图的比例尺比城镇地籍图的比例尺可小一些。即使在同一地区,也可视具体情况及需要采用不同的地籍图比例尺。

(1)选择地籍图比例尺的依据。相关规程或规范对地籍图比例尺的选择规定了一般原则和范围。但对具体的区域而言,应选择多大的地籍图比例尺,必须根据以下的原则来考虑。

1)繁华程度和土地价值。就土地经济而言,地域的繁华程度与土地价值密切相关,对于城镇的商业繁华程度高、土地价值高的地区，就要求地籍图对地籍要素及地物要素表示十分详细和准确，因此必须选择大比例尺测图，如1：500、1：1000；反之，则可适当缩小比例尺。

2）建设密度和细部粗度。一般来说，建筑物密度大，其比例尺可大些，以便使地籍要素能清晰地上图，不至于使图面负载过大，避免地物注记相互压盖。若建筑物密度小，选择的比例尺就可小一些。另外，表示房屋细部的详细程度与比例尺有关，比例尺越大，房屋的细微变化可表示得更加清楚。如果比例尺小了，细小的部分无法表示，影响房产管理的准确性。

3）地籍图的测量方法。地籍图的测绘可以采用数字地籍测量和传统模拟测图的方法，当采用数字地籍测量的方法时，界址点及其地物点的精度较高，在不影响土地管理的前提下，比例尺可适当小一些，当采用传统模拟测图的方法时，界址点及其地物点的精度相对较低，为了满足土地管理需要，比例尺选择应适当大一些。

（2）我国地籍图的比例尺系列。目前，世界上各国地籍图的比例尺系列不一，比例尺最大的为1：250，最小的为1：50 000。例如，日本规定城镇地区为1：250～1：5000，农村地区为1：1000～1：5000；德国规定城镇地区为1：500～1：1000，农村地区为1：2000～1：50 000。

目前，我国地籍图比例尺系列一般规定为：城镇地区（指大、中、小城市及建制镇以上地区）地籍图的比例尺可选用1：500、1：1000、1：2000；农村地区（含土地利用现状图和土地所有权属图）地籍图的测图比例尺可选用1：1000、1：2000、1：2500、1：5000。

为了满足权属管理的需要，农村居民地及乡村集镇可测绘农村居民地地籍图。农村居民地（或称宅基地）地籍图的测图比例尺可选用1：1000或1：2000。急用图时，也可编制任意比例尺的农村居民地地籍图，以能准确地表示地籍要素为准。

4. 地籍图的分幅与编号

地籍图的分幅与编号与相应比例尺的地形图的分幅与编号方法相同。即1：5000和1：10 000比例尺的地籍图，按国际分幅方法划分图幅编号；1：500、1：1000、1：2000比例尺地籍图，一般采用长方形或正方形分幅。

城镇地籍图的幅面通常采用50cm×50cm和50cm×40cm，分幅方法采用有关规范所要求的方法，便于各种比例尺地籍图的连接。

当1：500、1：1000、1：2000比例尺地籍图采用正方形分幅时，图幅大小均为50cm×50cm，图幅编号按图廓西南角坐标公里数编号，X坐标在前，Y坐标在后，中间用短横线连接，如图6-1所示。

1：2000比例尺地籍图的图幅编号为：689-593。

1：1000比例尺地籍图的图幅编号为：689.5-593.0。

1：500比例尺地籍图的图幅编号为：689.75-593.50。

当1：500、1：1000、1：2000比例尺地籍图采用矩形分幅时，图幅大小均为40cm×50cm，图幅编号方法同正方形分幅，如图6-2所示。

1：2000比例尺地籍图的图幅编号为：689-593。

1：1000比例尺地籍图的图幅编号为：689.4-593.0。

1：500比例尺地籍图的图幅编号为：689.60-593.50。

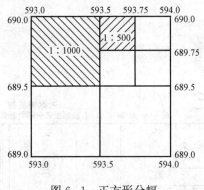

图 6-1　正方形分幅

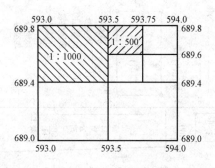

图 6-2　矩形分幅

若测区已有相应比例尺地形图，地籍图的分幅与编号方法可沿用地形图的分幅与编号，并于编号后加注图幅内较大单位名称或著名地理名称命名的图名。

6.1.2　地籍图的内容

1. 地籍图内容的基本要求

（1）地籍图应以地籍要素为基本内容，突出表示界址点、线。

（2）地籍图应有必需的数学要素和较高的精度。

（3）地籍图必须表示基本的地理要素和与地籍有关的地物要素。

（4）地籍图图面必须主次分明、清晰易读，并便于根据多用户需要加绘专用图要素。

2. 地籍图的基本内容

地籍图的基本内容主要包括地籍要素、必要的地物要素和数学要素等，如图 6-3 所示。

（1）地籍要素。

1）各级行政界线。主要包括省、自治区、直辖市界，自治州、地区、盟、地级市界，县、自治县、旗、县级市及城市内的区界，乡、镇、国有农、林、牧、渔场界及城市内街道界。不同等级的行政境界相重合时只表示高级行政境界，境界线在拐角处不得间断，应在转角处绘出点或线。

2）界址要素。主要包括宗地的界址点、界址线、地籍街坊界线、城乡结合部的集体土地所有权界线等。在地籍图上界址点用直径 0.8mm 的红色小圆圈表示，界址线用 0.3mm 的红线表示；当土地权属界址线与行政界线、地籍区（街道）界或地籍子区（街坊）界重合时，应结合线状地物符号突出表示土地权属界址线，行政界线可移位表示。

3）地籍号。地籍号由区县编号、街道号、街坊号及宗地号组成。在地籍图上只注记街道号、街坊号及宗地号。街道号、街坊号注在图幅内有关街道、街坊区域的适中部位，宗地号注在宗地内。在地籍图上宗地号和地类号的注记以分式表示，分子表示宗地号，分母表示地类号。对于跨越图幅的宗地，在不同图幅的各部分都须注记宗地号。如果某街道或街坊或宗地只有较小区域在本图幅内，相应的编号可以注记在本图幅内图廓线外。如果宗地面积太小，在地籍图上可以用标识线移在宗地外空白处注记宗地号，也可以不注记宗地号。

4）地类。在地籍图上按《全国土地分类》体系规定的土地利用类别码注记地类，地籍图上应注记地类的二级分类。对于宗地较小的住宅用地，可以省略不注记，其他各类用地一律不得省略。

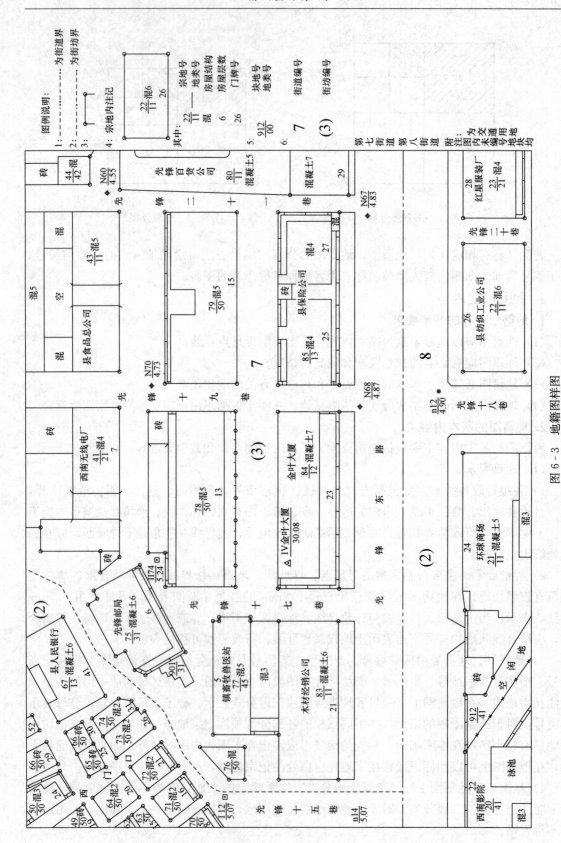

图 6 - 3 地籍图样图

5）土地坐落。由行政区名、街道名（或地名）及门牌号组成。门牌号除在街道首尾及拐弯处注记外，其余可跳号注记。

6）土地权属主名称。选择较大宗地注记土地权属主名称。

7）土地等级。对于已完成土地定级估价的城镇，在地籍图上绘出土地分级界线及相应的土地等级注记。

8）宗地面积。每宗地均应注记其面积，以平方米为单位，一般注记在表示宗地号和地类号以分式右侧。

（2）地物要素。

1）作为界标物的地物如围墙、道路、房屋边线及各类垣栅等应表示。

2）房屋及其附属设施。房屋以外墙勒脚以上外围轮廓为准，正确表示占地状况，并注记房屋层数与建筑结构。装饰性或加固性的柱、垛、墙等不表示；临时性或已破坏的房屋不表示；墙体凸凹小于图上 0.4mm 不表示；落地阳台、有柱走廊及雨篷、与房屋相连的大面积台阶和室外楼梯等应表示。

3）工矿企业露天构筑物、固定粮仓、公共设施、广场、空地等绘出其用地范围界线，内置相应符号。

4）铁路、公路及其主要附属设施，如站台、桥梁、大的涵洞和隧道的出入口应表示，铁路路轨密集时可适当取舍。

5）建成区内街道两旁以宗地界址线为边线，道牙线可取舍。

6）城镇街巷均应表示。

7）塔、亭、碑、像、楼等独立地物应择要表示，图上占地面积大于符号尺寸时应绘出用地范围线，内置相应符号或注记。公园内一般的碑、亭、塔等可不表示。

8）电力线、通信线及一般架空管线不表示，但占地塔位的高压线及其塔位应表示。

9）地下管线、地下室一般不表示，但大面积的地下商场、地下停车场及与他项权利有关的地下建筑应表示。

10）大面积绿化地、街心公园、园地等应表示。零星植被、街旁行树、街心小绿地及单位内小绿地等可不表示。

11）河流、水库及其主要附属设施如堤、坝等应表示。

12）平坦地区不表示地貌，起伏变化较大地区应适当注记高程点。

13）地理名称注记。

（3）数学要素。

1）图廓线、坐标格网线的展绘及坐标注记。

2）埋石的各级控制点位的展绘及点名或点号注记。

3）图廓外测图比例尺、图名、坐标系统、高程系统、成图单位、日期等的注记。

6.1.3　地籍图测绘的基本要求

1. 地籍图的精度要求

通常地籍图的精度包括绘制精度和基本精度两个方面。

（1）绘制精度。绘制精度主要指图上绘制的图廓线、对角线及图廓点、坐标格网点、控制点的展点精度，通常要求是：内图廓长度误差不得大于±0.2mm，内图廓对角线误差不得大于±0.3mm，图廓点、坐标格网点和控制点的展点误差不得超过±0.1mm。

（2）基本精度。地籍图的基本精度主要指界址点、地物点及其相关距离的精度。通常要求如下：

1）相邻界址点间距、界址点与邻近地物点之间的距离中误差不得大于图上±0.3mm。依测量数据装绘的上述距离中误差不得大于图上±0.3mm。

2）宗地内外与界址边相邻的地物点，不论采用何种方法测定，其点位中误差不得大于图上±0.4mm，邻近地物点间距中误差不得大于图上±0.5mm。

2. 地物测绘的一般原则

地籍图上地物的综合取舍，除根据规定的测图比例尺和规范的要求外，还必须首先充分根据地籍要素及权属管理方面的需要来确定必须测绘的地物，与地籍要素和权属管理无关的地物在地籍图上可不表示。对一些有特殊要求的地物（如房屋、道路、水系、地块）的测绘，必须根据相关规范和规程在技术设计书中具体指明。

3. 图边的测绘与拼接

为保证相邻图幅的互相拼接，接图的图边一般均须测出图廓线外 5～10mm。地籍图接边差不超过点位中误差的 2 倍。小于限差平均配赋，但应保持界址线及其他要素间的相互位置。避免有较大变形，超限时需检查纠正。如采用全野外数字化测图技术或数字摄影测量技术，则无接边要求。

4. 地籍图的检查与验收

为保证成果质量，须对地籍图执行质量检查制度。测量人员除平时对所观测、计算和绘图工作进行充分的检核外，还需在自我检查的基础上建立逐级检查制度。图的检查工作包括自检和全面检查两种。检查的方法分室内检查、野外巡视检查和野外仪器检查。在检查中对发现的错误，应尽可能予以纠正。如错误较多，则按规定退回原测图小组予以补测或重测。测绘成果资料经全面检查认为符合要求，即可予以验收，并按质量评定等级。技术检查的主要依据是技术设计书和测量技术规范。

6.1.4 地籍图测绘的方法

1. 平板仪测图

平板仪测图的方法，一般适用于大比例尺的城镇地籍图和农村居民地地籍图的测制，其作业顺序为测图前的准备（图纸的准备、坐标格网的绘制、图廓点及控制占的展绘），测站点的增设，碎部点（界址点、地物点）的测定，图边拼接，原图整饰，图面检查验收等工序。

碎部点的测定方法一般都采用极坐标法和距离交会法。在测绘地籍图时，通常先利用实测的界址点展绘出宗地位置，再将宗地内外的地籍、地形要素位置测绘于图上。这样做可减少地物测绘错误发生的概率。

2. 数字摄影测量测制地籍图

随着航空航天影像信息技术迅速发展，采用数字摄影测量系统不但能完成地籍线划图的测绘，还可以得到各种专题的地籍图，同时利用卫星遥感进行土地资源调查和土地利用动态监测，为快速及时地变更地籍测量提供依据。由于地籍测量的精度要求较高，数字摄影测量主要以大比例尺航空像片为数据采集对象，利用该技术在航片上采集地籍数据，其控制点和目标点主要采用航测区域网法和光束法进行平差，即所谓的空三加密，进而通过专有数字摄影测量的数据处理软件，完成地籍测量的内外业。

数字摄影测量得到的地籍图信息丰富，实时性强，既具有线划地图的几何特征，又具有数字直观、易读的特性；地籍图上的界址点完善，不受通视条件的限制；除要用 GPS 像控和地籍权属调查外，大部分工作均是在内业中完成，既减轻了劳动强度，又提高了工作效率，是一种广有前途的地籍测量模式。

3. 编绘法成图

大多数城镇已经测制有大比例尺的地形图，在此基础上按地籍的要求编绘地籍图，不失为快速、经济、有效的方法。其作业程序如下。

（1）选定工作底图。首先选用符合地籍测量精度要求的地形图、影像平面图作为编绘底图（即地形图或影像平面图地物点点位中误差应在±0.5mm 以内）。编绘底图的比例尺大小应尽可能选用与编绘的地籍图所需比例尺相同。

（2）复制二底图。由于地形图或影像平面图的原图一般不能提供使用，故必须利用原图复制成二底图。复制后的二底图应进行图廓方格网变化情况和图纸伸缩的检查，当其限差不超过原绘制方格网、图廓线的精度要求时，方可使用。

（3）外业调绘与补测。外业调绘工作可在该测区已有地形图（印刷图或紫、蓝晒图）上进行，按地籍测量外业调绘的要求执行。外业调绘时，对测区的地物的变化情况加以标注，以便制定修测、补测的计划。补测时应充分利用测区内原有控制点，如控制点的密度不够时则应先增设测站点。必要时也可利用固定的明显地物点，采用交会定点的方法，施测少量所需补测的地物。补测后相邻界址点和地物点的间距中误差，不得大于图上±0.6mm。

（4）清绘与整饰。外业调绘与补测工作结束后，将调绘结果转绘到二底图上，并加注地籍要素的编号与注记，然后进行必要的整饰、着墨，制作成地籍图的工作底图，然后在工作底图上，采用薄膜透绘方法，将地籍图所必需的地籍和地形要素透绘出来，再经清绘整饰后，即可制作成正式的地籍图。

4. 内业扫描数字化成图

内业扫描数字化成图是利用扫描数字化方法对已有地形图或地籍图采集数字化地籍要素数据，同时结合部分野外调查和测量对上述数据进行补测或更新，经计算机编辑处理形成以数字形式表示的地籍图。为了满足地籍权属管理的需要，对界址点通常采用全野外实测的方法。内业扫描数字化成图作业流程如图 6-4 所示。

5. 野外采集数据机助成图

野外采集数据机助成图是目前普遍采用的一种地籍测量成图方法，它是一种全解析机助成图方法，是利用全站仪、GPS 等大地测量仪器，在野外采集有关的地籍要素和地物要素信息并及时记录在数据终端（或直接传输给便携机），然后在室内通过数据接口将采集的数据传输给计算机，并由计算机和成图软件对数据进行处理，再经过人机交互的屏幕编辑，最终形成地籍图形数据文件，并根据需要可以各种形式输出。野外采集数据机助成图作业流程如图 6-5 所示。

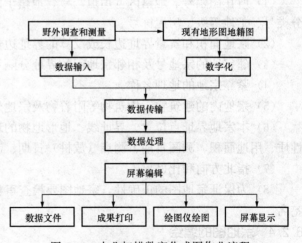

图 6-4　内业扫描数字化成图作业流程

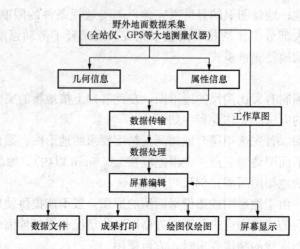

图 6-5　野外采集数据机助成图作业流程

6.2　宗地图测绘

6.2.1　宗地图的概念

宗地图是以宗地为单位在地籍图的基础上编绘而成，是描述宗地位置、界址点、线和相邻宗地关系的实地记录，是土地证书和宗地档案的附图。

在地籍测绘工作的后期阶段，当对界址点坐标进行检核确认准确无误后，并且在其他的地籍资料也正确收集完毕的情况下，依照一定的比例尺编绘宗地图。宗地图样图如图 6-6 所示。

6.2.2　宗地图的作用

（1）宗地图是土地证上的附图，具有法律效力。

（2）是处理土地权属问题的具有法律效力的图件。

（3）为日常地籍管理提供基础资料。

（4）为土地管理与土地税收提供基础资料。

6.2.3　宗地图的内容

（1）所在图幅号、地籍区（街道）号、地籍子区（街坊）号、宗地号、界址点号、利用分类号、土地等级、房屋栋号。

（2）宗地面积和实量界址边长或反算的界址边长。

（3）邻宗地的宗地号及相邻宗地间的界址分隔示意线。

（4）紧靠宗地的地理名称。

（5）宗地内的建筑物、构筑物等附着物及宗地外紧靠界址点线的附着物。

（6）本宗地界址点位置、界址线、地形地物的现状、界址点坐标表、权利人名称、用地性质、用地面积、测图日期、测点（放桩）日期、制图日期。

（7）指北方向和比例尺。

（8）为保证宗地图的正确性，宗地图要检查审核，宗地图的制图者、审核者均要在图上签名。

6.2.4　宗地图的编绘

编绘宗地图时，应做到界址线走向清楚，坐标正确无误，面积准确，四至关系明确，各

图 6-6 宗地图样图

项注记正确齐全，比例尺适当。宗地图图幅规格根据宗地的大小选取，一般为 32 开、16 开、8 开等，界址点用 1.0mm 直径的圆圈表示，界址线粗 0.3mm，用红色或黑色表示。宗地图一般是在相应的基础地籍图或调查草图的基础上编制而成，其主要方法有蒙绘法、缩放绘制法、复制法、计算机输出法等。

（1）蒙绘法。以基本地籍图作底图，将薄膜蒙在所需宗地位置上，逐项准确地透绘所需要素，整饰后制作宗地图。

（2）缩放绘制法。宗地过大或过小时，可采取按比例缩小或放大的方法，先透绘后整饰，再制作宗地图。

（3）复制法。宗地的信息过多时，可采用复制法复制地籍图制作宗地图。大宗地可缩小复印，小宗地可放大复印，但复印后须加注界址边长数据、面积及图廓等要素，并删除邻宗地的部分内容。

（4）计算机输出法。利用数字法测图时，宗地图生成是在数字法测图系统中自动生成，生成的宗地图须加注界址边长数据、面积及图廓等要素。

6.3 农村居民地地籍图测绘

农村居民地是指建制镇（乡）以下的农村居民地住宅区及乡村圩镇。由于农村地区采用

地籍测量与房地产测绘

1∶5000、1∶1万较小比例尺测绘分幅地籍图，因而地籍图上无法表示出居民地的细部位置，不便于村民宅基地的土地使用权管理，故需要测绘大比例尺农村居民地地籍图，用作农村地籍图的加细与补充，是农村地籍图的附图（图6-7），以满足地籍管理工作的需要。

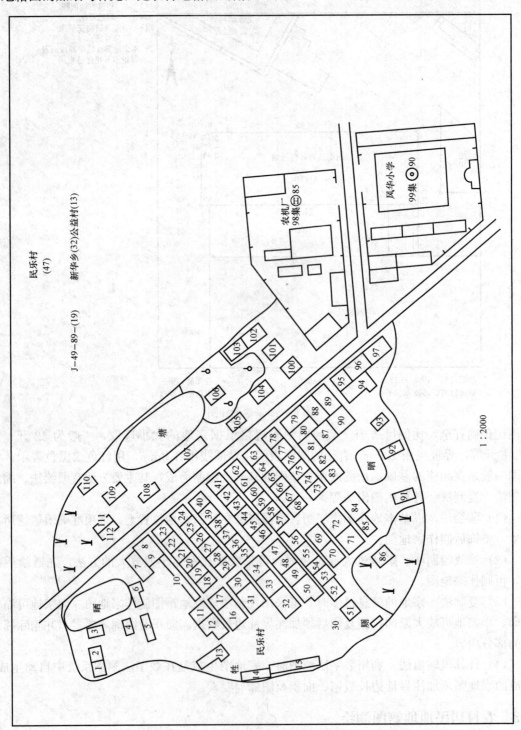

图6-7 农村居民地地籍图样图

农村居民地地籍图的范围轮廓线应与农村地籍图（或土地利用现状图）上所标绘的居民地地块界线一致。农村居民地地籍图采用自由分幅以岛图形式编绘。

城乡结合部或经济发达地区的农村居民地地籍图一般采用 1∶1000 或 1∶2000 比例尺，按城镇地籍图测绘方法和要求测绘。急用图时，也可采用航摄像片放大，编制任意比例尺农村居民地地籍图。

居民地内权属单元的划分、权属调查、土地利用类别、房屋建筑情况的调查与城镇地籍测量相同。

农村居民地地籍图的编号应与农村地籍图（或土地利用现状图）中该居民地的地块号一致，居民地集体土地使用权宗地编号按居民地的自然走向 1，2，3，…顺序进行编号。居民地内的其他公共设施，如球场、道路、水塘等，不作编号。

农村居民地地籍图表示的内容一般包括：

（1）自然村居民地范围轮廓线、居民地名称、居民地所在的乡（镇）、村名称，居民地所在农村地籍图的图号和地块号。

（2）集体土地使用权宗地的界线、编号、房屋建筑结构和层数，利用类别和面积。

（3）作为权属界线的围墙、垣栅、篱笆、铁丝网等线状地物。

（4）居民地内公共设施、道路、球场、晒场、水塘和地类界等。

（5）居民地的指北方向。

（6）居民地地籍图的比例尺等。

6.4 土地利用现状图测绘

6.4.1 土地利用现状图的编制

土地利用现状图是用空间方式表达一定区域内的土地利用类型分布面积及土地利用结构的专题地图，能够为各级政府部门制定土地利用总体规划，合理调整土地利用结构等工作提供科学依据，是土地利用现状调查工作的主要成果。

1. 基本要求

（1）成图的基本类型。土地利用现状图的基本类型主要有两类：一类是分幅土地利用现状图，另一类是行政区域土地利用现状图，它是在分幅土地利用现状图的基础上编绘而成的。

（2）成图比例尺及图幅大小。乡级土地利用现状图的成图比例尺一般与调查底图比例尺一致，即农区 1∶1 万、重点林区 1∶2.5 万、一般林区 1∶5 万、牧区 1∶5 万或 1∶10 万，图面开幅可根据面积大小、形状、图面布置等分为全开或对开两种。县级土地利用现状图除面积较大或形状窄长的县用 1∶10 万比例尺图外，通常以 1∶5 万比例尺成图，采用全开幅。

2. 土地利用现状图的内容

土地利用现状图主要表现各种地类分布状况，对其他内容进行适当综合。图中应包括各级行政界、水系、各种地类界及符号、线状地物、居民地、道路、必要的地貌要素、各要素的注记等。为使图面清晰，平原地区适当注记高程点，丘陵山区只绘计曲线。此外还应有图廓线、图名、比例尺、指北针等内容。

6.4.2 乡级土地利用现状图的编制

1. 编制方法

按乡级单位的地理位置，将所涉及的图幅土地利用现状调查转绘底图拼接起来。拼接时以四个内图廓点和公里网作控制，并进行接边检查，然后利用 0.05～0.07mm 厚的磨面聚酯薄膜，采用连编带绘一次成图的透绘作业，即把制作编绘原图与出版原图两道工序合并在一起的作业方法。

2. 编制的程序

（1）图上内容的编制顺序及作业要点。

1）图廓线及公里网线。内图廓线、经纬线、公里网线。附图图廓线粗 0.15mm、外图廓线粗 1.0mm，图内公里网线长 1cm、粗 0.1mm。其精度要求：图廓线边长误差 ±0.1mm，对角线边长误差 ±0.3mm，公里网连线误差 ±0.1mm。

2）水系。湖泊、双线河、大中小型水库、坑塘、单线河（先主后支）、渠道等及其附属物，按原图全部透绘。图式符号及尺寸按《规程》要求清绘。

3）居民地。农村居民点、城镇、独立工矿用地等均按底图形状进行透绘，其外围线用粗 0.15mm 实线表示。图形内，根据需要可用粗 0.1mm 线条与南图廓线成 45°角加绘晕线，线隔 0.8mm。

4）道路。按主次依次透绘铁路、公路、农村路，其符号及尺寸见《规程》。

5）行政界。省、地、县、乡、村各级行政界，自上而下依次透绘。线段长短、粗细、间隔均按《规程》要求。行政界相交时要做到实线相交，相邻行政界只绘出 2～3 节。飞地权属界按其地类用相应符号表示。

6）地类界。以 0.2mm 实线表示。作业过程中，需注意不要因跑线及移位而使图形变形。

7）进行各要素的注记。

8）整饰。按图面设计要求，图名配置在图幅上方中间为宜，字体底部距外图廓线1.0～1.5cm，图签配置在图的右下方。

（2）自检、互检、审核、修改、图幅清绘。整饰完成后，应按设计要求，对照底图全面进行自检、互检，再交作业组、专业队审核。对检查出的问题进行修改，最后提交验收。

（3）复制、着色。

1）复制。乡级土地利用现状图的复制，一般可采用静电复印（照）的方法，也可用熏图复制成图的方法直接晒成蓝图。限于条件，一般不采用线划套印。

2）着色。一般采用水彩着色，也可用油彩着色。

6.4.3 县级土地利用现状图的编制

1. 编图的原则和依据

（1）制图单元以土地利用现状分类单元为编图依据，进行制图综合。

（2）制图综合时，应贯彻"表示主要的、去掉次要的"原则。根据土地利用类型的区域特征，对各种地类要素进行科学分析，从水系综合、图形碎部综合、面积综合三方面对图斑进行简化、概括，力求保持地貌单元的完整性，注意图斑形状、走向同地貌单元相吻合，使综合后的图斑面积与原图斑面积相一致。

（3）通过不同的制图单元和图斑间的不同组合差异来反映土地利用现状的分布规律和区域特征的差异性。

2. 编绘草图

（1）按 1∶5 万比例尺图的编绘要求，在 1∶1 万分幅土地利用现状图上进行综合取舍，逐一编制。

（2）以 1：5 万地形图或素图的数学基础作为编制县级土地利用现状成果图的数学基础。在 1：5 万工作底图上标绘出相应的 16 幅 1：1 万地形图的图廓点，以图廓点、经纬网、公里网和控制点作控制。

（3）将经过综合取舍、编制的 1：1 万土地利用现状图的各类要素缩编到 1：5 万地形图或素图上，编绘成 1：5 万的分幅土地利用现状草图。缩编可采用机械缩放仪法、复照法等。

3. 编稿原图

（1）把 1：5 万分幅的土地利用现状草图，按县级制图范围进行拼幅。拼幅时以图廓点、经纬网、公里网和控制点作控制，并进行图幅接边检查。

（2）用 0.05～0.07mm 厚的聚酯薄膜蒙到已拼幅的草图上，进行透绘、整饰，清绘成县级 1：5 万土地利用现状编稿原图。

（3）图面清绘。按《规程》规定的图式符号进行清绘、透绘，清绘的顺序与乡级土地利用现状图相同。

4. 复制

已编制好的县级土地利用现状原图，需复制若干份，以提供各部门使用和报上级土地管理部门。其复制方法有：熏图复制、晒蓝复制、印刷复制等。

6.4.4　土地所有权属图的编制

1. 分幅土地权属界线图的编制

土地权属界线图是地籍管理的基础图件，也是土地利用现状调查的重要成果之一。

土地权属界线图与其他专题地图一样，除了要保持同比例尺线划图的数学基础、几何精度外，在专题内容上，应突出土地的权属关系。它以土地利用现状调查成果图为依据，用界址拐点、权属界址线相应的地物图式符号及注记。

分幅土地权属界线图与土地利用现状调查工作底图比例尺相同。土地权属界址线、界址拐点可利用分幅土地利用现状调查底图透绘得到。编制方法与内容如下：

（1）用 0.05～0.07mm 厚的聚酯薄膜覆盖在分幅的土地利用现状调查底图上，透绘图廓点及内、外图廓线和公里网线，并以此作控制进行编制。

（2）用直径 0.1mm 的小圆点准确透刺权属拐点，并用半径 1mm 的圆圈整饰。无法用圆圈整饰时，需以 0.3mm 小圆点表示权属界线，用 0.2mm 粗的实线透绘。同一幅图内各拐点用阿拉伯数字顺序编号。图上拐点密集，两拐点间的距离小于 10mm 时，可用 0.3mm 小圆点只标拐点位置，不画界址点圆圈。

（3）县、乡、村等各行政单位所在地表示出建成区的范围线。并分别注记县、乡村名。

（4）图上面积小于 1cm² 的独立工矿用地及居民点以外的机关、团体、部队、学校等企事业单位用地，界址点上不绘小圆圈，只绘权属界线，并在适当集团注记土地使用者的名称。

（5）依比例尺上图的线状地物，在对应的两侧同时有拐点且其间距小于 2mm 时，只透绘拐点，不绘小圆圈。依比例尺上图的铁路、公路等线状地物，只绘界址线，不绘其图式符号，但应注记权属单位名称。

（6）不依比例的单线线状地物与权属界线重合，用长 10mm、粗 0.2mm、间隔 2mm 的线段沿线状地物两侧描绘。当行政界线与权属界线重合时，只绘行政界而不绘权属界。行政界线下一级服从于上一级。

（7）飞地用 0.2mm 粗的实线表示，并详细注记权属单位名称，如县、乡、村名。

（8）增绘。根据需要，可增绘对权属界址拐点定位有用的相关地物及说明权属界线走向的地貌特征。

2. 土地证上所附的土地所有权界线图的蒙绘

土地证上所附的土地权属界线图，以 0.05mm 厚的聚酯薄膜蒙在分幅的 1∶1 万比例尺土地利用现状图上，将本村权属界址点刺出，以半径 1mm 小圆圈整饰并编号，用 0.2mm 红实线表示界址线。从拐点引绘出四至分界线，用箭头表示分界地段，并注明相邻土地所有权单位和使用单位名称。

习 题 与 思 考 题

1. 简述地籍图的概念与分类。
2. 如何确定地籍图的比例尺？
3. 地籍图主要表示的内容有哪些？
4. 简述地籍图和地形图有什么不同。
5. 如何进行地籍图的分幅和编号？
6. 地籍图的测绘方法主要有哪些？
7. 试分析地籍图与宗地图的异同点。
8. 简述土地利用现状图的编制方法。

第7章 数字地籍测量

地籍测量是地籍管理与测绘技术不断结合的产物，随着电子科技的进步、各种数据库软件的普及和电子测绘仪器的发展推广，测绘技术已经在自动化、数字化发展的道路上阔步前进。测绘成果已经成为存储在计算机中可以传输、处理、共享的数字图为主的一系列便于应用、管理的数字化产品。

7.1 数字地籍测量概述

7.1.1 数字地籍测量

数字地籍测量是数字测绘技术在地籍测量中的应用，其实质是一种全解析的、机助测图的方法。数字地籍测量是以计算机为核心，在外接输入输出设备及软、硬件支持下，对各种地籍信息数据进行采集、输入、成图、绘图、输出、管理的测绘方法。数字地籍测量是一个融地籍测量外业、内业于一体的综合性作业系统，是计算机技术用于地籍管理的必然结果。它的最大优点是在完成地籍测量的同时可建立地籍图形数据库，从而为实现现代化地籍管理奠定了基础。

数字地籍测量模式有三种：一是全野外数字地籍测量模式，二是数字摄影地籍测量模式，三是模拟地籍图数字化测量模式。这三种模式各有优缺点，它们相互补充，从而实现地籍信息的全覆盖采集。

1. 全野外数字地籍测量模式

大比例尺地籍图的城镇地区是一种可行和非常值得推荐的测量模式。所采集的数据经过后续软件的处理，便可得到该地区的大比例尺地籍图以及其他各种专题图，同时还可以为建立该地区的地籍数据库提供基础数据。

根据数据采集所使用的硬件不同又可分为如下几种模式。

（1）全站仪＋电子记录簿＋测图软件。这种采集方式是利用全站仪在野外实地测量各种地籍要素的数据，在数据采集软件的控制下实时传输给电子手簿，经过预处理后按相应的格式存储在数据文件中，同时完成测绘区域的工作草图，供内业使用测图软件进行地籍图编辑。这是早期主要的数字地籍测量模式，优点是上手快，缺点是草图绘制复杂，容易出错，工作效率不高。

（2）全站仪＋便携式计算机＋测图软件。这是一种集数据采集和数据处理于一体的数字式地籍测量方式，由全站仪在实地采集全部地籍要素数据，由通信电缆将数据实时传输给便携机，数据处理软件实时地处理并显示所测地籍要素的符号和图形，原始采样数据和处理后的有关数据均记录于相应的数据文件或数据库中。由于现场成图，这种模式具有直观、速度快、效率高的优点，其缺点为便携式计算机价格昂贵、适应野外环境的能力较差。

（3）全站仪＋掌上电脑＋测图软件。这种模式的作业方式与上一种相同。由于掌上电脑价格低廉、操作简便、现场成图、速度和效率都很高，其前景十分广阔。

（4）GPS-RTK 接收机＋测图软件。利用 GPS-RTK 接收机在野外实地测量各种地籍要素的数据，经过 GPS 数据处理软件进行预处理，按相应的格式存储在数据文件中，同时绘制草图，供测图软件进行编辑成图。GPS-RTK 接收机是一种实时、快速、高精度、远距离数据采集设备，发展于 20 世纪 90 年代中期。其显著的优点是控制点大大减少，在平坦地区，一个控制点可测量几十平方公里甚至几百平方公里，在复杂地区，也比前三种模式的控制点减少 10 倍以上，因此其测量效率大大提高。其缺点为必须绘制测量草图，一些无线电死角和卫星信号死角无法采集数据，必须用全站仪进行补充。这种模式在土地利用现状调查及其变更调查、土地利用监测中将大显身手。

（5）GPS-RTK 接收机＋全站仪＋掌上电脑＋测图软件。这种模式将改变传统测绘仪器必须先做控制网再测图的模式，充分发挥 GPS 建站灵活、全站仪测绘快速的优点，可适应任何地形环境条件和任意比例尺地籍图的测绘，实现全天候、无障碍、快速、高精度、高效率的内外业一体化地籍信息采集，是测绘工作发展的方向。

2. 数字摄影测量模式

这种数据采集的方式是基于数字影像和摄影测量的基本原理，应用计算机技术、数字影像处理、影像匹配、模式识别等多学科的理论与方法，在数字影像上利用专业的摄影测量软件来采集数据和处理采集的数据，从而获得所需要的基本地籍图和各种专题地籍图，如土地利用现状图。

3. 模拟地籍图数字化测量模式

这种数据采集方式是利用数字化仪或扫描仪对已有的地籍图进行数字化，将地籍图的图解位置转换成统一坐标系中的解析坐标，并应用数字化的符号和计算机键盘输入地籍图符号、属性代码和注记。而界址点的坐标数据可由全野外测量得到，或把已有界址点的坐标数据输入计算机，然后将这两部分数据叠加并在数据处理软件的控制下得到各种地籍图和表册。

本章主要介绍大比例尺全野外地面数字地籍测量。

7.1.2　数字地籍测量的特点

数字地籍测量是一种先进的测量方法，与模拟测图相比具有明显的优势和广阔的发展前景。

1. 自动化程度高

数字地籍测量的野外测量能够自动记录，自动解算处理，自动成图、绘图，并向用图者提供可处理的数字地图。数字地籍测量自动化的效率高，劳动强度小，错误概率小，绘制的地图精确、美观、规范。

2. 精度高

模拟测图方法的比例尺精度决定了图的最高精度，图的质量除点位精度外，往往和图的手工绘制有关。无论所采用的测量仪器精度多高，测量方法多精确，都无法消除手工绘制对地籍图精度的影响。数字地籍测量在记录、存储、处理、成图的全过程中，观测值是自动传输，数字地籍图毫无损失地体现外业测量精度。

3. 现势性强

数字地籍测量克服了纸质地籍图连续更新的困难。地籍管理人员只需将数字地籍图中变更的部分输入计算机，经过数据处理即可对原有的数字地籍图和相关的信息作相应的更新，保证地籍图的现势性。数字地籍测量的这种优势在城镇变更地籍中能得到充分的体现。

4. 整体性强

常规地籍测量是以幅图为单位组织施测。数字地籍测量在测区内部不受图幅限制，作业小组的任务可按照河流、道路的自然分界来划分，也可按街道或街坊来划分，当测区整体控制网建立后，就可以在整个测区内的任何位置进行实测和分组作业，成果可靠性强，精度均匀，减少了常规测量接边的问题。

5. 适用性强

数字地籍测量是以数字形式储存的，可以根据用户的需要在一定范围内输出不同比例尺和不同图幅大小的地籍图，输出各种分层叠加的专用地籍图。数字地籍图可以方便地传输、处理和多用户共享，可以自动提取点位坐标、两点距离、方位角、量算宗地面积、输出各种地籍表格等；通过接口，数字地籍图可以供地理信息系统建库使用；可依软件的性能，方便地进行各种处理、计算，完成各项任务；数字地籍测量既保证了高精度，又提供了数字化信息，可以满足建立地籍信息系统及各专业管理信息系统的需要。

同时，数字地籍测量也对我们提出了更高的要求：需要测绘人员具有较高的计算机绘图能力；需要较高配置的计算机用于内业处理；需要兼容性较好的数据库软件作为信息共享的平台。

7.1.3　数字地籍测量的作业流程

数字地籍测量可以分为三个阶段：数据采集、数据处理和数据的输出。如图 7 - 1 是数字地籍测量的作业流程。数据采集是在野外和室内电子测量与记录仪器获取数据，这些数据要按照计算机能够接受的和应用程序所规定的格式记录。从采集的数据转换为地图数据，需要借助计算机程序在人机交互方式下进行复杂的处理，如坐标转换、地图符号的生成和注记的配置等，这就是数据处理阶段。地图数据的输出以图解和数字方式进行。图解方式是自动绘图仪绘图，数字方式是数据的存储，建立数据库。

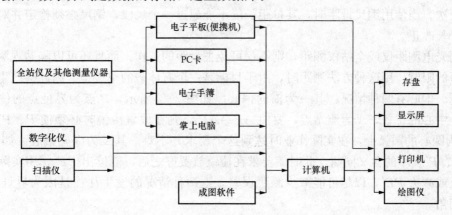

图 7 - 1　数字地籍测量作业流程图

7.2　界址点及地籍要素的测量

7.2.1　界址点测量的外业实施

1. 准备工作

界址点测量的准备工作包括资料准备、野外踏勘、资料整理和误差表准备。

（1）界址点位的资料准备。在土地权属调查时所填写的地籍调查表中详细地说明了界址点实地位置的情况，并丈量了大量的界址边长，草编了宗地号，详细绘有宗地草图。这些资料都是进行界址点测量所必需的。

（2）界址点位置野外踏勘。踏勘时应有参加地籍调查的工作人员引导，实地查找界址点位置，了解权属主的用地范围，并在工作图件上（最好是现势性强的大比例尺图件）用红笔清晰地标记出界址点的位置和权属主的用地范围。如无参考图件，则要详细画好踏勘草图。对于面积较小的宗地，最好能在一张纸上连续画上若干个相邻宗地的用地情况，并充分注意界址点的共用情况。对于面积较大的宗地，要认真地注记好四至关系和共用界址点情况。在画好的草图上标记权属主的姓名和草编宗地号。在未定界线附近则可选择若干固定的地物点或埋设参考标志，测定时按界址点坐标的精度要求测定这些点的坐标值，待权属界线确定后，可据此补测确认后的界址点坐标。这些辅助点也要在草图上标注。

（3）踏勘后的资料整理。这里主要是指草编界址点号和制作界址点观测及面积计算草图。进行地籍调查时，一般不知道各地籍调查区内的界址点数量，只知道每宗地有多少界址点，其编号只标识本宗地的界址点。因此，在地籍调查区内统一编制野外界址点观测草图，并统一编上草编界址点号，在草图上注记出与地籍调查表中相一致的实量边长及草编宗地号或权属主姓名，主要目的是为外业观测记簿和内业计算带来方便。

2. 野外界址点测量的实施

界址点坐标的测量应有专用的界址点观测手簿。记簿时，界址点的观测序号直接用观测草图上的草编界址点号。观测用的仪器设备有光学经纬仪、钢尺、测距仪、电子经纬仪、全站型电子速测仪和GPS接收机等。这些仪器设备都应进行严格的检验。

测角时，仪器应尽可能地照准界址点的实际位置，方可读数。角度观测一测回，距离读数至少两次。当使用钢尺量距时，其量距长度不能超过一个尺段，钢尺必须检定并对丈量结果进行尺长改正。

使用光电测距仪或全站仪测距，则不仅可免去量距的工作，而且还可以隔站观测，免受距离长短的限制。用这种方法测距时，由于目标是一个有体积的单棱镜，因此会产生目标偏心的问题。偏心有两种情况：其一为横向偏心。如图 7-2 所示，P 点为界址点的位置，P' 点为棱镜中心的位置，A 为测站点，要使 $AP = AP'$，则在放置棱镜时必须使 P、P' 两点在以 A 点为圆心的圆弧上，在实际作业时达到这个要求并不难。其二为纵向偏心。如图 7-3 所示，P、P'、A 的含义同前，此时就要求在棱镜放置好之后，能读出 PP'，用实际测出的距离加上或减去 PP'，以尽可能减少测距误差。这两种情况的发生往往是因为界址点 P 的位置是墙角。

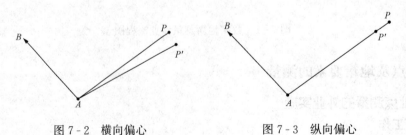

图 7-2　横向偏心　　　　　　　图 7-3　纵向偏心

3. 野外观测成果的内业整理

界址点的外业观测工作结束后，应及时地计算出界址点坐标，并反算出相邻界址边长，填入界址点误差表中，计算出每条边的 Δ_i。如 Δ_i 的值超出限差，应按照坐标计算、野外勘丈、野外观测的顺序进行检查，发现错误及时改正。

当一个宗地的所有边长都在限差范围以内才可以计算面积。

当一个地籍调查区内的所有界址点坐标（包括图解的界址点坐标）都经过检查合格后，按界址点的编号方法编号，并计算全部的宗地面积，然后把界址点坐标和面积填入标准的表格中，并整理成册。

4. 界址点误差的检验

界址点误差包括界址点点位误差、界址间距误差。表 7 - 1 中 ΔS 为界址点点位误差，表 7 - 2 中的 ΔS_1 表示界址点坐标反算出的边长与地籍调查表中实量的边长之差，ΔS_2 表示检测边长与地籍调查表中实量的边长之差。ΔS_1 和 ΔS_2 为界址点间距误差。

表 7 - 1 界 址 点 坐 标 误 差 表

界址点号	测量坐标		检测坐标		比较结果		
	X/m	Y/m	X/m	Y/m	Δx/cm	Δy/cm	ΔS

表 7 - 2 界 址 间 距 误 差 表

界址边号	实量边长/m	反算边长/m	检测边长/m	ΔS_1/cm	ΔS_2/cm	备注

在界址点误差检验时常用的中误差计算公式为：

$$m = \pm \sqrt{\frac{[\Delta\Delta]}{2n}} = \pm \sqrt{\frac{\sum_{i=1}^{n}\Delta_i^2}{2n}} \qquad (7-1)$$

7.2.2 用高精度摄影测量方法加密界址点坐标

1. 概述

用摄影测量方法测定界址点坐标始于 20 世纪 50 年代中期。当时摄影测量的像点量测中误差为 $\pm(12\sim15)\mu m$（在像片上）。由于测量仪器可以自动记录坐标，而当时的地面测量仪器尚无自动记录装置，因而摄影测量方法得到快速应用。当时选择 1：8000～1：12 000 的摄影比例尺，其加密精度可达到 $\pm(10\sim15)cm$。

随着摄影质量的提高和采用地面标志或高精度数学影像匹配技术，像点量测中误差可降到 $\pm(3\sim5)\mu m$。采用带附加参数的自检校平差，用 GPS 数据和地面测量辅助信息，使加密的精度大大提高，作业也更加方便。所以自 20 世纪 70 年代以来，摄影测量加密的方法在测定界址点的任务中作用极大。当选 1：5000～1：8000 摄影比例尺时，加密点位精度在西方国家可达到 $\pm(3\sim4)cm$。例如 20 世纪 70 年代，联邦德国就曾用摄影测量方法测定了 19 多万个界址点的坐标。

虽然利用全站仪可经济、快速和灵活地测定界址点坐标，但是，摄影测量方法在下列场合仍然是经济合算的：

(1) 界址点数量大，例如多于 10 000 个界址点。

(2) 地面通视条件差，但是从空中能够看到界址点。

(3) 界址点完整且便于在其上布设辅助标志。

(4) 不仅要测量界址点，而且要同时制作多用途地籍图。

2. 摄影测量方法加密界址点坐标中的问题

(1) 设置标志和控制检查。所有要测定的界址点应在摄影飞行之前设置标志。对于不同精度要求的界址点坐标，常用摄影比例尺为 1：3000～1：8000。标志大小在 10～30cm 间波动。如果界标直径已满足要求，则可直接在其顶部和上侧面漆以不同颜色，并在周围布上辅助标志。如果是新埋设的界址点标石，建议采用带色彩的塑料标。若需设置更大标志时，可直接用按钮将合乎要求尺寸的塑料圆盘对中界址点固定在塑料标上。

为了进行控制检查，在布设标志的同时，用钢尺或测距仪器量测两界址点间的距离。这些距离也可直接从地籍调查表中的宗地草图中获取。在奥地利，每个界址点至少必须量两个距离，这些距离值既可简单地用来检查摄影测量加密的点位精度，也可以作为观测值在区域网中进行联合平差。

(2) 根据精度要求选择摄影比例尺。首先可以用两界址点间的距离差作为误差来讨论。设用摄影测量加密方法求出 S_p，地面实测为 S_t，则距离差为 $\Delta S = |S_p - S_t|$。

当取最大误差为 3 倍中误差时：

$$\Delta S_{max} = 3 \sqrt{\sigma_{s_p}^2 + \sigma_{s_t}^2} \qquad (7-2)$$

又设像片比例尺分母为 m_b，像片坐标量测中误差为 σ_p（μm），则 σ_{s_p}（cm）由下列求出：

$$\sigma_{s_p} = \frac{\sqrt{2} m_b \sigma_p}{10\ 000} \qquad (7-3)$$

式中，σ_{s_p} 表示由坐标转换成距离。

假设地面两次独立的距离量测最大误差也取 ΔS_{max}（cm），则 $\sigma_{S_t} = \Delta S_{max}/3\sqrt{2}$。于是可求得在一定要求精度限差 ΔS_{max} 和已知像点量测精度 σ_p 时，允许的摄影比例尺分母：

$$m_b \leqslant \frac{10\ 000 \Delta S_{max}}{6 \sigma_p} \qquad (7-4)$$

除比例尺外，还有一个主距问题。由于地籍测量只考虑点的平面位置，高程精度可不顾及。因此人们往往优先采用长焦距摄影机，以使航高不至于过低，同时减少了地面高层建筑和树木的阴影。

(3) 区域网平差中平面和高程控制点的要求。区域网平差采用带附加参数的光束平差，并可与地面观测值进行联合平差。所有像点坐标应用精密的单像或双像坐标量测仪或解析测图仪量测，自动记录框标和像点坐标，最好能进行在线空中三角测量。

由于每片上界址点数量很多，故平差程序不能限制每片上的界址点数量。

用摄影测量方法加密界址点坐标是高精度点位加密，平面控制取密集周边布点（$i=2b$），即每跨两条基线布一平面控制点（在区域网内部则不需要布平面控制点），此时，区域网加密的平面精度理论上可达到 $\sigma_{x,y} \approx (0.87 \sim 1.00) \sigma_0$，其中 σ_0 为单位权中误差。尽管只需要界址点的平面坐标，但在区域中仍需要布设适量的高程控制点，以保证高程测定误差所造成的模型变形（倾斜、弯曲等）对平面位置的影响远小于像片坐标量测误差的影响。此时，高程控制点间隔可以推导出来。根据 Ebner 教授研究结果，区域网加密的高程理论精度为：

$$\frac{\sigma_{z最大}}{\sigma_{mz}} = 0.27 + 0.31i（独立模型法）$$

$$\frac{\sigma_{z最大}}{\sigma_{o}} = (0.39 + 0.19i) \times 1.5（光束法）$$

（7 - 5）

根据经验，式（7 - 5）独立模型法与光束法平差的单位权中误差大致存在 $\sigma_{z最大} \approx 1.5\sigma_0$ 的关系。

单模型中 $\sigma_{z最大}$ 对平面的影响可由图 7 - 4 导出：

$$\Delta S = h_{max} \frac{\sigma_{z最大}}{b}$$

假设允许的 $\Delta S = \sigma_0 m_b / 2$，则得到允许的高程控制点间的跨距：

$$i_{独模法} = \frac{bm_b}{0.93h_{max}} - 0.87$$

$$i_{光束法} = \frac{bm_b}{0.57h_{max}} - 4.89$$

（7 - 6）

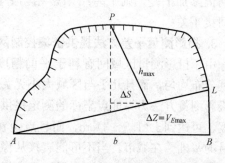

图 7 - 4　$\sigma_{z最大}$ 对平面的影响

设 $b = 92mm$（60% 航向重叠），$m_b = 8000$，当 $h_{max} = 100m$ 时，$i_{独模法} = 7$，$i_{光束法} = 8$。其中，b 为摄影基线在像片上的长度。

可见，为保证高精度平面加密，也需要有适量的高程控制点。

如果利用摄站点的 GPS 数据，则不仅高程控制点可以不要，而且平面控制也可以大量节省。

（4）地面控制点系统误差处理。由于高精度摄影测量加密的不断提高，很可能出现控制点精度低于摄影测量平差坐标精度的情况。因此，从理论上讲，必须将控制点坐标作为具有相应权的观测值参加区域网平差。这样做的结果是在控制点上获得相应的坐标改正数。如果用平差坐标代替原控制点坐标，则意味着在每次摄影测量加密后就要修改一次控制点坐标。但是从实用上讲，每平差一次就改变一次控制点坐标，会导致控制点管理上的麻烦，如控制点在区域网平差后仍用原坐标值，则它们与其周围的摄影测量加密后坐标会产生较大的矛盾。

（5）地面附加观测值的处理。上面已提到的控制检查数据，可以按上文联合平差原理作为另一观测值方程列出，通过严格的联合平差以提高解算的精度和保证每个权属单位用地范围的相对精度，也可以用分步平差的方法，即利用现有的带附加参数的自检核光束法区域网平差，以获得界址点的加密坐标。作为下一步平差，则列出距离观测值的误差方程式。其误差方程式推导如下。

设相邻两界址点 i 和 j，其地面实量数据为 S_{ij}，第一步解出的结果为 $(X_i^0，Y_i^0)$，$(x_j^0，y_j^0)$，反算出的水平距离为 S_{ij}^0，则有误差方程式：

$$V_{S_{ij}} = -c_{ij}\Delta X_i + c_{ij}\Delta X_j - d_{ij}\Delta Y_i + d_{ij}Y_j - l_s$$

（7 - 7）

其中，$c_{ij} = \dfrac{X_j^0 - X_i^0}{S_{ij}^0}$，$d_{ij} = \dfrac{Y_j^0 - Y_i^0}{S_{ij}^0}$，$l_s = S_{ij} - S_{ij}^0$。

当相邻三个界址点在一直线上时，则有三点共线条件方程；如果三点连成的两直线正交，则有正交条件方程。

把上面误差方程写成矩阵形式，则有

$$V_S = B_S X - L_X \qquad (7-8)$$

X 的权阵为 PS。上式用间接平差方法即可解算出界址点坐标的改正数 X，并对第一步的平差结果进行改正。如果第二步条件平差中，坐标改正数的权按第一步平差的未知协因数阵求出，则两步解法也是严密的。如果能做到每个界址点都有两条实测边长作为观测值参加平差，则平差结果是相当好的。如有三点共线和正交条件，则变成附有条件的间接平差。

3. 摄影测量平差方法提供密集控制网格

由于摄影测量区域网有利于平面精度分布，尤其是当采用密集周边（$i = 2b$）布点时，精度分布均匀，而且几乎与区域大小无关，可以达到与像片坐标量测相同的精度，所以可以用摄影测量方法为界址点坐标的测定提供一个十分均匀的控制网格。这些格网点的坐标测定精度，可达到 $\pm(1.5 \sim 3)\,cm$，而且点距在 $100 \sim 200\,m$。它们将是地籍测量和将来变更地籍测量的基础。在城市，当不可能直接从像片立体对上测定界址点（如墙角等）时，就可以利用这个控制网格，在实地测定界址点坐标。

在上述情况下，摄影测量加密必须从高级控制网出发。向其提供的周边控制点精度应不超过 $1\,cm$，以 $\pm(3 \sim 5)\,cm$ 为宜。例如，在联邦德国的巴伐利亚和下萨克森，曾从高一级三角测量网出发，用摄影测量加密出点距约为 $100\,m$ 的控制格网，供坐标地籍测量等方面应用。在加拿大，曾用摄影测量方法从二等网加密三等网。

4. 摄影测量方法加密界址点的作业要点

根据《城镇地籍调查规程》的规定，界址点对于邻近基本控制点的点位中误差不超过 $\pm 5\,cm$，二类界址点（内部隐蔽处）中误差为 $\pm 7.5\,cm$，最大允许误差为 2 倍中误差，这是摄影测量加密界址点的基本要求。根据上述要求和试验，摄影测量加密界址点的作业要点如下：

（1）选择近期摄影的影像分辨率（镜头构像所能再现物体细部的能力）高的像片。为此，航摄时要选用镜头分解力高、透光能力强、畸变差小、压平质量好和内方位元素准确的航摄仪，如威特 RC—10、RC—10A、RC—20 及蔡司 LMK 等航摄仪进行航摄。航摄软片选柯达、航微—Ⅱ软片等。

（2）提高像片地面分辨率（像片上能与其背景区别开来的最小像点所对应的地面尺寸）。地面分辨率 D 用下式表示：

$$D = M_b / R = H / R \times f \qquad (7-9)$$

式中　R——影像分辨率；

　　　　H——航高；

　　　　f——摄影仪主距。

（3）提高判点和刺点精度。欲使加密界址点的中误差达到或小于 $\pm 5\,cm$ 的精度，提高地面点的判点精度是不可忽视的。因此，按前述布设地标，能大大提高判点精度。若利用自然点作为图根点，应注意选择成像清晰的田角、房基角和交角良好的路叉口。

转刺点必须使用精密立体转点仪，如威特厂的 PUG-4 转点仪、欧波同厂 PM-1 转点仪等。规范规定，转刺点的孔径大小和转点误差不超过 $0.06\,mm$，加密连接点和测图定向点必须一致。

（4）使用精密立体坐标量测仪量测坐标。进行像点坐标量测是电算加密的主要工序之一。旧式的立体坐标量测仪量测精度为 $\pm 5\mu m$，采用先进的精密立体坐标量测仪，精度可达到 $\pm(1\sim2)$ μm。例如，德国欧波同厂生产的 PSK-2 精密立体坐标量测仪，直读精度可达 $1\mu m$。

作业时，由于量测点数非常多（像控点、界址点、图根点等），坐标量测仪必须带有自动记录装置，最好是在线量测系统。

（5）为达到外业像控点对内业加密的有效控制，外业像控点采用密周边布点（$i=2b$），以保证加密点精度等于像点坐标量测精度。高程控制为锁形布点，其跨度按式（7-9）确定。

（6）选用严密的平差方法。前已述及，采用自检校法区域网平差，或称带附加参数的区域网平差，把可能存在的系统误差作为待定未知参数，列入方程组中进行整体平差运算，以消除系统误差，可提高加密点精度。

7.3 数字地籍成图软件简介

目前，在国内市场上有许多数字测量软件都具有数字地籍测量的功能，其中较为成熟且应用较广泛的主要有 SZCT 数字测图系统、CASS 地形地籍成图软件、RDMS 数字测图系统、MAPSUR 数字测图系统等。这几种软件均可用于地籍图的测绘，并能按要求生成相应的图件和报表等。

7.3.1 CASS 地形地籍成图软件

南方公司的 CASS 系列数字地籍测量系统是我国开发较早的数字地籍测量软件之一，在全国许多城市和地区具有广泛的影响。该系统采用 AutoCAD 作为系统平台，并不断地升级。CASS 地籍版集地形地籍测绘与管理于一体，它是依据国家最新颁布的有关地形及地籍调查测量的标准而开发的，提供的成果标准而且规范，真正做到了图形管理与地籍属性数据管理的有机统一，实现了图数交互查询（即由宗地的属性可查询宗地的图形，由宗地图形可查询该宗地的所有属性数据），为地籍管理提供了非常直观的图形化界面，其地籍模块的技术特色有：

（1）根据权属文件自动生成地籍图。

（2）修改界址点号、重排界址点号、注记界址点点名、删除界址点注记、调整界址点顺序、界址点修圆等。

（3）实现宗地的合并、分割、重构。

（4）完全自动的宗地图生成，可以单个宗地图的生成或批量生成。

（5）地籍信息数据库的建立。用户可以在"当前街道"编辑框中直接输入数据库的路径及文件名；也可以在已有街道中用鼠标选择；用户还可以新建街道，并在对话框中输入数据库的路径及文件名。然后输入宗地信息，包括宗地上建筑物的信息。

（6）地籍信息数据库的操作。利用地籍数据库，用户可以实现由图查库、由库查图或根据宗地号查询宗地信息，如宗地面积、界址点坐标、建筑物等。并对宗地信息或建筑物信息进行修改。

（7）报表输出。可以输出以街道为单位的宗地面积汇总表、界址点坐标表、街道分类面积汇总表等。

7.3.2 SZCT 数字测图系统

SZCT 数字测图系统是武汉大学测绘学院和广西第一测绘院联合研制开发的数字测图软件。该系统以 AutoCAD 为系统平台，具有强大的外业数据采集和内业数据处理、绘图功能，在全国许多城市和地区的测绘部门和土地管理部门都得到应用。系统在充分利用 Auto-CAD 最新技术成果的基础上，充分吸收了数字化成图、GIS、GPS 的最新技术思想，其测绘成果可以作为用户深层次应用的前端数据。SZCT 数字测图系统分为野外采集模块、绘制编辑模块、高程模型模块、地籍处理模块、工程计算模块、图幅管理模块六大模块，其中地籍处理模块具有以下地籍测绘功能：

（1）绘制带权属的界址线，权属数据自动录入地籍数据库。

（2）插入界址点、删除界址点、修改权属线、宗地分割、宗地合并。

（3）完全自动的宗地图生成，包括四至处理、自动比例变换、自动选择图幅大小以及手动绘制宗地图等功能。

（4）将成果表以图形形式插入宗地图中。

（5）地类号、单位名、宗地号、面积范围等对某街坊的数据进行查询。

（6）快速查找到重名、重号宗地，以便进一步处理。

（7）街坊界址点成果表的自动生成；街坊宗地面积汇总表的自动生成等。

（8）包括单个生成、单个编辑、批量生成、批量打印宗地面积量算表等功能。

7.3.3 RDMS V5.5 数字测图系统

RDMS V5.5 是武汉瑞得信息工程有限责任公司继 RDMS V4.5 成功推出后的一个全新版本。系统采用了瑞得最新的图形平台，保留了原有系统的特点，并对原系统进行了大量的优化和改进。RDMS 系统能够完成可移动电子平板外业数据采集和内业处理的全过程。它包括使用可移动电子平板进行数据采集、对 RD-EB1 采集数据进行处理、等高线的自动生成、图形编辑、输出和对已有图进行数字化，以及将文件与其他流行软件（如 AutoCAD）及地理信息系统（GIS）进行数据转换等。主要特点如下：

（1）系统的性能更加稳定。

（2）对海量数据的存储速度更快。

（3）系统增加了无极缩放和鹰眼功能，操作更加方便。

（4）灵活、多方式的要素选取功能。

（5）灵活方便的标准图、宗地图图廓的设置。

（6）地籍报表的输出支持一体化地类和原有的分类，可根据需要自由选择，采用 Excel 表格输出。

（7）土石方的计算支持多个参考面；改进了纵横断面图生成功能。

（8）全新的操作界面，支持多视图的编辑操作、多方式的窗口排列。

（9）支持数据格式的多样化。

习 题 与 思 考 题

1. 什么是数字地籍测量？试简述其作业流程。
2. 简述数字地籍测量的主要特点。
3. 简述数字地籍测量的主要模式及其优缺点。
4. 界址点测量的准备工作有哪些？
5. 在界址测量中如何保证界址点的精度？
6. 利用测量方法如何确定界址点坐标？
7. 常见的数字地籍成图软件有哪些？各有什么特点？

第8章 变更地籍调查与测量

8.1 变更地籍调查与测量概述

变更地籍调查与测量是指在完成初始地籍调查与测量之后，为适应日常地籍工作的需要，为保持地籍资料的现势性而进行的土地及其附着物的权属、位置、数量、质量和利用状况的调查。通过变更地籍调查与测量，可以使地籍资料保持现势性，逐步完善地籍内容。

8.1.1 变更地籍调查与测量的作用与特点

初始地籍建立后，随着社会经济的发展，土地被更细致地划分，建筑物越来越多，用途不断发生变化，以房地产为主题的经济活动（如房地产的继承、转让、抵押等）更加频繁，因此，要求地籍管理者必须及时做出反应，对地籍信息进行变更，以维持社会秩序和保障经济活动正常运作。初始地籍就像初生的婴儿，需要汲取营养，才能健康成长。因此变更地籍才是地籍的生命所在，也是地籍得以存在几千年的理由。在德国，有近200年的完整的地籍记录，现已毫无遗漏地覆盖了全部国土，地籍记录的最小地块只有几平方米，在两次世界大战中，他们的地籍资料仍得到了有效的保护。地籍信息资料为德国的经济发展做出了重要的贡献。

1. 变更地籍调查与测量的作用

变更地籍调查与测量的作用主要体现在以下几个方面：

（1）保持地籍资料的现势性。

（2）可使实地界址点位逐步得到认真的检查、补置、更正。

（3）使地籍资料中的文字部分，逐步得到核实、更正、补充。

（4）逐步消除初始地籍中可能存在的差错。

（5）使地籍测量成果的质量逐步提高。

2. 变更地籍调查与测量的特点

变更地籍调查与测量与初始地籍调查与测量的地理基础、内容、技术方法和原则是一样的，但又有下列特点：

（1）目标分散，发生频繁，调查范围小。

（2）政策性强，精度要求高。

（3）变更同步，手续连续。进行变更测量后，与本宗地有关的表、卡、册、证、图均需进行变更。

（4）任务紧急。使用者提出变更申请后，需立即进行变更调查与测量，才能满足使用者的要求。

8.1.2 地籍变更的内容

地籍变更的内容主要是宗地信息的变更，包括更改宗地边界信息的变更和不更改宗地边界信息的变更。

1. 更改边界宗地信息变更的情况

（1）征用集体土地。

（2）城市改造拆迁。

（3）划拨、出让、转让国有土地使用权，包括宗地分割转让和整宗土地转让。

（4）土地权属界址调整、土地整理后的宗地重划。

（5）宗地的边界因冲积作用或泛滥而发生的变化等。

（6）由于各种原因引起的宗地分割和合并。

2. 不更改边界宗地信息变更的情况

（1）转移、抵押、继承、交换、收回土地使用权。

（2）违法宗地经处理后的变更。

（3）宗地内地物、地貌的改变等。如新建建筑物、拆迁建筑物、改变建筑物的用途及房屋的翻新、加层、扩建、修缮。

（4）精确测量界址点的坐标和宗地的面积。这通常是为了转让、抵押等土地经济活动的需要。

（5）土地权利人名称、宗地位置名称、土地利用类别、土地等级等的变更。

（6）宗地所属行政管理区的区划变动，即县市区、街道（地籍区）、街坊（地籍子区）、乡镇等边界和名称的变动。

（7）宗地编号和房地产登记册上编号的改变。

8.1.3　地籍变更申请

地籍变更申请一般有两种情况：一是间接来自于社会的申请，二是来自于国土管理部门的日常业务申请。所谓间接来自于社会的地籍变更申请是指土地管理部门接到房地产权利人提出的申请或法院提出的申请后，根据申请报告由国土管理部门的业务科室向地籍变更业务部门提出地籍变更申请。土地管理部门的业务科室在日常工作中经常会产生新的地籍信息，例如监察大队、地政部门、征地部门等，这些业务科室应向地籍变更业务主管部门提出地籍变更申请。

地籍变更的资料通常由变更清单、变更证明书和测量文件组成。一般说来，如变更登记的内容不涉及界址的变更，并且该宗地原有地籍几何资料是用解析法测量的，则经地籍管理部门负责人同意后，只变更地籍的属性信息，不进行变更地籍测量，而沿用原有几何数据。

8.1.4　变更地籍调查与测量的资料准备

变更地籍调查与测量的技术、方法与初始地籍调查与测量相同。变更地籍测量前必须充分检核有关宗地资料和界址点点位，并利用当时已有的高精度仪器，实测变更后宗地界址点坐标。所以，进行变更地籍调查与测量之前应准备下述主要资料：

（1）变更土地登记或房地产登记申请书。

（2）原有地籍图和宗地图的复制件。

（3）本宗地及邻宗地的原有地籍调查表的复制件（包括宗地草图）。

（4）有关界址点坐标。

（5）必要的变更数据的准备，如宗地分割时测设元素的计算。

（6）变更地籍调查表。

（7）本宗地附近测量控制点成果，如坐标、点的标记或点位说明、控制点网图。

（8）变更地籍调查通知书。

8.1.5 变更地籍要素的审核

在变更地籍调查中，应着重检查和核实以下内容：

（1）检查变更原因是否与申请书上的一致。

（2）检查本宗地及邻宗地指界人的身份。

（3）全面复核原地籍调查表中的内容是否与实地情况一致，如：土地使用者名称、单位法人代表或户主姓名、身份证号码、电话号码；土地坐落、四邻宗地号或四邻使用者姓名；实际土地用途；建筑物、构筑物及其他附着物的情况等。

以上各项内容若有不符的，必须在调查记事栏中记录清楚，遇到疑难或重大事件时，留待以后调查研究处理，有了处理结果再修改地籍资料。

8.1.6 变更地籍调查资料的要求

变更地籍调查与测量后，必须对有关地籍资料作相应的变更，做到各种地籍资料之间有关内容一致。通过变更后，本宗地的图表、卡册、证之间，相邻宗地之间的边界描述及宗地四邻等内容不应产生矛盾。

地籍资料的变更应遵循"用精度高的资料取代精度低的资料、用现势性好的资料取代陈旧的资料"这一原则。考虑到变更地籍资料的规范性和有序性，要求：

1. 宗地号、界址点号的变更

在长时期的地籍管理过程中，一个宗地号对应着唯一的一块宗地。宗地合并、分割、边界调整时，宗地形状会改变，这时宗地必须赋以新号，旧宗地号将作为历史，不复再用。同理，旧界址点废弃后，该点在街坊内统一的编号作为历史，不复再用，新的界址点赋予新号。

2. 宗地草图的变更

宗地草图必须重新绘制。

3. 地籍调查表的变更

新的变更地籍调查表在现场调查时填写，并由有关人员签名盖章认可，用以替代旧的地籍调查表。

4. 地籍图的变更

铅笔原图作为原始档案，不作改动，变更在二底图上进行。发生变更时，首先复制一份二底图，在复制件上标明变更情况作为历史档案保存备查，然后根据变更测量成果及新的宗地草图修改二底图的有关内容。

5. 宗地图的变更

按新的宗地草图或地籍图制作宗地图。当变更涉及邻宗地但不影响该邻宗地的权属、界址范围时，邻宗地的宗地图无须重新制作。

6. 宗地面积的变更

通常变更测量时用解析法测量界址点的坐标，所以可以用解析坐标计算新的宗地面积。用新的精确度高的宗地面积取代旧的精度较低的面积值，由此而引起的街坊内宗地面积之和与街坊面积的不符合值可不作处理，统计也按新面积值进行。如果新旧面积精度相当，且差值在限值之内，则仍保留原面积。宗地合并时，合并后的宗地面积应与原宗地面积之和相等；宗地分割时，分割后的各宗地面积应与原宗地面积相等，闭合差按比例配赋；边界调整时，调整后的两宗地面积之和不变，闭合差按比例配赋。

7. 界址点坐标的处理

如果原地籍资料中没有该点的坐标，则新测的坐标直接作为重要的地籍资料保存备用。如果旧坐标值精度较低，则用新坐标取代原有资料。如果新测坐标值与原坐标值的差数在限差之内，则保留原坐标值，新测资料归档保存。

8. 房屋的结构、层数、建筑面积等要素的变更

应重新制作房屋调查报告，在变更地籍调查表中填写最新调查数据。

如已建立地籍信息系统，以上工作均可在计算机上完成。上述变更地籍调查与测量工作完成后，才可履行变更房地产变更手续，在土地登记卡或房地产登记卡中填写变更记事，然后换发土地证书或房地产证书。

8.2　变更界址测量

变更界址测量是为确定变更后的土地权属界址、宗地形状、面积及使用情况而进行的测绘工作。变更界址测量是在变更权属调查基础上进行的。

变更界址测量包括更改界址和不更改界址两种测量。在工作程序上，可分两步进行：一是界址点、线的检查；二是进行变更测量。

8.2.1　更改界址的变更界址测量

1. 原界址点有坐标

（1）界址点检查。

1）这项工作主要是利用界址调查表中界址标志和宗地草图来进行。检查内容包括：界标是否完好，复量各勘丈值，检查它们与原勘丈值是否相符。按不同情况分别做如下处理：

——如果界址点丢失，则应利用其坐标放样出它的原始位置，再用宗地草图上的勘丈值检查，然后取得有关指界人同意后埋设新界标。

——如果放样结果与原勘丈值检查结果不符，则应查明原因后处理。

——如果发生分歧，则不应急于做出结论，宜按"有争论界址"处理，即设立临时标志、丈量有关数据、记载各权利人的主张。如果各方对所记录的内容无异议，则签名盖章。

2）若检查界址点与邻近界址点间或与邻近地物点间的距离与原记录不符，则应分析原因，按不同情况处理：

——如果原勘丈数据错误明显，则可以依法修改。

——如果检查值与原勘丈值的差数超限，经分析这是由于原勘丈值精度低造成的，则可用红线划去原数据，写上新数据；如果不超限，则保留原数据。

——如果分析结果是标石有所移动，则应使其复位。

（2）变更测量。

1）宗地分割及调整边界时，可按预先准备好的放样数据，测设新界址点的位置，设立界标；也可在有关方面同意的情况下，先设置界标，然后用解析法测量界标的坐标，在变更界址调查表（包括宗地草图）中注明做出修改。

2）合并宗地及边界调整时，要销毁不再需要的界标，并在原界址调查表（包括宗地草图）复制件中，用红笔划去有关点或线。

2. 原界址点没有坐标

（1）检查界址点。

1）界址点丢失的处理。利用原栓距及相邻界址点间距、界址标示，在实地恢复界址点位，设立新界标。

2）检查勘丈值与原勘丈值不符时的处理。分析判明原因，然后针对不同情况，如原勘丈值明显有错、原勘丈值精度低、标石有所移动等给予相应的处理（参见上述）。

也可先实测全部界址点坐标，然后进行界址变更。

（2）变更测量。

1）宗地分割或边界调整时，可按预先准备好的放样数据，测设界址点的位置后，埋设标志，也可以在有关方面同意的前提下先埋设界标，再测量界址点的坐标。

2）宗地合并及边界调整时，要销毁不再需要的界标，并在界址资料中做出相应的修改。

3）用解析法测量本宗地所有界址点的坐标，并以此为基础，更新本宗地所有的界址资料，包括界址调查表（含宗地草图）界址点资料、界址图、宗地面积以及宗地图。

8.2.2 不更改界址的变更界址测量

1. 界址点的检查

包括界址点位检查及用原勘丈值检查界址标志是否移动。具体内容同"更改界址的变更界址测量"。

2. 变更测量

一般是用当时已有的高精度的仪器，实测宗地界址点坐标。具体内容除没有分割、边界调整及合并宗地时设置新界址点及销毁不再需要界址点的工作外，其他与"更改界址的变更地籍测量"基本相同。

8.3 界址恢复与鉴定

8.3.1 界址的恢复

在界址点位置上埋设了界标后，应对界标细心保护。界标可能因人为的或自然的因素发生位移或遭到破坏，为保护地产拥有者或使用者的合法权益，须及时地对界标的位置进行恢复。

在某一地区进行地籍测量之后，表示界址点位置的资料和数据一般有：界址点坐标，宗地草图上界址点的点之记、地籍图、宗地图等。对一个界址点，以上数据可能都存在，也可能只存在某一种数据。可根据实地界址点位移或破坏情况和已有的界址点数据及所要求的界址点放样精度、已有的仪器设备来选择不同的界址点放样方法。

恢复界址点的放样方法一般有直角坐标法、极坐标法、角度交会法和距离交会法。这几种方法其实也是测定界址点的方法，因此测定界址点位置和界址点放样是互逆的两个过程。不管用哪种方法，都可归纳为两种已知数据的放样，即已知长度直线的放样和已知角度的放样。

1. 已知长度直线的放样

这里的已知长度是指界址点与周围各类点间的距离，具体情况如下所述：

（1）界址点与界址点间的距离。

（2）界址点与周围相邻明显地物点间的距离。

（3）界址点与邻近控制点间的距离。

这些已知长度可以通过坐标反算得到，也可以从宗地草图或宗地图上得到，并且这些距离都是水平距离。

在地面上，可以用测距仪或鉴定过的钢尺量出已知直线的长度，并且在作业过程中考虑仪器设备的系统误差，从而使放样更加精确。

2. 已知角度的放样

已知角度通常都是水平角。在界址点放样工作中，如用极坐标法或角度交会法放样，要计算出已知角度，此时已知角度一般是指界址点和控制点连线与控制点和定向点之间连线的夹角。设界址点坐标 (X_P, Y_P)，放样测站点 (X_A, Y_A)，定向点 (X_B, Y_B)，则

$$\left.\begin{aligned}
\alpha_{AB} &= \arctan\left(\frac{Y_B - Y_A}{X_B - X_A}\right) \\
\alpha_{AP} &= \arctan\left(\frac{Y_P - Y_A}{X_P - X_A}\right)
\end{aligned}\right\} \tag{8-1}$$

此时放样角度为 $\beta = \alpha_{AP} - \alpha_{AB}$。把经纬仪等测角仪器架设在测站上，瞄准定向方向并使方向值读数置零，然后顺时针转动仪器使其读数等于 β，移动目标，使十字丝中心与目标重合即可。

8.3.2　界址的鉴定

依据地籍资料（原地籍图或界址点坐标成果）与实地鉴定土地界址是否正确的测量作业，称为界址鉴定（简称鉴界）。界址鉴定工作通常是在实地界址存在问题，或者双方有争议时进行。

问题界址点如有坐标成果，且临近还有控制点（三角点或导线点）时，则可参照坐标放样的方法予以测设鉴定。如无坐标成果，则能在现场附近找到其他的明显界址点，应以其暂代控制点，据以鉴定。否则，需要新施测控制点，测绘附近的地籍现状图，再参照原有地籍图、与邻近地物或界址点的相关位置、面积大小等加以综合判定。重新测绘附近的地籍图时，最好能选择与旧图等大的比例尺并用聚酯薄膜测图，这样可以直接套合在旧图上加以对比审查。

正常的鉴定测量作业程序如下：

1. 准备工作

（1）调用地籍原图、表、册。

（2）精确量出原图图廓长度，与理论值比较是否相符，否则应计算其伸缩率，以作为边长、面积改正的依据。

（3）复制鉴定附近的宗地界线。原图上如有控制点或明确界址点（愈多愈好），尤其要特别小心的转绘。

（4）精确量定复制部分界线长度，并注记于复制图相应各边上。

2. 实地施测

（1）依据复制图上的控制点或明确的界址点位，并判定图与实地相符正确无误后，如点位距被鉴定的界址处很近且鉴定范围很小，即在该点安置仪器测量。

（2）如所找到的控制点（或明确界址点）距现场太远或鉴定范围较大，应在等级控制点间按正规作业方法补测导线，以适应鉴界测量的需要。

（3）用光电测设法、支距法或其他点位测设方法，将要鉴定的界址点的复制图上位置测设于实地，并用鉴界测量结果计算面积，核对无误后，报请土地主管部门审核备案。

8.4 土地分割测量

8.4.1 概述

1. 土地分割测量的含义

土地分割测量（也称土地划分测量）是一种确定新的地块边界的测量作业。土地分割测量是土地管理工作中一项重要的工作内容，必须依法进行，在得到有关主管部门的批准和业主的同意后，才能重新划定地块的界线。通常遇到以下情况时需要进行土地分割测量：

（1）用地范围的调整，或相邻地块间的界线调整。

（2）城市规划的实施和按规划选址。

（3）土地整理后的地块或宗地的重划。

（4）因规划的实施或其他原因引起的地块或宗地内包含几种地价而需要明确界线的。

（5）地块或宗地需要根据新的用途划分出新的地块或宗地。

（6）由于不在上述之列的原因引起的土地分割或重划。

2. 土地分割的方法

土地分割测量中确定分割点的方法可以归纳为图解法和解析法。所谓图解法土地分割，是指从图纸上图解相关数据计算土地分割元素的方法；所谓解析法土地分割，是指利用设计值或实地量测得到的数据计算土地分割元素的方法。这两种方法在实际工作中，可以单独使用，也可根据具体情况结合使用，即用于土地分割元素计算的数据既有图解的，也有解析的。但不论图解法还是解析法，均可采用几何法分割和数值法分割，以适应不同条件的分割业务。

新地块的边界在土地分割测量时，可以在实地临时用篱笆或由参加者以简单的方式标出，例如离建筑物和其他边界的距离，与道路平行并相隔一定的距离等。有时新的地块边界线是由给定的面积条件或图形条件，采用几何法或数值法分割计算出相应的土地分割元素后，在实地标定。

3. 土地分割测量程序

土地分割测量的程序为准备工作、实地调查检核、土地分割测量。

（1）准备工作。一般包括资料收集和土地分割测量原图的编制。收集的资料应包括申请文件、审批文件，相关的地籍（形）图、宗地图以及已有的桩位放样图件和坐标册等。根据所收集的资料，在满足给定的图形和面积条件下，定出分割点的位置，绘制出土地分割测量原图，以备分割测量时使用。

（2）实地调查检核。土地分割测量的外业工作离不开检核、复测或对被划分地块的周围边界进行调查。

（3）土地分割测量。在实地作业时，全面征求土地权属主的意见，充分利用岩石、树桩、田埂、荆棘、篱笆等标示被划分地块的周围边界。否则，须在实地埋设界桩。

8.4.2 几何法分割

几何法土地分割，是指依据有关的边、角元素和面积值，利用数学公式，求得地块分割点位置的方法。土地分割的图形条件和面积条件不同，分割点的计算方法也不同。

1. 三角形的土地分割

三角形土地的分割，常见的有图 8-1～图 8-4 所示的几种形式。

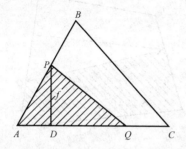

图8-1　过边上定点分割三角形

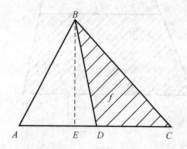

图8-2　过顶点分割三角形

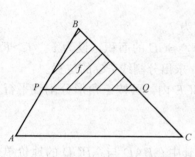

图8-3　平行于一边的三角形分割

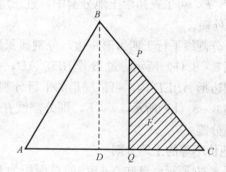

图8-4　与一边正交的三角形分割

三角形土地的分割是比较简单的，只要充分利用平面几何学中关于三角形的有关知识就可以很容易地解决分割线 PQ 的位置问题。

2. 梯形的平行分割

梯形分割比三角形分割复杂，需要增加辅助线的数量。梯形土地的平行分割有方法有垂线法与比例法。

（1）垂线法。如图 8-5 所示，延长 AB、DC 相交于 E，作 $BG /\!/ CD$，$BI \perp AD$，$EH \perp AD$，则 $AG : BI = AD : EH$，又 $AG = AD - BC$，那么求得 EH 及 F（整个地块的面积）后即可求得分割出之梯形的高 h，则 P、Q 就可确定了。

（2）比例法。如图 8-6 所示，已知原梯形上底为 L_0，下底为 L_n，高为 h，分割梯形上底为 L_1，下底为 L_n，高为 h_1，其中 L_1 平行于 L_n，求出分割点 P、Q 的位置即可。

3. 任意四边形的分割

这是土地分割工作中最常见的一种情况。

（1）分割线过四边形一边上任一定点，分割为预定面积 f。如图 8-7 所示，连接 PD，并计算 $\triangle PAD$ 的面积设为 F，如 $f > F$，则以 $\triangle PQD$ 补足的，Q 点定位法如下：过 P 作 $PE \perp CD$，令 $f - F = PPQD = DQ \cdot PE / 2$，所以

$$DQ = \frac{2(f - F)}{PE} \qquad (8-2)$$

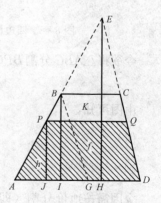

图 8-5　垂线法分割

111

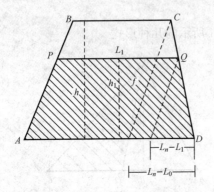 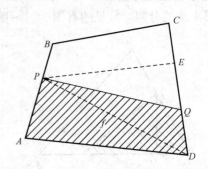

图 8-6　比例法分割　　　　　　　图 8-7　过四边形一边上定点分割面积

如 $f<F$，可依三角形土地分割中，过三角形的一个顶点作一条直线，分割为预定面积 f 的方法处理。

（2）分割线平行于四边形一边，分割面积预定为 f。

如图 8-8（a）所示，过 B 作 $BE /\!/ AD$，计算 $\triangle BCE$ 的面积，设为 F。$f>F$，则分割线应在四边形 $ABED$ 内，可依梯形的平行分割法，求出分割线 PQ 的位置。

如图 8-8（b）所示，$f<F$，则分割线在 $\triangle BCE$ 内，可按三角形分割线平行于底边的方法加以分割。

4. 地价不等的土地分割

如图 8-9 所示，已知 $\triangle ABC$ 的总面积为 F，其中 $\triangle BAD$ 与 $\triangle BCD$ 的地价单价分别为 U 与 V。则 $\triangle ABC$ 的总地价

$$W = P_{BAD} \cdot U + P_{BCD} \cdot V$$

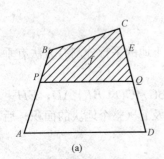 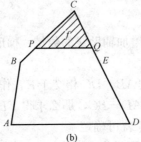

　　　　（a）　　　　　　　　　　（b）

图 8-8　四边形的平行分割　　　　　图 8-9　地价不等的土地分割

今欲将 $\triangle ABC$ 分割 BPQ，分割线 $PQ /\!/ AC$，面积设为 f，则分割面积 $\triangle BPQ$ 的地价

$$\omega = P_{BPE} \cdot U + P_{BQE} \cdot V$$

由图可知：
$$\frac{BP}{BA} = \frac{BQ}{BC} = \frac{PQ}{AC} = \frac{h_1}{h} = m$$

但
$$PQ \cdot h_1 = 2f \quad AC \cdot h = 2F$$

则
$$\frac{f}{F} = \frac{PQ}{AC} \times \frac{h_1}{h} = m^2 \ \text{或} \ m = \sqrt{\frac{f}{F}}$$

今因需按地价分割（即分割其总价应等于预定的 ω），故应以地价代替面积，从而得下式：

$$m = \sqrt{\frac{\omega}{W}} = \sqrt{\frac{\omega}{P_{BAD} \cdot U + P_{BCD} \cdot V}} = \sqrt{\frac{2\omega}{(AD \cdot U + CD \cdot V)h}} \qquad (8-3)$$

依式（8-3）算得 m 后，再依下式求得分割面积的边长与高：

$$BP = m \cdot BA \quad PE = m \cdot AD \quad BQ = m \cdot BC$$

$$h_1 = m \cdot h \quad QE = m \cdot CD \qquad (8-4)$$

从而决定 P、Q 的点位，并以下式核验：

$$2\omega = (PE \cdot U + QE \cdot V)h_1 \qquad (8-5)$$

8.4.3　数值法土地分割

数值法土地分割，是指以地块的界址点坐标作为分割面积的依据，利用数学公式，求得分割点坐标的方法。这种方法精度较高，且可长久保存，常用于地域较大及地价较高的地块划分。

已知任意四边形 $ABCD$，其各角点的坐标已知，四边形的总面积为 F，现有一直线分割四边形 $ABCD$，如图 8-10 所示，与 AB 边的交点为分割点 P，与 CD 边的交点为分割点 Q，已知 $APQD$ 的面积为 f，求分割点 P、Q 的坐标 (X_P, Y_P)、(X_Q, Y_Q)。

由上面列出的条件可得到两个三点共线方程。

A、P、B 点的共线方程为：

$$\frac{X_P - Y_A}{X_P - X_A} = \frac{Y_B - Y_A}{X_B - X_A} \qquad (8-6)$$

C、Q、D 点的共线方程为：

$$\frac{Y_Q - Y_C}{X_Q - X_C} = \frac{Y_D - Y_C}{X_D - X_C} \qquad (8-7)$$

又分割面积 f 为已知，则可依据各角点坐标列出面积公式：

$$2f = \sum_{i=1}^{n} (X_i + X_{i+1})(Y_{i+1} - Y_i) \qquad (8-8)$$

其中，i 为测量坐标系中，图形按顺时针方向所编点号，$i=1, 2, 3, \cdots, n$，本例中的 1、2、3、4 对应 A、B、C、D。

上述三个方程不能解求四个未知数，必须再给出一个已知条件并列出方程与上述三个方程构成方程组，从而解算出 P、Q 点的坐标。现分述如下。

（1）当 P、Q 两点所在的直线过一定点 K（图 8-11），已知 K 点的坐标为 (XK, YK)，此时，有 P、K、Q 三点共线方程：

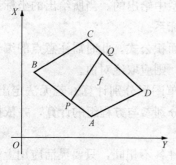

图 8-10　四边形分割图示

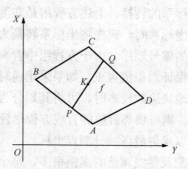

图 8-11　过定点分割图示

$$\frac{Y_K - Y_P}{X_K - X_P} = \frac{Y_Q - Y_P}{X_Q - X_P} \qquad (8-9)$$

联立式（8-6）~式（8-9），即可求得 P 和 Q 点的坐标。

如果 K 点在 AB 边上，则 K 点与 P 点重合，联立式（8-7）和式（8-8），即可求得 P 点和 Q 点的坐标。

如果 K 点在 CD 边上，则 K 点与 Q 点重合，联立式（8-6）和式（8-8），即可求得 P 点和 Q 点的坐标。

（2）当 PQ 平行多边形一边时，即已知 PQ 所在的直线方程的斜率。如图 8-12 所示，$PQ /\!/ AD$，则 $K_{PQ} = K_{AD}$，所以

$$\frac{Y_Q - Y_P}{X_Q - X_P} = \frac{Y_D - Y_A}{X_D - X_A} \qquad (8-10)$$

联立式（8-6）~式（8-9），即可求得 P 和 Q 点的坐标。

（3）当 PQ 垂直于多边形一边时，即已知 PQ 所在的直线方程的斜率。如图 8-13 所示，$PQ \perp AB$，则 $K_{PQ} = \dfrac{1}{K_{AB}}$，所以

$$\frac{Y_Q - Y_P}{X_Q - X_P} = \frac{X_B - X_A}{Y_B - Y_A} \qquad (8-11)$$

联立式（8-6）~式（8-9），即可求得 P 和 Q 点的坐标。

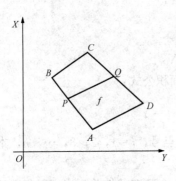

图 8-12　平行分割图示

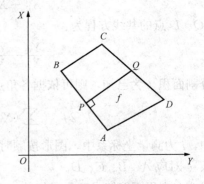

图 8-13　垂直分割图示

上述结论适用于不同形状地块的土地分割计算，包括三角形、四边形以及多边形地块。

运用数值法进行土地分割计算时，应注意如下几个问题：

（1）坐标系的转换。上述方程组是在测量坐标系中给出的。当所给出的坐标系为数学坐标系或施工坐标系时，应先将坐标系转换为测量坐标系。

（2）点的编号顺序。由于方程组中含有坐标法面积公式，此时需注意点的编号顺序应为顺时针，以保证面积值为正。如果采用逆时针编号，则应取绝对值。

（3）当地块边数较多时，可将其划分为几个简单图形分别计算。若无法定出分割点 P、Q 所在的边，则可将邻近边的直线方程尽皆列出，分别参与方程组的计算，并依据面积条件进行取舍，以求得最终的分割点坐标。

土地分割及界线调整的案例很多，每个案例条件各不相同，只要灵活应用上述方法，并做到具体问题具体分析，则对于一般的分割业务均能应付自如。

习 题 与 思 考 题

1. 什么是变更地籍调查和测量?

2. 简述地籍变更测量的作用和特点。

3. 地籍变更的内容有哪些?

4. 某一宗地界址变更后,有关地籍应如何处理?

5. 变更界址测量中原界址点没有坐标该怎么处理?

6. 恢复界址的方法有哪些?

7. 已知界址点坐标 $P(1342.256,3254.574)$,放样测站点 $A(1389.366,2849.125)$,定向 $(2432.122,2879.848)$,若采用极坐标法放样界址点 P,试计算放样数据并简述放样操作基本流程。

8. 简述界址鉴定的作业流程。

9. 日常地籍测量有哪些内容?

10. 简述日常地籍测量和变更地籍测量的区别。

11. 简述土地分割的概念及作业程序。

12. 土地分割测量的主要方法有哪些?

第9章　建设项目用地勘测定界

建设项目用地勘测定界（以下简称勘测定界）就是指对通过征用、划拨等方式提供用地的各类建设项目，在施工现场划定土地使用范围、测定界桩位置、标定用地界线、调绘土地利用现状、计算用地面积以供土地管理部门审查报批建设项目用地的测绘技术工作。勘测定界工作，在各级土地管理部门组织下，由取得"土地勘测许可证"的勘测单位承担。勘测定界成果经县级以上人民政府土地管理部门审核批准后具有法律效力。

建设项目用地勘测定界的内容包括：①收集资料、实地踏勘、制定技术方案；②调查用地范围、权属、地类等基本情况；③测设界址点并埋设界址桩；④测量界址点坐标；⑤编制勘测定界图、面积量算汇总及编制技术报告等工作。

9.1　勘测定界的准备工作

勘测定界的准备工作主要包括：接受委托、组建队伍、查阅有关文件及图件、现场踏勘、技术设计等内容。

9.1.1　接受委托

经审核具备勘测定界资格的勘测单位，须持有用地单位或有权批准该建设项目用地的政府土地管理部门的勘测定界委托书，方可开展工作。

9.1.2　组建队伍

根据建设项目的大小和建设项目用地勘测定界的工作程序，可成立领导小组或确定总负责人，组建外业调查组、外业测量组、内业整理汇总组等具体工作小组，并配备相关人员，各小组分工明确。

9.1.3　收集、查阅相关文件、图件和勘测资料

1. 文件资料

文件资料包括由用地单位提交的城市规划区内建设用地规划许可证或选址意见书的初步设计和有关资料，土地管理部门在前期对项目用地的审查意见。

2. 图件资料

勘测定界工作应尽量搜集用地范围内的地籍图、地形图、比例尺不小于1：10 000的土地利用现状图、土地利用总体规划图、基本农田界线图、测区范围内的航片图、土地权属界线图、用地单位提供的由专业设计单位承担设计的用地范围图以及比例尺不小于1：2000的建设项目工程总平面布置图、大型工程线形工程总平面布置图的比例尺不小于1：10 000。

3. 勘测资料

勘测资料包括用地范围附近原有平面控制点坐标成果、控制点标记、控制点网图、原控制网技术设计书、有关坐标系统的投影带、投影面、道路中线点坐标等资料。

4. 权属证明文件

权属证明文件的收集包括土地权属文件、征用土地文件、土地承包合同（协议）、土地出让合同、清理违法占地的处理文件、用地单位的权源证明等，将其作为权属人定的依据。此外，还应搜集工作范围内各种用地和建筑物、构筑物的产权资料作为权属检核的依据。

9.1.4 现场踏勘、制定技术方案

1. 现场踏勘

在审查有关资料的基础上，根据收集的控制点成果资料，检查项目用地附近的各级控制点的标石完好情况和现场通视条件。对于线性和大型建设项目用地还应调查了解交通和地理条件。

现场调查用地范围内的行政界线、地类界线以及地下埋藏物，并标绘在地形图上。

2. 制定技术方案

根据收集、查阅资料情况和现场踏勘情况制定建设项目用地勘测定界工作技术议案。其主要内容包括：

（1）用地范围、地理位置、交通条件、权属状况、地形地貌等。

（2）工作程序、时间要求、经费安排、人员配备情况。

（3）工作底图的选择、测量方法、成果要求。

（4）控制网的布设方法、测量所需仪器状况、技术依据。

9.2 勘测定界的外业工作

9.2.1 勘测定界的外业调查

土地勘测定界外业调查是勘测定界中的基础性工作，其工作内容包括权属调查和地类调查，其调查内容可归纳如下：查清用地范围内村和农、林、牧、渔场以及居民点外的厂矿、机关、团体、部队、学校等企、事业单位的土地权属界线和村以上各级行政辖区范围界线；查清用地范围内的土地利用类型及分布。权属调查的成果应及时准确地反馈于外业测量人员，以便进行权属界址桩的测量。

1. 准备工作底图

工作底图是指土地勘测定界调查工作的用图，是外业调查、转绘、面积量算、编制土地勘测定界图的基础图件。

勘测定界所用工作底图应是用地范围内的现势性较好的地籍图或地形图。工作底图的比例尺应与勘测定界图的比例尺相同，一般不小于 1∶2000。大型工程经有权批准该项目用地的政府国土资源管理部门批准，工作底图比例尺可不小于 1∶10 000。

城市批次用地的土地勘测定界工作一般用地籍图作为工作底图。大型工程用地，例如水库库区、大型线状工程等的土地勘测定界一般用航片与地形图相结合作为工作底图。

2. 权属调查

对建设用地占用的各权属单位的土地，在土地利用现状调查、城镇地籍调查时已形成的土地权属界线协议书核定的权属界线经复核无误的，本次勘测定界调查时可不再重新调查，否则应重新调查。因此，权属调查的工作程序根据准备工作阶段的收集资料情况分两种进行：一种是具备土地权属定界资料的调查，另一种是不具备土地权属定界资料的调查。

3. 地类调查

地类调查应在土地利用现状调查的基础上，按照《土地利用现状调查地（市）级汇总技术规程》（TD 1002—1993）及《土地利用现状分类》（GB/T 21010—2007）的要求，以接受勘测定界委托时为调查时点，通过现场调查及实地判读，将用地范围内及其附近的各地类界线测绘或转绘在工作底图上，并标注地类编号。在地类调查的同时，实地调绘基本农田界线和农用地转用范围界线。

9.2.2 勘测定界的外业测量

土地勘测定界外业测量是指根据项目用地的初步设计图或规划用地范围图实地放样界址点，然后对用地界址点（包括权属界址点、行政界址点）进行解析测量，并埋设界址桩及实施放线。土地勘测定界外业测量工作程序一般是：平面控制测量—界址点放样—界址点测量—实施放线。

1. 平面控制测量

控制测量是为细部测量服务的，土地勘测定界一般是在控制测量的基础上进行放样测量界址点。当测区已具备施测的控制网时，可直接引用放样；但界址点测量的精度应满足《建设用地勘测定界技术规程（试行）》的要求，否则就要重新进行平面控制测量。建设项目用地勘测定界平面控制测量的主要标准见表 9-1～表 9-5。

表 9-1 　　　　　　　　　　　　　　　首级控制网等级的确定

测区面积/km²	首级平面控制等级	测区面积/km²	首级平面控制等级
>10	四等以上控制网	0.4～3	二级导线
3～10	一级导线	<0.4	图根导线

表 9-2 　　　　　　　　　　　　　　　GPS 网的主要技术指标

等级	平均距离/km	a/mm	b/10^{-6}	最弱边相对中误差
二等	9	10	2	1/120 000
三等	5	10	5	1/80 000
四等	2	10	10	1/45 000
一级	1	10	10	1/20 000
二级	1	15	20	1/10 000

表 9-3 　　　　　　　　　　　　　　　三角网的主要技术要求

等级	平均边长/km	测角中误差/(″)	起始边相对中误差/万	最弱边相对中误差/万
二等	9	±1	1/30	1/12
三等	5	±1.8	1/20	1/8
四等	2	±2.5	1/12	1/4.5
一级小三角	1	±5	1/4	1/2
二级小三角	0.5	±10	1/2	1/1

表 9-4　　　　　　　　　　　　　　　电磁波测距导线的主要技术要求

等级	复合导线长度/km	平均边长/m	每边测距中误差/mm	测角中误差/(")	导线相对闭合差
三等	15	3000	±18	±1.5	1/6 万
四等	10	1600	±18	±2.5	1/4 万
一级	3.6	300	±18	±5	1/1.4 万
二级	2.4	200	±18	±8	1/1 万
三级	1.5	120	±18	±12	1/6 千

表 9-5　　　　　　　　　　　　　　　图根导线的主要技术要求

等级	导线长度/km	平均边长/m	测回数		方位角闭合差/(")	导线全长相对闭合差	坐标闭合差/m
			DJ_2	DJ_6			
一级	1.2	120	1	2	$±24\sqrt{N}$	1/5000	0.22
二级	0.7	70		1	$±40\sqrt{N}$	1/3000	0.22

2. 建设项目用地界址点放样

当测区的控制网逐级布设完成后，进行界址点的勘测放样。界址点放样的依据是建设项目用地条件。建设项目用地条件多为用地边界与规划道路或指定地物的相对关系，在地物稀少地区也可确定为界址点的设计坐标。建设项目用地条件是用地测量的法定文件，作业者不得擅自改动。

（1）根据建设项目用地条件确定放样数据和放样方法。

1）项目用地条件提供拟用地界址点坐标时，可根据拟用地界址点坐标用全站仪或 RTK 测量技术进行放样；也可根据拟用地界址点坐标、控制点坐标和地物点坐标计算出拟用地界址点同控制点及地物点的相关距离和角度，采用极坐标法、距离交会法、前方交会法进行放样。

2）项目用地条件提供拟用地界址点相对于控制点及地物点的距离和角度等有关数据时，可选用距离交会法或前方交会法进行放样。

3）项目用地条件只提供用地图纸，而没有提供拟用地界址点坐标或拟用地界址点相对于控制点及地物点的距离和角度等有关数据时，可以根据初步设计图或规划用地范围图，图上拟定界址桩位置，在图上量取拟用地界址点坐标或拟用地界址点与控制点、地物点的相关距离和角度，按照前述两种方法进行放样。

（2）线形工程和大型工程的放样。

1）线形工程的放样。线形工程包括公路、铁路、河道、输水渠道、输电线路、地上和地下管线等。线形工程的勘测定界，其放样方法可根据具体情况，采用图解法或解析法。

①图解法。当线形工程的线路不长且线路基本为直线时，可采用图解法放样。根据设计图纸上所列出的定线条件，即线状地物中线与附近地物的相对关系，实地以有关线状地物点为基准采用经纬仪、测距仪、钢尺测出中线位置。直线段每隔 150m 应定出一个中线点。

②解析法。当线形工程的线路较长且有折点或曲线时，应采用解析法放样。首先布设控制测量点。根据设计图纸给出的定线条件，线路中线的端点、中点、折点、交点及长直线加点的坐标，反算出这些点与控制点间的距离和方位。以控制点为基准，采用经纬仪、钢尺或

测距仪放样出线路的中线。平曲线测设，可采用偏角法、切线支距法或中心角放射法等。圆曲线和复曲线应定起点、中点、终点，回头曲线应定半径、圆心、起终点。

2）大型工程的放样。大型工程放样根据具体情况可以利用不小于 1∶10 000 的土地利用现状调查图或地形图，根据设计图纸上的折点和曲线点，在现场根据图上判读，实地定桩。

（3）界址桩的设置。界址点是用地相邻界址线的交点，界址桩是埋设在界址点上的标志。界址桩之间的距离，直线最长为 150m。

1）界址桩的类型。勘测定界界址桩类型主要有：混凝土界址桩、带帽钢钉界址桩及喷漆界址桩。界址桩应用范围如下：

①混凝土界址桩。用地范围地面建筑已拆除或界址点位置在空地上，可埋设混凝土界址桩。

②带帽钢钉界址桩。在坚硬的路面、地面或埋设混凝土界址桩困难处，可钻孔或直接将带帽钢钉界址桩钉入地面。

③喷漆界址桩。界址点位置在永久明显地物上（如房角、墙角等），可采用喷漆界址桩。

2）界址点的编号及点之记。界址点编号时，用地单位的界址桩在图纸上须从左到右、自上而下统一按顺序编号。新用地的界址点与原用地界址点重合的，采用原界址桩编号。

项目用地界线的界址点一般采用"JX"表示。权属界线（行政界线）与用地范围线的交叉界址点编号应冠以字母表示。其中：S 表示省界；E 表示地区（市）界；A 表示县界；X 表示乡（镇）界；C 表示村界或村民小组界；J 表示基本农田界；G 表示国有土地的界线。

铁路、公路等线型工程的界址点编号可以采用"里程＋里程尾数"的格式进行编号，按 km 里程增加为前进方向，在里程数前冠以字母 L 为左边界桩，R 为右边界桩，如 RK45＋400，表示 45.4km 处的前进方向右边界桩。

界址桩的位置在实地确定以后，对埋石点或主要转折点均应在现场测记"界址点点之记"。"界址点点之记"略图应反映界址桩邻近四周地形、地物情况和必要的文字注记（路名、水系名等）。量取与附近地物点的撑线三条（不少于两条，如附近地物稀少，可借助于附近的明显地物，如田埂交叉点、道路交叉点、池塘边角打辅助桩量取撑线），并用红漆在地物点上标出点号和尺寸，以便他人根据点之记在现场寻找界址桩位置。"点之记"用 0.2mm 线条绘制，撑线用虚线表示，测量数据注记到厘米，文字注记力求端正整齐，避免倒置，界址桩点用相应图例符号绘制。界址点撑线应尽量选取于用地范围外不拆除的建筑物。

3. 界址测量

为保证界址放样的可靠性及界址坐标的精度，在界址桩放样埋设后，须用解析法进行界址测量。界址测量应按照《城镇地籍调查规程》（TD 1001—1990）的要求进行。

（1）测量方法。界址测量一般采用极坐标法，须在已知控制点上设站。角度采用半测回测定，经纬仪对中误差不得超过±5mm。一测站结束后必须检查后视方向，其偏差不得大于±1′。距离测量可用电磁波测距仪或钢尺，用钢尺测量时一般不得超过二尺段，使用电磁波测距仪可放宽至 300m。

（2）精度要求。

1）解析测定界址点坐标相对邻近图根点的点位中误差，不得大于 5cm。

2）界址线与邻近地物或邻近界线的距离中误差，不得大于 5cm。

3）勘测定界图上的界址点平面位置精度，以其相对于邻近图根点的点位中误差及相邻界址点的间距中误差，在图上不得大于表 9-6 的规定。

表 9-6　　　　　　　　　　　　　　　　勘测定界图的精度指标

图纸类型	1：5000/mm	1：2000/mm	1：1000/mm
薄膜图	0.8	0.6	0.6
蓝晒图	1.2	0.8	0.8

4）用地管理图上所给的用地界线与邻近地物界线的间距差不得大于 1.2mm。

5）界址边丈量中误差不得大于 5cm。

9.3　勘测定界的内业工作

土地勘测定界的内业工作是指在完成土地勘测定界的外业调查和外业测量工作后，需要对外业成果进行整理、量算、汇总及制图的过程。土地勘测定界内业工作包括编制土地勘测定界图及项目用地范围图、土地勘测定界面积量算和汇总、撰写土地勘测定界技术报告。土地勘测定界的成果资料包括土地勘测定界技术报告、土地勘测定界图、项目用地范围图。

9.3.1　土地勘测定界图的编制

勘测定界图是用于建设用地审批的主要图件材料，是量算项目用地占用各权属单位土地面积、基本农田面积、不同地类面积的基本图件。土地勘测定界图不但有一定的精度，同时还要准确地反映出用地周边的土地利用状况。土地勘测定界图是集各项地籍要素、土地利用现状要素和地形、地物要素为一体的区域性综合图件。土地勘测定界图可利用实测界址点坐标和实地调查测量的权属、地类等要素在地籍图或地形图上编绘或直接测绘。为了便于土地勘测定界图件资料的储存、管理、编辑和资料更新，土地勘测定界资料和图件应尽可能地采用计算机进行数字图形管理。

1. 土地勘测定界图的内容

土地勘测定界图的主要内容包括用地界线、界址点、用地总面积（大型项目用地，因土地勘测定界图分幅较多，可以不标注用地总面积）；用地范围内各权属单位名称及地类符号或名称；用地范围内占用各权属单位土地面积及地类面积；用地范围内的行政界线、各权属单位的界址线、基本农田界线、土地利用总体规划确定的城市和村庄集镇建设用地规模范围内农用地转为建设用地的范围线、地类界线；地上物、文字注记、数学要素等。

（1）界址点、用地界线。用地界线是建设项目占用土地的范围线，建设项目完工后，它就是该宗地的界址线。为了与地籍工作衔接及利用勘测定界成果进行土地登记发证，在编制勘测定界图时，用地界线及界址点的绘制应与地籍图一致。

（2）用地范围内的行政界线、权属界线。用地范围内的行政界线及各权属单位的界址线是量算建设项目占用各权属单位土地面积的主要依据。用地范围内的行政界线主要有：省、自治区、直辖市界；自治州、地区、盟、地级市界；县、自治县、旗、县级市及城市内的区界；各权属单位的界址线、乡、镇、村界，国有农、林、牧、渔场界及国有土地使用界线。两级行政界线重合时选取高级界线，境界线在拐角处不得间断，应在拐角处绘出点或线。用地范围内的行政界及各权属单位的界址线用红色表示，图例按照《城镇地籍调查规程》（TD 1001—1990）的要求。

土地权属界线原则上一般应由权属双方的法人代表现场指界双方认可。一种方法是测量人员根据权属双方指定的界线进行测绘，并将其坐标成果展绘在土地勘测定界图上；另一种方法是到有关部门搜集测区的土地利用现状调查资料、土地登记资料，根据搜集的权属界线描述资料情况，将测区范围内的所有权属界线一一地描绘在土地勘测定界图上。

（3）地上物、地貌、地类界线及文字注记。地物及地貌包括用地范围内及外延区域的各类垣栅管线、房屋、水面界线、道路界线、斜坡、陡坎、路堤、台阶及地类符号注记等。地物及地貌图例按照《地形图图例》的要求，地类符号图例按照《土地利用现状调查技术规程》（省级、地市级）的要求。地上物、地貌，地类界线原则上采用原有的地形图或地籍图上所反映的一切信息。在现场进行调绘时如发现地上物的增减与变化，或者用地界线的改变时，要及时进行重测或补测。地类界线是用地范围内各种不同图斑的界线，它是量算建设项目占用各权属单位的不同地类面积及征地补偿的主要依据。文字注记包括地名、权属单位名称、道路名称、水系名称及有特色的地物名称等。

（4）用地范围内占用各权属单位土地面积及地类面积。用地范围内占用各权属单位土地面积及地类面积在编辑好的勘测定界图上量算，用红色分式在相应的权属单位或地块上表示，分子是用地范围内占用各权属单位土地面积及地类面积，单位 m² 或 ha，分母是地类编号或权属单位名称。

（5）基本农田界线和农用地转用范围线。基本农田界线是项目用地占用基本农田的范围界线，是量算项目用地占用基本农田面积的主要依据。农用地转用范围线是项目用地占用已批准的土地利用总体规划确定的城市和村庄、集镇建设用地规模范围内农用地转为建设用地的范围线。

（6）数学要素。数学要素包括图廓线、坐标格网线及坐标注记、图廓线、控制点及其注记、图框外的比例尺说明及图幅整饰。

2. 土地勘测定界图的绘制

土地勘测定界图是利用放样后复测的界址点坐标及调查成果，在地籍图或地形图上编绘或直接测绘的区域性专用图。利用现有的地籍图或地形图时，应检查其现势性，发现有变化的，应及时进行修测或补测。没有现势性较好的地籍图或地形图时，应在勘测定界前直接测绘地形图作为调查工作底图及编绘底图。勘测定界图的编绘应在工作底图的蓝晒图或复印图上进行，编绘完成后应透绘在聚酯薄膜上。有条件的地区，应将工作底图扫描或数字化形成电子底图，编绘工作直接在电子底图上进行。土地勘测定界图的比例尺一般不得小于1：2000。大型工程经有权批准项目用地的政府土地管理部门批准，勘测定界图比例尺不小于1：10 000。因此，在编绘土地勘测定界图时，注意选择适当的比例尺，以保证用图的精度。按《建设用地勘测定界技术规程（试行）》的要求，土地勘测定界图的平面位置精度为其相对于邻近图根点的点位中误差及相邻平面点的间距中误差。

勘测定界的分幅编号方法与地形图的分幅编号方法相似。勘测定界图分幅编号应以小比例尺图件为基础，逐级编定较大比例尺的地籍图图幅号。

（1）土地勘测定界图的图纸分幅。土地勘测定界图的图纸分幅方式，原则上采用地形图或地籍图的分幅方式，即幅面采用 50cm×50cm 和 50cm×40cm。线性用地或大型项目用地的勘测定界图，可以采用自由分幅。项目用地范围涉及多幅图纸，应编绘用地范围接合图。

（2）界址点及界址线的编绘。利用放样后复测的界址点坐标，直接展绘在工作底图上，图上连接界址点形成界址线。如果没有实测界址点坐标，可在实地丈量界址点与附近明显地物的关系距离，在图上用距离交会的方法绘出界址点位置。界址点分埋石（包括建筑物拐角界址点）和不埋石两种。将界址点按一定的顺序连接成界址线。界址桩在图上必须从左到右、自上而下统一按顺时针编号。界址桩之间的距离，直线时长为 150m，转折点必须设置界址桩。对于大型线性工程，直线段距离可适当延长。界址点位置用直径为 0.8mm 的红色圆圈表示。界址点编号形式如用地面积较小，可按阿拉伯数字 1，2，3……顺序编制；如用地面积较大，可采用地名或工程名的汉语拼音头一个字母作为代号顺缩。所有界址点的编号或代号一律写在用地范围的外侧。

为了清楚地表示各种界线，土地勘测定界图上项目用地边界线可根据用地范围的大小用 0.2～0.4mm 红色实线表示；基本农田界线使用绿色实线绘制；农用地转为建设用地范围线使用黄色实线绘制。地类界线用直径 0.3mm、点间距 15mm 的点线表示。

（3）行政界线、权属界线、基本农田界线、农用地转用范围线及地类界线的绘制。用地范围内的行政界线、各权属单位的界址线的编绘，应充分利用土地利用现状调查资料或农村集体土地产权调查资料进行编绘。按照土地利用现状调查时签署的土地权属界线协议书及界址走向描述或农村集体土地产权调查时填写的集体土地权属调查表，直接在工作底图上绘制用地范围内的行政界线、各权属单位的界址线。

当土地权属界线协议书或集体土地权属调查表上界线走向模糊且文字说明较简单，无法直接编绘时，应由相邻权属单位代表实地指定用地范围线与行政界线及各权属单位界址线的交点，并实地丈量其与附近明显地物的关系距离，在图上用前方交汇的方法绘出用地范围线与行政界线及各权属单位界址线的交点位置。当进行较高精度的勘测定界时，应实地测量用地范围线与行政界线及各权属单位界址线的交点坐标，并将其展绘在工作底图上。

在外业期间一定要搞清楚行政界线、权属界线，在内业绘图时应按《城镇地籍调查规程》（TD 1001—1993）及《土地利用现状调查技术规程》的规定执行。基本农田界线应根据土地利用现状图或土地利用总体规划上的基本农田界线转绘到工作底图上；农用地转用范围线应按照土地利用总体规划或土地利用年度计划等进行转绘；地类界线应利用地籍图、地形图及土地利用现状图上的地类或图斑界线转绘，当有变化时，应根据地类调查资料修改。

（4）用地面积、各种符号绘制及文字数字的注记。土地勘测定界图上用地范围内每个权属单位均应在适当位置注记权属单位名称和面积，每个地块均应在适当的位置注记地类号和面积。其注记方式如：$\dfrac{1.2865}{李庄}$，分母表示权属单位名称，分子表示该宗地或地块的面积；$\dfrac{0.8953}{121}$，分母表示地类编号，分子表示该宗地或地块的面积。

各种符号的绘制一般情况下按照《城镇地籍调查规程》（TD 1001—1993）及《土地利用现状调查技术规程》的规定执行。对以上两个规程未作规定的图式，应按照国家颁布的现行规程执行。

3. 土地勘测定界用地范围图的编绘

为满足建设用地审批的需要，勘测定界图编制完成后，应依据勘测定界图，将用地范围展绘到比例尺不小于 1∶10 000 的土地利用现状图上，制作土地勘测定界用地范围图。该用地范围图即建设用地审批中要求的拟占用土地 1∶10 000 幅土地利用现状图。用地范围图的绘制应力求点位精确，并与勘测定界图、土地分类面积表的内容相一致。条件具备的地区，尽量采用计算机图形处理技术，进行土地勘测定界用地范围图的制作。大型项目土地勘测定界用地范围图的比例尺不小于 1∶50 000。

9.3.2 土地勘测定界面积量算和汇总

土地勘测定界面积量算和汇总的数据是用地审批中一项关键的数值，因此要求作业人员必须具有严谨的工作作风和认真负责的态度，在量算面积及汇总统计时，必须按规定的表格认真填写，字迹工整清晰，不得涂改。面积量算应在土地勘测定界图上进行，面积计算的单位以平方米计（保留小数点后一位），当面积值较大时，可用公顷为单位（保留小数点后四位）。为方便计算建议用 Excel 电子表格进行存档和汇总。

1. 面积量算内容

项目用地面积核定是土地勘测定界的一项重要环节，其主要内容包括项目用地的总面积；项目占用集体土地、国有土地的面积和占用农用地、建设用地、未利用地的面积；量算出征用面积和其中占耕地、基本农田的面积；划拨土地的数量；出让土地的数量；代征土地面积和其中占耕地、基本农田的面积；临时用地面积；规划道路面积。同时还要把占用他项权利的集体土地或国有土地的面积量算出来，以便为土地登记提供数据。

2. 面积量算的方法

土地勘测定界面积量算与其他面积量算的方法相同，可采用坐标法、几何图形法、求积仪法。如果是数字图，可由计算机直接进行统计面积。

3. 面积量算的原则与精度

（1）面积量算的原则。面积量算应遵循"分级量算、按比例平差、逐级汇总"的原则。以项目用地总面积作控制，先量算起控制作用的各土地使用单位的面积（如县、乡、村面积或国有单位面积），再量算其内部的地类面积，从上而下，分级量算。各量算面积之和与控制面积之间的误差称闭合差，在容许误差范围内（小于 1/200）可根据面积的大小，按比例平差。平差后的面积，再自下而上，逐级汇总。

（2）精度要求。

1）图上面积量算要考虑到图纸材料的影响，非聚酯薄膜原图的，要加入图纸变形因素的影响。

2）图上两次独立进行的面积量算较差限差：

$$\Delta \leqslant 0.0003M\sqrt{P} \qquad\qquad (9-1)$$

式中　P——量算面积（m^2）；

　　　M——勘测定界图纸比例尺分母。

满足要求后，取其平均值为地块面积。

3）几何图形法计算面积的误差应满足下式：

$$\Delta < 2.04ML\sqrt{P} \qquad\qquad (9-2)$$

式中　P——量算面积（m²）；

　　　ML——界址边量算的中误差（m）。

满足要求后，取其平均值为地块面积。

4. 面积量算数据汇总

为保持资料及数据的统一性、科学性和实用性，面积单位及土地分类及填表格式必须全国一致，具体要求如下：

（1）地类统计要求。地类分类按国土资源部［2001］255 号文件规定填写。现状地类与土地利用现状调查图上不一致时，应在勘测定界技术报告及面积量算表中注明。

（2）在同一宗报批用地中，如有不同的权属地块，如征用（国家征用集体土地后安置移民）、代征（国家征用集体土地）、使用（原国有单位及国有性质的土地需改变用途）应分别列表量算统计、汇总。

9.3.3　撰写土地勘测定界技术报告

勘测定界最后成果体现于技术报告书。技术报告书内容有勘测定界技术说明、勘测定界表、勘测面积表、土地分类面积表、界址点坐标成果表、界址点点之记和用地地理位置图。将上述内容按目录、表格、说明、略图等装订成册。报告书的封面要标明用地单位、用地项目名称、勘测定界单位、日期、报告编号等要素，其中编号采用"年份份数"的形式以便于成果的归档、整理。例如："编号：200212"是指该单位 2002 年的第 12 份勘测定界技术报告，"日期"系指勘测定界内外业完成的时间。

1. 勘测定界技术说明

在勘测定界技术说明中应包括项目概述、勘测定界依据、施测单位及日期，勘测定界工作情况等内容。

项目概述主要写项目全称、任务来源及委托内容等基本情况；勘测定界依据主要是指与工程有关的政府批文及文号《建设用地勘测定界技术规程》（试行）、《土地利用现状调查技术规程》、《城镇地籍调查规程》（TD 1001—1990）、《全国土地分类（试行）》、用地单位提供的工程总平面设计图的图名图号、测量控制点成果名称、其他相关资料；施测单位及日期是指实施勘测定界工作的单位全称及工作的起止日期。

勘测定界工作情况主要包括外业调查情况、外业测量情况、内业工作情况及相关说明。外业调查情况包括权属调查情况和地类调查情况。权属调查情况包括权属调查前的组织准备情况、工作底图的选择、工作程序和方法以及权属争议的处理方法等。地类调查情况包括地类界线、地类的调查、转绘方法以及基本农田界线和农用地转用范围界线的调绘等情况。

外业测量情况包括测区基本情况、勘测定界坐标系统的选择、平面控制的布设、导线的长度、导线点的个数、放样方法、界址桩的设置、采用的测量仪器等。

内业工作情况包括面积量算及汇总、编绘勘测定界图等情况。

相关说明包括界址点编号方法、地类代码的对照以及本项目的综合评述等。

2. 勘测定界表

勘测定界表主要填写内容有用地单位名称及经办人、单位地址及主管部门、土地坐落及用途、相关文件、图幅号、勘测定界单位的签注。勘测定界单位主管领导、项目负责人及审核人应在勘测定界表签字，样式见表 9-7。

表 9 - 7   勘 测 定 界 表

单位名称		经办人	
单位地址		电话	
主管部门		所有制性质	
土地坐落			
用途			
相关文件			
图符号			
勘测定界单位签注			

单位主管
审核人
项目负责人
盖章（土地勘测定界专用章）
年   月   日

    勘测定界表中"单位名称"栏填写申请用地单位的全称（即该单位公章全称）；"经办人"一栏填写用地单位来联系勘测定界的工作人员姓名；"单位地址"栏填写用地单位办公地址及联系电话；"所有制性质"栏填写用地单位所有制性质，即全民、集体或个人；"土地坐落"一栏，填写项目用地的坐落；"土地用途"按《全国土地分类（试行）》中的二级分类含义填写项目用地的实际用途；"相关文件"栏填写有关部门的批文，包括项目可行性研究报告或项目建议书批准文件、工程初步设计或工程总平面规划批准文件、规划许可证等；"图幅号"一栏填入土地勘测定界图分幅图号；"勘测单位签注"栏内，由勘测定界单位保证经勘测定界的用地项目界址点、线、面积、地类界线、权属界线、基本农田界线调查清楚，测量准确，满足《建设用地勘测定界规程（试行）》及《城镇地籍调查规程》（TD 1001—1990）的要求；"单位主管"由勘测定界单位负责人签名或盖章；"审核人"、"项目负责人"各自在栏内签名或盖章。

    对于城市批次用地勘测定界表的填写，除主管部门、所有制性质不用填写外，其他相同。

3. 勘测定界面积表和土地分类面积表

    勘测定界面积表是集中反映用地形式和用地数量的成果表。土地勘测面积表填写内容包括申请用地占用的集体土地及国有土地的总面积；申请用地占用农用地、建设用地、未利用地的总面积；征用集体土地的总面积、国有土地划拨的总面积、国有土地出让的总面积、代征的集体土地总面积、由用地单位申请用地要作为规划道路的总面积、临时使用土地的总面积。勘测定界面积表见表 9 - 8。

    （1）勘测定界面积表。

    （2）土地分类明细表。土地分类明细表包括征用表和划拨表。

    1）土地分类明细表（征用表）主要反映集体土地所有者被征用的集体土地数量和类别的面积数据。当利用各种面积量算方法计算出各集体土地面积后，应与各集体土地所有者上报的数据进行检核、比较，如果面积误差在允许范围内，以勘测面积为准；如果出入较大，应分析原因，重新核定。

表 9 - 8   **勘 测 定 界 面 积 表**

	总面积			
按现状权属分	集体			
	国有			
按现状地类分	农用地	其中	耕地	
			基本农田	
	建设用地			
	未利用地			
按用地占用方式分	征用	其中	耕地	
			基本农田	
	划拨			
	出让			
	代征	其中	耕地	
			基本农田	
	规划道路			
	临时使用			
量算者:		校核者:		年 月 日

2）当代征用地数量较多时也可单列土地分类明细表（代征表）。

3）土地分类明细表（划拨表）主要反映用地范围内占用国有土地的数量和土地类别，在此表中要准确填入各国有土地使用权单位（或个人）的名称，面积计算结果应与国有土地使用权单位（或个人）土地登记中的数据进行检核比较。

4）土地勘测面积表填表说明。

①总面积：填写申请用地的总面积（含代征及规划道路面积）。

②按现状权属分：填写申请用地占用的集体土地及国有土地的总面积。

③按现状地类分：填写申请用地占用农用地、建设用地、未利用地的总面积。其中农用地包括耕地的总面积（含基本农田面积）、基本农田总面积。

④接用地取得方式分：填写征用集体土地的总面积、国有土地划拨的总面积、国有土地出让的总面积、代征的集体土地总面积、由用地单位申请用地要作为规划道路的总面积、临时使用土地的总面积。其中征用集体土地的总面积包括耕地的总面积（含基本农田面积）、基本农田总面积，代征集体土地的总面积包括耕地的总面积（含基本农田面积）、基本农田总面积。

⑤面积计算的单位以平方米计（保留小数点后一位）。当面积值较大时，可用公顷为单位（保留小数点后四位）。

4. 用地地理位置图

用地地理位置图是反映整个用地范围、走向的示意图。用地地理位置图可以在小比例的地形图或城市旅游交通图等上进行绘制，要求点位间距、图形大致近似，方向不能偏扭太大；须绘制出用地范围四周主要成系统的建筑物和构筑物，如房屋、公路、铁路、河流、围墙走向等；须注记四邻单位名称、村镇名称等。

在进行线性和较大工程的勘测定界工作时，可以利用较小比例尺的土地利用现状图或地形图作为底图，将用地范围转绘到底图上。

5. 界址点坐标成果

界址坐标成果表（表9-9）抄录完毕应进行数据复核工作，也可以将计算机打印成果直接附上，但原始数据必须核对。

表9-9　　　　　　　　　界址点坐标成果表

点号	距离	纵坐标	横坐标	备注
计算者	检查者		年　月　日	

习 题 与 思 考 题

1. 简述建设项目用地勘测定界的目的和含义。
2. 简述建设项目用地勘测定界的作业流程。
3. 土地勘测定界图的内容主要包括哪些？
4. 勘测定界前要做哪些准备工作？
5. 项目建设用地界址点放样的方法有哪些？
6. 土地勘测定界图包括哪些内容？如何编绘？
7. 土地勘测定界面积量算的方法有哪些？
8. 土地勘测定界技术报告包括哪些内容？
9. 土地勘测定界成果有哪些应用？
10. 土地勘测定界成果如何进行检核？

第 10 章　地籍管理信息系统

10.1　地籍管理信息系统概论

1. 地籍管理信息系统的含义

地籍管理信息系统是基于空间数据库的信息系统，是一个在计算机和现代信息技术支持下，以宗地（或图斑）为核心实体，实现地籍信息的输入、储存、检索、编辑、统计、综合分析、辅助决策以及成果输出的信息系统，是土地信息系统中的一个专门管理地籍信息的系统。

2. 我国主要地籍管理软件产品

目前，我国大约有几十种城镇地籍信息系统软件和土地利用数据库软件，例如 MapGIs 城镇地籍管理信息、国土资源信息管理系统等。其主要的 GIS 平台有 ARCGIS、MAPIN-FO、MAPGIS、GEOSTAR 等。信息系统和数据库软件的开发与研制工作中已经广泛使用三层结构（客户端层、应用层、数据层）、组件（COM）开发、分布式空间数据库存储与管理等技术和方法。

3. 地籍管理信息系统的数据组织

地籍信息内容多，信息量庞大，数据、属性编码一一对应，以便形成一个有机的整体；地籍资料更新速度快，涉及土地登记、变更等一系列内容，必须保证其现势性，因此要有效的组织、管理、地籍数据。

10.2　地籍管理信息系统数据结构

1. 城镇地籍要素的编码

城镇地籍数据库各类要素的代码与名称描述见表 10-1。

表 10-1　　　　　　　　　城镇地籍数据库要素代码与名称描述

要素代码	要素名称	要素代码	要素名称
1000000000	基础地理信息要素	1000710000	等高线
1000100000	定位基础	1000720000	高程注记点
1000110000	测量控制点	1000310000	居民地
1000119000	测量控制点注记	1000310300	房屋
1000600000	境界与政区	2000000000	土地信息要素
1000600100	行政区	2001000000	土地利用要素
1000600200	行政区界线	2001010000	地类图斑要素
1000609000	行政区注记	2001010100	地类图斑
1000700000	地貌	2001010200	地类图斑注记

续表

要素代码	要素名称	要素代码	要素名称
2001020000	线状地物要素	2006030100	界址点
2001020100	线状地物	2006030200	界址点注记
2001020200	线状地物注记	2002030000	栅格要素
2001040000	地类界线	2002030100	数字航空摄影影像
2006000000	土地权属要素	2002030101	数字航空正射影像图
2006010000	宗地要素	2002030200	数字航天遥感影像
2006010100	宗地	2002030201	数字航天正射影像图
2006010200	宗地注记	2002030300	数字栅格地图
2006020000	界址线要素	2002030400	数字高程模型
2006020100	界址线	2002039900	其他栅格数据
2006020200	界址线注记	2099000000	其他要素
2006030000	界址点要素		

注：1. 本表的基础地理信息要素第5位至第10位代码参考《基础地理信息要素分类与代码》（GB/T 13923—2006）。
    2. 行政区、行政区界线与行政区注记要素参考《基础地理信息要素分类与代码》（GB/T 13923—2006）的结构进行扩充，各级行政区的信息使用行政区与行政区界线属性表描述。

2. 城镇地籍空间要素分层

空间要素采用分层的方法进行组织管理，层名称及各层要素见表10-2。

表10-2　　　　　　　　　层名称及各层要素

序号	层名	层要素	几何特征	属性表名	约束条件
1	定位基础	测量控制点	Point	CLKZD	M
		测量控制点注记	Annotation	ZJ	O
2	行政区划	行政区	Polygon	XZQ	M
		行政区界线	Line	XZQJX	M
		行政要素注记	Annotation	ZJ	M
3	地貌	等高线	Line	DGX	O
		高程注记点	Point	GCZJD	O
4	土地权属	宗地	Polygon	ZD	M
		宗地注记	Annotation	ZJ	M
		界址线	Line	JZX	M
		界址线注记	Annotation	ZJ	O
		界址点	Point	JZD	M
		界址点注记	Annotation	ZJ	O
		房屋	Polygon	FW	M
		房屋注记	Annotation	ZJ	O

序号	层名	层要素	几何特征	属性表名	约束条件
5	土地利用	地类图斑	Polygon	DLTB	M
		线状地物	Line	XZDW	O
		地类界线	Line	DLJX	M
		土地利用要素注记	Annotation	ZJ	M
6	栅格数据	数字正射影像图	Image	SGSJ	O
		数字栅格地图	Image	SGSJ	O
		数字高程模型	Image/Tin	SGSJ	O

注：约束条件取值：M（必选）、O（可选）。

3. 土地利用要素的编码与分层

土地利用数据库包括基础地理要素、土地利用要素、土地权属要素、基本农田要素、栅格要素、其他要素等。

（1）土地利用要素的分类方法。土地利用要素的分类方法与城镇地籍要素的分类方法相同，具体如图 10 - 2 所示。

（2）土地利用要素的编码。土地利用数据库各类要素的代码与名称描述见表 10 - 3。

表 10 - 3　　　　　　土地利用数据库各类要素代码与名称描述

要素代码	要素名称	要素代码	要素名称
1000000000	基础地理信息要素	2001020000	线状地物要素
1000100000	定位基础	2001020100	线状地物
1000110000	测量控制点	2001020200	线状地物注记
1000110408	数字正射影像图纠正控制	2001030000	零星地物要素
1000119000	测量控制点注记	2001030100	零星地物
1000600000	境界与政区	2001030200	零星地物注记
1000600100	行政区	2001040000	地类界线
1000600200	行政区界线	2002030000	栅格要素
1000609000	行政区注记	2002030100	数字航空摄影影像
1000700000	地貌	2002030101	数字航空正射影像图
1000710000	等高线	2002030200	数字航天遥感影像
1000720000	高程注记点	2002030201	数字航天正射影像图
1000780000	坡度图	2002030300	数字栅格地图
2000000000	土地信息要素	2002030400	数字高程模型
2001000000	土地利用要素	2002039900	其他栅格数据
2001010000	地类图斑要素	2005000000	基本农田要素
2001010100	地类图斑	2005010000	基本农田保护区域
2001010200	地类图斑注记	2005010100	基本农田保护区

要素代码	要素名称	要素代码	要素名称
2005010200	基本农田保护片	2006020200	界址线注记
2005010300	基本农田保护块	2006030000	界址点要素
2006000000	土地权属要素	2006030100	界址点
2006010000	宗地要素	2006030200	界址点注记
2006010100	宗地	2099000000	其他要素
2006010200	宗地注记	2099010000	开发园区
2006020000	界址线要素	2099020000	开发园区注记
2006020100	界址线		

1. 本表的基础地理信息要素第 5 位至第 10 位代码参考《基础地理信息要素分类与代码》(GB/T 13923—2006)。
2. 行政区、行政区界线与行政区注记要素参考《基础地理信息要素分类与代码》(GB/T 13923—2006)的结构进行扩充，各级行政区的信息使用行政区与行政区界线属性表描述。

(3) 土地利用空间要素分层。空间要素采用分层的方法进行组织管理，层名称及各层要素见表 10 - 4。

表 10 - 4 土地利用空间要素层名称及各层要素

序号	层名	层要素	几何特征	属性表名	约束条件
1	定位基础	测量控制点	Point	CLKZD	O
		数字正射影像图纠正控制点	Point	JZKZD	O
		测量控制点注记	Annotation	ZJ	O
2	行政区划	行政区	Polygon	XZQ	M
		行政区界线	Line	XZQJX	M
		行政要素注记	Annotation	ZJ	O
3	地貌	等高线	Line	DGX	O
		高程注记点	Point	GCZJD	O
		坡度图	Polygon	PDT	M
4	土地利用	地类图斑	Polygon	DLTB	M
		线状地物	Line	XZDW	M
		零星地物	Point	LXDW	O
		地类界线	Line	DLJX	M
		土地利用要素注记	Annotation	ZJ	O
5	土地权属	宗地	Polygon	ZD	M
		宗地注记	Annotation	ZJ	O
		界址线	Line	JZX	M
		界址线注记	Annotation	ZJ	O
		界址点	Point	JZD	M
		界址点注记	Annotation	ZJ	O

序号	层名	层要素	几何特征	属性表名	约束条件
6	基本农田	基本农田保护区	Polygon	JBNTBHQ	M
		基本农田保护片	Polygon	JBNTBHP	O
		基本农田保护块	Polygon	JBNTBHK	M
		基本农田注记	Annotation	ZJ	O
7	栅格数据	数字正射影像图	Image	SGSJ	M
		数字栅格地图	Image	SGSJ	O
		数字高程模型	Image/Tin	SGSJ	M
		其他栅格数据	Image	SGSJ	O
8	其他	开发园区	Polygon	KFYQ	O

注：约束条件取值：M（必选）、O（可选）。

10.3　地籍管理信息系统构建方法

地籍信息系统工程建设是一项十分复杂的系统工程，涉及用户调查、系统分析、系统设计和系统维护等技术方法，还涉及领导决策、资金保障和技术人员配备管理等协调工作。

10.3.1　系统设计原则

（1）实用性和先进性原则。系统的设计应当利用当前先进、实用的技术手段，采用成熟的设计方案、技术标准、硬件平台和软件环境，实现对多尺度、多数据源数据的管理。

（2）开放性原则。系统中的数据、硬件、软件应具有开放性。系统采用通用的地理信息数据交换格式和标准化的系统通信协议，支持数据的集成、交换和共享。

（3）标准化原则。在数据库建设中，数据生产及数据库设计、建立、管理与维护等应符合规范化要求。

（4）安全性原则。在数据库设计、建立、系统运行、管理与维护等方面中应有严格的安全与保密措施，确保整个数据库系统安全、正常和有效地运行和使用。

（5）现势性原则。数据库的建设应采用最新的基础地理信息数据，并应建立维护更新机制，保证基础地理信息的现势性。对更新后产生的历史数据应进行有效的管理。

（6）经济性原则。系统要以最小的投入获得最大的产出，缩短开发周期，减低成本。

（7）网络化原则。数据库的建设应基于网络环境和集中与分布相结合的数据管理模式，采用 C/S、B/S 结构，实现数据库的管理维护和大众对地籍信息的需求。

10.3.2　地籍信息系统工程的建设过程

1. 需求分析

地籍信息系统的建立首先要明确目的与任务，分析确定用户需求。调查用户业务运作关系，界定各个部门的功能范围及关系，定义需求功能，定义空间数据和属性数据。

2. 系统设计

（1）总体设计。系统设计又称逻辑设计，主要用来规划系统的规模和确定系统的各个组成部分，说明它们在整个系统中的作用与关系，以及确定系统的软硬件配置、技术规范、经费等，保证系统总体目标的实现。总体设计的主要内容包括：

1）用户需求。阐明用户对系统的要求、系统应具备的功能等。

2）系统目标。指建什么类型的系统。例如，地籍管理信息系统。

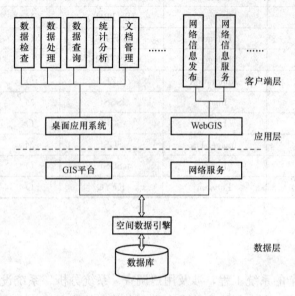

图 10-1　地籍管理信息系统框架设计图

3）总体结构。指根据系统功能的聚散程度和耦合程度将系统细化。如图 10-1 为地籍管理信息系统框架设计图。

4）系统配置。系统配置指系统运行的软硬件环境。例如：计算机、存储设备、输入输出设备及系统软件、专用 GIS 软件等。无论软件配置还是硬件配置应遵循技术可靠、投资少、见效快及可扩充原则。

5）数据库设计。数据库的设计就是把现实世界中一定范围内存在的应用数据和数据抽象成一个数据库的具体结构过程。数据库是系统的核心组成部分。数据库的设计要确定空间数据库与属性数据库的管理模式、采用的数据类型和数据库管理系统及数据分类等。

（2）详细设计。详细设计又称实际设计，其任务是根据总体设计方案确定的目标和阶段开发计划，结合软硬件和规范标准，进行子系统和数据库的设计。

1）子系统设计。子系统设计指要完成逻辑结构设计、数据库设计、功能模块设计、界面设计等，其更为具体。

2）数据库设计。主要包括：数据源的分析与选择、数据分类与分层、数据编码设计、符号库的设计、元数据的设计、属性数据类型的建立等。

3）功能模块的设计。详细描述模块的内容，技术、算法实现、对输入项、输出项的描述等。

4）界面设计。地籍信息系统是可视化产品，采用人机对话表达人的意愿，界面设计时应考虑用户的特点，一般情形下在界面设计时各模块之间界面形式尽量做到一致。界面通常设计成下拉式、表格式等菜单，并加以简要解释说明。

3. 系统实施

（1）基础平台的选择。例如：ArcGIS、MapInfo 或 MapGIS 等平台。

（2）语言的选择。例如：VB、VC、Delphi、Java 或 .NET 等高级语言。

（3）操作系统、数据库等的选择。例如：采用 Windows XP 操作系统，服务器便可用 UNIX 操作系统，数据库采用 SQL Srver 或 Oracle、DB2。

（4）网络、硬件平台配置。例如：考虑地籍数据量大，可采用光通道磁盘阵列；为提高速度可采用光纤交换机；数据的备份采用磁带机等。

（5）系统功能开发。系统功能开发的实质就是程序代码的编写。程序的编写是一项很大的工程，包括几名乃至几十名优秀程序员的协同工作。地籍管理信息系统开发大致工作有语言选择、系统设计、编写代码、测试等，这里还要涉及系统安全的设计。

4. 系统运行和维护

（1）系统运行是指系统经过调试和验收后，交付用户（例如：土地管理部门）使用。

（2）系统维护是为保证系统正常工作而采取的一切措施和实际步骤。系统的维护是保证系统正常运行、决定系统生命周期的方法。具体包括数据的实时更新，保证数据库的现实性，完善系统功能及硬件设备的维护。图 10-2 为地籍管理信息系统的设计流程图。

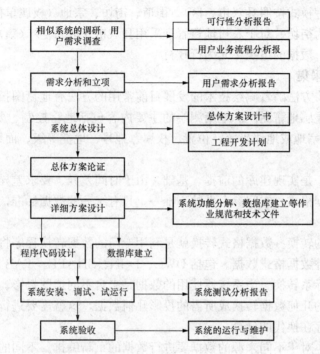

图 10-2　地籍管理信息系统的设计流程图

10.3.3　地籍信息管理系统的功能

（1）数据入库检查。包括空间数据检查和属性数据检查。例如空间参考系的检查、逻辑一致性的检查、拓扑关系的检查等，只有数据正确才可以入库。

（2）数据入库。主要是将检查、整理的数据导入数据库，这是最基本、最常用的功能。包括矢量数据、影像数据等。

（3）数据格式转换。提供常用地理信息平台数据格式之间相互转换功能。

（4）数据变更。提供人性化的、交互式的数据变更功能，记录变更过程，便于查阅。

（5）元数据的管理。保证元数据的完整性与正确性。

（6）分析、处理功能。对已有的地籍信息能够进行分析、计算、统计、模拟、预测。

（7）输出功能。可以将查询、计算等结果以数字、文字、图形、表格等形式显示输出。

（8）数据查询。可以对地籍数据（空间数据、属性数据）进行精确查询、模糊查询、组合查询等。

（9）业务办理。主要包括土地登记，土地发证等业务的办理。

（10）文档管理。把文档按行政区和年度存放在对应辖区的数据库中，统一管理；C/S和B/S段可以浏览文档，在数据维护端可修改和更新文档。

（11）数据维护。对空间数据，文档数据、系统的配置信息进行维护。

10.4 地籍管理信息系统的应用

本节结合土地利用数据管理信息系统的一些功能进行简要说明。

10.4.1 地籍数据采集与转换

地籍数据是空间信息、属性信息的集合，对于庞大地籍数据的组织非常重要。目前，我国城镇地籍数据管理模式按照县（市、区）、街道、街坊、宗地（权属单位）、地块组织数据管理，数据的单元为街坊。对于农村地籍管理采用县（市、区）、乡（镇）、行政村、村民小组、图斑组织数据，数据的组织单元为行政村。

1. 地籍数据的采集

地籍数据的采集方法随着测绘技术的发展目前常用的方法有地籍图扫描矢量化、全野外地籍测图、航摄与遥感地籍测图。地籍测绘的主要内容包括地籍控制、要素测绘（界址点、线等）、地籍调查（宗地或地块坐落、位置、权属、地号、地类等级、面积）等。

2. 数据标准化

数据标准的统一是实现建库的前提、基础。由于时间差异、要求差异等使地籍数据有所差异，具体包括数据格式、空间参考系的不唯一。只有统一的数据标准，才能保证数据的系统性和规范性。

（1）数据格式的转换。数据格式转换就是利用专门的数据转换程序将某种格式的数据进行转换，变成另一种数据格式数据。包括 DWG、DGN、SHAPE、TAB 等格式的统一。

（2）投影、坐标系转换。当系统所使用的数据是来自不同地图投影、坐标系时，需要将投影、坐标系不同的几何数据转换成所需的投影几何数据，这就需要进行地图投影、坐标系的转换。此外，还存在换代的计算。

（3）数据整理。对于不同来源的数据要进行数据的重新编排。不同的来源的数据，在经过质量检查后，由于建数据时要求的不同，会出现不统一现象，如符号与注记的大小、形式不一致、图层命名与图层所含的内容的不一致。在入库前，需要进行数据整理，以保证所有数据的统一。

10.4.2 地籍数据质量控制

地籍数据质量控制是入库之前的关键步骤之一，对于数据库的质量起到重要影响。图形和属性信息是对现实的反映，其质量的优劣直接影响人们的决策。地籍数据质量控制主要包括图形位置精度、属性精度、完整性及结构一致性、接边精度、更新精度、元数据质量等的检查。

1. 图形的检查

图形的检查包括的方面较多，总体可以分为：面状要素的检查、线状要素的检查、点状要素的检查及图形一致性（拓扑）检查。具体包括：

（1）面状要素检查。主要包括面状要素是否闭合、重叠、裂缝等检查。例如：相邻宗地是否交叉重叠、公共边是否重合。

（2）线状要素封闭检查。线状要素封闭，即线段的起点和终点是否为同一点，即通常所说的闭合。需要进行线状要素封闭检查的有：权属界线层、行政界线层等。

（3）跨行政区划检查。一般土地数据是以行政区划来组织的，许多地籍要素对象的定义、编码都是基于行政区的。因此线状地物是不能穿越行政区的。对于线状地物，我们必须对其是否和行政区划层相交进行检查。

（4）多余数据检查。是否存在冗余数据，孤点、伪节点等。

（5）图形拓扑检查。在 GIS 数据中，面是由线组成，线是由点组成，它们之间有着某种一致性的关系。为了保证数据的质量我们必须进行要素之间拓扑图形一致性的检查。

2. 属性检查

土地属性数据是描述空间数据所代表的属性，因此必须将其与空间数据进行一致性检查。我们必须按规范输入数据。属性检查包括要素分层的正确，属性值域检查，属性项之间的逻辑一致性，相同属性值要素之间的连通性、河流、湖泊、水库的代码及名称的正确性，境界数据的正确性等。属性数据的规范检查主要包括字段非空检查、字段唯一性检查、字段值域检查、图形属性一致性和数据整理检查等几方面。图 10 - 3 所示是软件中属性的检查。

图 10 - 3　数据属性的检查

（1）字段非空检查。是检查一些记录的必填字段没有录入数据的错误。在土地属性数据中，有些字段是关键字段，是必须要填的字段。这种类型的字段很多，我们在设计属性表结构的时候就应该设置该字段为必填字段。如果由于某种原因不方便设置时，我们需要对入库的数据进行非空检查。

（2）字段唯一性检查。是按照土地数据建库规范要求对不能有重复记录的字段进行检查。在土地属性数据中，有些字段的值是唯一的，以用于区分不同的要素。

（3）字段值域检查。土地数据中有些字段的取值是有一定范围的，字段值范围检查是检查记录的该字段值超出规范范围的记录。

3. 图属一致性检查

图层的图形数据和属性数据是相伴出现的。有图形无属性、有属性无图形都是不正确的。图形属性一致性检查就是用来检查属性和图形之间的匹配性。

4. 接边检查

主要包括包括图廓接边、图形接边、属性接边。由于数据加工时按标准分幅加工，防止图幅之间过渡区（图边）不统一，要进行接边检查。接边检查主要检查是否接边，是否正确接边，主要包括位置接边检查、属性接边检查（检查相邻图幅接边要素的属性是否一致）。检查需接边的图层之间是否完全接边，是分别以待接边的图层边界为中心，建立一定宽度的缓冲区，检查在对应接边位置两缓冲区内是否存在属性完全相同的要素。如存在则检查两相同要素间最短距离是否在给定限差范围内，如果超出限差范围说明接边错误，需重新接边。

5. 元数据检查

主要检查元数据的完整性与正确性。

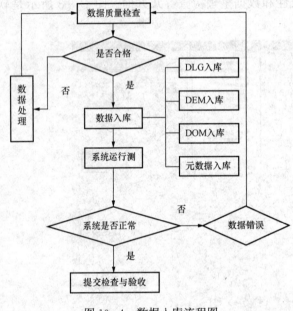

图 10 - 4　数据入库流程图

10.4.3　数据入库的步骤

（1）根据《城镇地籍数据库标准》的要求，建立数据字典和图幅索引。

（2）建立元数据库，其内容和格式要符合要求。

（3）将经过质量检查的矢量、属性、栅格等数据转入应用数据库。

（4）根据软件功能进行系统测试。

具体数据入库的流程如图 10 - 4 所示。

10.4.4　数据质量检查分析

（1）将数据库生成的界址点坐标、宗地面积与原始资料的数据进行比对，分析精度。

（2）将数据库中的统计汇总与原始资料的统计汇总进行比对，分析汇总数据的准确性。

（3）将输出的地籍图与原始资料图、地籍图进行比对，分析地籍图数字化的整体精度。

习 题 与 思 考 题

1. 简述地籍管理信息系统的含义。
2. 地籍管理信息系统的分类主要有哪些？
3. 简述地籍管理信息系统的基本组成。
4. 试述地籍管理信息系统构建的思路和方法。
5. 简述地籍信息管理系统应具备的功能。
6. 如何利用地籍信息管理系统进行数据格式的转换？
7. 地籍数据质量控制的主要内容是什么？
8. 简述地籍信息数据入库的基本作业步骤。

第 11 章 房地产产权产籍管理

房地产产权管理是国家对房地产进行管理的重要内容。产权是产籍组成的核心内容，产权管理是房地产行政管理的基本工作，是国家房地产行政机关的职能，是房地产行政主管部门为保障产权人合法权益而对产权的取得、灭失及合法变动行为的确认以及为此目的而进行的一系列管理活动。

房地产产籍管理与产权管理不同，前者是一种内部行政性管理工作，后者是一种政府的行政行为。

11.1 房地产登记制度

房地产产权登记又称房地产权属登记，是指房地产管理部门依其职权，对房地产权利人合法的土地使用权和房屋所有权以及由上述权利产生的抵押、设典、租赁等房地产其他权利的登记。

11.1.1 各国房地产产权登记制度的种类和特点

世界各国房地产产权登记制度分为三种，即契据登记制度、权利登记制度以及登记发证制度。

1. 契据登记制度

也称登记公示主义，由法国首创，实行这一登记制度的还有意大利、比利时、西班牙、葡萄牙、日本等国家，以及美国的大多数州、中国香港等地区。其特点是：

（1）登记机关对登记申请采取形式审查主义，即只审查契约及登记手续的形式是否完备，登记的内容就是契据记载的内容。

（2）登记机关设置登记公簿，记载房地产权利的得失变更过程，便于有利害关系的第三人查阅。

（3）登记为房地产产权变更的对抗要件。即房地产产权的变更要依据权利人的意志生效。产权发生纠纷时，只有登记过的契约方能作为产权证明提交法庭，否则法庭不予受理。

（4）登记公信力较差。即已登记的权利事项，如果在实体法上不能成立而无效时，不能以此对抗善意的第三人。

2. 产权登记制度

也称登记要件主义，由德国首创，实行这一登记制度的国家还有奥地利、荷兰、瑞典以及东南亚一些国家。其特点是：

（1）登记具有强制性。房地产权利得失变更不经登记，无法律效力。

（2）登记机关对登记申请，采取实质审查主义。即对申请登记所必备的形式要件、登记手续是否完备必须进行审查，还要审查产权取得的方式、产权的界线与他人的产权关系等，上述审查无问题方予登记。

（3）登记具有公信力。经登记后权利具有绝对效力。

（4）登记机关设登记公簿，记载房地产权利得失变更，以便第三人查阅。登记簿的权利地块为单元，按地号顺序排列。

（5）权利登记效力强、要求严。先要进行地籍测量，而后办理登记，并建立转移、变更等动态登记制度。

3. 登记发证制度

也称为托伦斯登记制度，属于不动产登记制度的一种。因澳大利亚人托伦斯创造而得名，也称澳洲登记制或权状交付主义，主要特点是初次登记不强制，但土地权利一经登记，今后土地权利发生变更都必须经过登记。登记后颁发权利凭证，登记机关保留正本，副本作为土地权利人拥有土地权利凭证。

采用托伦斯登记制度的国家和地区主要有澳大利亚、英国、爱尔兰、加拿大、菲律宾、泰国、马来西亚、南非、苏丹及美国的少数州等。

托伦斯登记制度有如下特点：

（1）登记非强迫性，即不强制一切不动产必须向政府申请登记，登记与否，由当事人自行决定。

（2）登记采取实质审查主义。

（3）登记具有公信力。

（4）发给土地权状。

（5）地上如设定权利负担，应为负担登记。

（6）登记人员负登记错误的损害赔偿责任。

（7）登记簿采取物的编成主义，并用地籍图辅助登记簿。

4. 我国房地产登记制度

我国目前房地产存在着全民、集体、私人所有以及股份制等多种所有制形式，房地产产权的登记制度具有如下特点：

（1）房地产产权登记具有强制性。

（2）登记部门是政府职能部门，对登记申请进行实质性审查，无异议时方可登记。

（3）登记具有较强的公信力。凡经确权登记的由县级以上地方人民政府房产管理部门颁发《房地产所有权证》或《房地产他项权证》，以此作为权利人的权属凭证，并受到法律保护。

（4）登记产籍，进行房地产测绘，建立房地产产权档案，由登记机关长期保存，作为产权产籍变更的合法依据。

11.1.2 我国房地产权属登记的类型

我国房地产权属登记通常分为总登记、初始登记、转移登记、变更登记、注销登记和他项权利登记。

1. 房地产总登记

房地产总登记指在一定期限内，对本辖区范围（市或县）内的全部土地或者城镇村庄内的全部土地或城市内的全部房屋，进行普遍登记。为此，房地产总登记是一种基础性的登记，是最初的、全面的土地和房屋的权属登记。其目的是确认产权，便利权利移转或变更，以及为有利于发展房地产市场，深化土地使用制度和住房制度的改革，健全和实施房地产课税制度，防止资产流失奠定法律基础。

2. 初始登记

以出让方式和划拨方式取得的土地使用权的新建商品房屋和新建非商品房屋，应当进行初始登记。登记的基本事项主要有申请人名称、地址、房地产性质、房地产坐落、面积、用途、等级、价格、房地产权属来源证明及其他登记事项。

3. 转移登记

因房屋买卖、交换、赠与、继承、划拨、转让、分割、合并、裁决等原因致使其权属发生转移的，当事人应当自事实发生之日起 90 日内申请转移登记。申请转移登记，权利人应当提交房屋权属证书以及相关的合同、协议、证明等文件。

4. 变更登记

权利人名称变更和房屋现状发生变化的，例如房屋坐落的街道、门牌号或者房屋名称发生变更的，房屋面积增加或者减少的，房屋翻建的，法律、法规规定的其他情形，应当进行变更登记申请变更登记，权利人应当提交房屋权属证书以及相关的证明文件。

5. 他项权利登记

这是指除土地使用权和房屋所有权以外，又在土地使用权和房屋所有权基础之上产生的他项物权和其他权利的登记。例如房地产抵押权设定和变更、房地产典权的设定和变更等都属于他项物权的登记。设定房屋抵押权、典权等他项权利的，权利人应当自事实发生之日起 30 日内申请他项权利登记。

申请房屋他项权利登记，权利人应当提交房屋权属证书，设定房屋抵押权、典权等他项权利的合同书以及相关的证明文件。

另外商品房预售，应当办理预售登记，房地产租赁应当登记备案。在我国因物权制度尚不发达，因此他项权利登记的房地产权属类型较少。但随着经济发展，物权法律制度的完善，房地产他项权利登记的适用范围会越来越大。

11.2 房地产产籍管理

房地产产籍管理是指对房地产登记等一系列权属管理法律和测绘过程中所形成的各种图、档、卡、册、表等产籍资料，经过加工整理分类，运用科学的方式进行的综合管理。

房地产产籍资料是由房地产平面图、房地产档案、房地产卡片、房地产权属账册（表、簿册）四方面组成（简称图、档、卡、册）。它是通过图形、文件记载、原始证件等来记录，反映产权状况、房屋及土地的使用情况。

（1）房地产平面图，是由测绘专业人员按国家规定的房产测量规范、标准和程序勘测和绘制出的反映城市房屋的分布、占有、使用等方面情况的专业图，主要包括房地产分幅平面图、分丘平面图和分层分户平面图等。

（2）房地产产权档案，是把产权管理中的各种证件、证明、文件、历史资料等收起来，用科学方法加以整理分类装订而成的卷册。它包括产权登记的各种申请表、墙界表、图纸、调查材料、原始文件记录、各种契证等文件，它反映了房地产权利及房地演变过程和纠纷处理结果及其过程，是审查和确认产权的重要证据。

（3）房地产卡片，是对房地产权利人的情况、房屋所有权、土地使用权状况以及产权来源等情况扼要摘录而制作的一种卡片。它按丘号（地号）顺序，以一处房屋中一幢房屋为单位填制一张卡片。其作用是为了查阅房地产基本情况以及对各类房地产进行分类和统计。

（4）房地产登记簿册，是在房地产权属登记、发证中根据工作需要而分类编制的各种表册的总称。它是产权状况和房地产状况的缩影。它按丘号顺序，以一处房屋为单位分行填制，装订成册；其作用是用来掌握房屋基本状况和变动情况。

房地产产籍资料的各项内容应该是一致的，并应及时进行异动管理。

11.3 物权

11.3.1 房地产产权及其类型

房地产产权是财产权在房地产中的具体化，即存在于土地和房屋中的，以其所有权为核心的一系列排他性权利集合体的"权利集"。

房地产产权是由国家法律规定的。依照有关法律的规定，我国实行社会主义土地公有制，土地属国家所有和集体所有；房屋作为财产，可以依法分别属于国家所有、集体所有和个人所有。依照《民法通则》和《土地管理法》的规定，集体所有土地还可以分别属于村农民集体所有、乡（镇）农民集体所有和村内两个以上农业集体经济组织所有。

房地产产权的内容是指其所有权法律关系中权利主体所享有的权利和义务。就权利而言，具体体现为房地产所有人在法律规定的范围内，对其土地或房屋享有的占有、使用、收益和处分的权能。

1. 占有权

是指产权主体对土地或房屋的实际的掌握和控制。占有权通常由所有人行使，但也可以根据所有人的意志和利益分离出去，由非所有人享有。

所有人占有是指在事实上掌握和控制属于自己所有的土地和房屋，是房地产所有权的一个权能，即占有权的体现。

非所有人占有是指非所有人对他人所有的土地和房屋的占有，凡是根据法律的规定或所有人的意愿而占有的，是合法占有，能够形成为独立的占有权，并能排斥第三人的干涉。如承租人根据租赁合同占有出租人的房屋等。

2. 使用权

是指产权主体按照土地和房屋的性能和用途进行事实上的利用和运用。如在依法取得的土地上建造房屋，在耕地上种植农作物等。使用权是房地产所有人所享有的一项独立权能，所有人可以在法律规定的范围内，依自己的意志使用土地和房屋。房地产所有人可以在法律规定的范围内，根据自己的意志和利益，将使用权分离出去，由非所有人享有。房地产的使用权的实现，要以占有权为前提，当占有权与所有人分离以后，所有人的使用权也与所有权发生分离。但是，所有权和使用权相分离之后，并不排斥所有者要求在经济上的实现。

3. 收益权

是指产权主体在土地和房屋之上获取经济利益的权利。也可以说，收益权是基于行使房地产所有权而取得的经济收入的权利，是所有权在经济上实现的表现。

4. 处分权

是指所有权人在法律允许的范围内对土地和房屋的处理权利。处分权是决定土地和房屋在法律上的命运，即依照所有人的意志和法律的规定，对土地、房屋进行处置的权利，如出卖、赠与和其他转让行为。所有权人对房地产的处分，都会引起所有权的转移或消灭，决定土地和房屋的最终归宿。所以，处分权是所有权人的最基本的权利，是所有权的核心。处分权一般是由所有权人行使的，也可以委托他人代管处理。

房地产的处分权是有一定限制的，其行使范围不是无限的，而是受赋予其权利的法律规定限制的。我国现行法律规定，土地所有权不能买卖，也不允许以其他形式转让土地所有权；禁止滥用土地，不得擅自改变土地用途，不得破坏生态环境，危害社会生产和人们的生活；不得擅自买卖公有房屋，严禁以城市私有房屋进行投机倒把活动；房地产开发、建设，不得违反建筑工程规划许可证的规定等。《中华人民共和国物权法》第三十九条规定：所有权人对自己的不动产或者动产，依法享有占有、使用、收益和处分的权利。处分权作为物权的核心，决定着物即通说的财产在事实上、法律上的命运。在我国，处分权分为事实上的处分和法律上的处分。

11.3.2　我国房地产他项权利的主要类别

1. 抵押权

房屋所有权及以出让方式取得的土地使用权可以设定抵押权。抵押开始，抵押权人即取得房屋或土地的抵押权，抵押人（产权人）和抵押权人（债权人）要订立抵押契约，规定还款期限及利息。到期不还清债务的，抵押权即消失。抵押人破产的，抵押权人享有以抵押物作价或从拍卖房地产价中优先得到清偿的权利。

2. 租赁权

我国的房屋及经出让的国有土地使用权可以出租，承租人对所承租的房屋或土地有租赁权，这是我国的一种较为特殊的房地产他项权利。

3. 典当权

简称典权。它是产权人将房地产以商定的典价典给承典人，承典人在典期内享有房地产的使用和管理权的行为。在典期内，承典人不收付出典价的利息，而出典人也不收房屋租金。典期满，房屋所有人，即出典人退回典价收回房产的产权。超过典期，出典人如不赎回或无力赎回，承典人享有房地产产权的权利。

4. 地役权

地役权是指为自己土地的便利在他人的土地上所设定的权利。地役权设定的基本原则是：需役地或供役地所有人变动时，不影响地役权的存在；供役地所供的便利，应为需役地可以直接利用的便利；地役权有"永久权"，临时存在的权利不得视为地役权；地役权与所有权发生冲突时，所有权让位于地役权。地役权的种类有：通行、用水、开发富源（食草、采石等）。一般认为，相邻关系是通过法律规定的，不必经相邻各方约定而对房地产产权进行限制。同时，为了取得通过他人土地或院落、走道出入的权利，要向他人交纳一定的费用。

5. 地上权

地上权是指以支付租金为代价在他人土地上建筑房屋的权利。作为他物权的一种，其实质在于利用他人土地建筑房屋，从而达到使用他人土地的目的。地上权人对其建筑物可以占有、使用、收益和部分处分权能。土地所有权人除有权要求承租方（地上权人）按期交付租金外，在地上权存续期间已基本丧失所有权的大部分权能。

除此，房地产的他项权利还包括相邻采光通风权、相邻安全权、借用权、空中权和地下权等。

11.3.3　现代建筑物区分所有权

所谓建筑物区分所有权，是指根据使用功能，将一栋建筑物在结构上区分为由各个所有人独自使用的专用部分和由多个所有人共同使用的共用部分，每一所有人享有的对其专有部分的专有权与对共用部分的共有权的结合。

1. 专有所有权

所谓专有部分，是指具有构造上及使用上的独立性，并能够成为分别所有权客体的部分。专有部分通常是在将建筑物分割为各个不同部分的基础上形成的，专有部分是各个区分所有人所单独享有的所有权的客体，此项单独所有权与一般的单独所有权并无本质区分，所以，权利人可以行使完全的占有、使用、收益与处分权。

2. 共有所有权

所谓共有部分，是指区分所有人所拥有的单独所有部分以外的建筑物其他部分，对共有部分享有的权利称为共有权。共有部分的范围主要包括建筑物的基本构造部分（如支柱、屋顶、外墙或地下室等），建筑物的共用部分及附属物（如楼梯、消防设备、走廊、水塔、自来水管等），仅为部分区分所有人所共有的部分。

3. 成员权

这是指建筑物区分所有权人基于在一栋建筑物的构造、权利归属及使用上的不可分离的共同关系而产生的，作为建筑物的一个团体组织的成员享有的权利与承担的义务。它不但是财产关系，更主要的是管理关系，也是与专有所有权、共有所有权紧密结合而不可分割的一种永续权。其表现为具有表决权、参与制定规约、选举及解任管理者等，同时承担相应的义务。

11.3.4 房地产产权取得方式

房地产产权取得有两种主要方式：一是原始取得；二是继受取得。它们是以是否按原所有权人的所有权和意志为依据而取得所有权来区分的。

1. 原始取得

原始取得也叫最初取得，它指房地产所有权是根据法律的规定，不以原所有人的所有权和意志为根据，而直接取得所有权的方式。其主要包括有：

（1）土地所有权原始取得。

1）没收。

2）社会主义合作化、集体化。

3）无主土地。没有土地所有人或所有人不明的土地，依法收归国有。

4）添附。因海滩、河流的冲刷或改造形成的沙洲、滩涂等的土地，依法收归国有。

（2）房屋所有权原始取得。

1）没收。

2）社会主义改造。

3）新建。国家投资建设的、单位或个人自筹资金新建的房屋。

4）无主房屋。指房屋所有人不明或者没有所有权的房屋，依法归国家或集体组织所有。

5）公私合营，单位撤、并、转和调整的房产。

2. 继受取得

继受取得也叫传来取得，它是指房地产所有人通过某种法律行为从原所有人处取得的房地产所有权。它是最常见的所有权取得方式，如通过各种合同关系和继承关系取得的房地产所有权。房地产所有权继受取得的方式主要有：

（1）土地所有权继受取得。我国法律规定，土地不能买卖、赠与、遗赠。所以，土地所有权的继受取得方式主要是征用土地。

（2）房屋所有权继受取得。房屋所有权的继受取得是以房屋的买卖、继承等方式为主。

常见的房屋所有权继受取得的方式有买卖房屋、产权交换、遗赠、赠与和继承等。

11.4 商品房销售

11.4.1 商品房销售流程

商品房销售中最常用的 12 个流程是客户接待流程、客户分派流程、认购书开具流程、客户退订流程、客户签约流程、客户退房流程、客户换房流程、更名流程、优惠流程、权证办理流程、结算流程和成功销售确认流程。

1. 客户接待流程

客户入案场后，销售人员带领客户参观模型、看板、样板房，向客户介绍产品信息，并回答客户的提问。销售人员在判断客户有购买意向后，要抓住时机促使成交，可以与其签订认购书，并告知签约须知。

2. 客户分派流程

由案场助理签发派单，安排销售人员接待客户。若客户是老客户，无须排队，直接由原接待的销售人员接待；若客户是新客户，需要排队，按照派单的次序等待销售人员过来接待。

3. 认购书开具流程

认购活动开始，先由客户挑选房源，然后根据其选中的房源打印认购单，并由销售人员给客户解释签约须知，客户确认无误后在认购单上签字，然后到案场结算处付款。结算员将信息输入计算机，收取款项，出具单据，由客户确认无误后完成。

4. 客户退订流程

了解客户退订的原因后，销售人员应该尽量解决客户可能因为误解而发生的困惑，并对发生退订的行为进行总结。销售人员让客户填写退订申请，注明理由。陪同客户办理相关事宜。项目部副总经理和开发商负责人审核确认，然后出具退款申请书，收回认购书并盖作废章，收回定金收据等相关资料。通知销控人员或案场助理，重新打开该房源，予以出售。

5. 客户签约流程

案场助理安排销售人员接待签约客户，应当出示认购书及签约须知中提到的所有文件及物件，然后领取认购合同。

6. 客户退房流程

销售人员交给客户退房申请单，开发商和项目经理共同审核，确认并予以批准，收回合同和购房发票等相关资料，出具退款通知书，将信息输入计算机。通知销控人员或案场助理，重新打开该房源，予以出售。

7. 客户换房流程

销售人员交给客户换房申请单，客户填写并注明理由，由案场经理审核确认，收回原认购书，打印新认购书。根据两个房源的差价补齐，之后通知销控人员或案场助理，重新打开该房源，予以出售。

8. 更名流程

销售人员交给客户更名申请单，客户填写并注明理由，案场经理审核确认后，交开发商或项目总监确认后，收回原合同，通知办证员备案，停止正在进行的办证工作。由开发商或代理商重新签订预售合同，改为新的客户名。

9. 优惠流程

销售人员向客户提供优惠申请单，客户如果是开发商的关系户，由开发商确认同意。如果是销售商的关系户，又销售商确认，再交开发商确认同意。然后交给销售经理，经理填写优惠单，交开发商和销售商备案。

10. 权证办理流程

客户带上购房合同、登记资料、贷款资料等到贷款中心，填写相关资料，提交相关证明文件，银行办证人员、公证人员到场，客户签订贷款合同，并支付保险费用和其他相关费用，开发商在贷款合同上盖担保章。预售合同银行一份，开发商一份。

11. 结算流程

按约定日进行。主要分两大块工作：预定结算和签约结算。

12. 成功销售确认流程

在成功销售节点上收集证据，并整理收集到的成功销售证据，由办证中心助理将这些证据定期上报给案场经理，由案场经理制作汇总表，上报代理公司，公司处理后发还各案场，计算机备案存档。

11.4.2 商品房销售前的准备

1. 必要法律文件的准备

期房销售准备：土地使用权出让合同、建设用地规划许可证、建设工程规划许可证、商品房预售许可证。

现房销售：商品房开发商资质证书、取得土地使用权证书、建设工程规划许可证和施工许可证、通过竣工验收、拆迁安置落实、配套基础设施交付使用条件、物业管理方案落实。

2. 宣传资料的准备

宣传资料制作原则：卖点突出、内容鲜明、定位清晰、感官真切。

常用宣传资料的形式：形象楼书、功能楼书、折页、置业锦囊、宣传单张。

3. 销售文件的准备

客户置业计划和价目表、认购合同、认购须知、销售数据类报表、销控类表、财务类报表、申请或通知用表单。

4. 答客问的准备（略）

11.4.3 商品房销售控制

1. 商品房销售控制的意义

在商品房销售过程中，控制的范围主要包括两部分：销售进程控制和销售成本控制。销售进度控制就是平时人们常说的售控，它是当前控制在商品房销售领域中最常见、最重要的应用。

2. 商品房销售控制的模式

计划控制（销售额分析、市场占有率分析、费用销售额比例分析）、盈利能力控制、效率效益控制、商品房营销审计和战略控制。

3. 商品房销售控制的基本步骤

确定控制对象、设置控制目标、建议衡量尺度、确定控制标准、比较实绩与标准、分析偏差原因、采取改进措施。

习 题 与 思 考 题

1. 简述房地产产权和产籍管理的区别与联系。
2. 简述我国房地产登记制度的主要特点。
3. 简述我国房地产登记制度的类型。
4. 什么是抵押权和地役权？
5. 试述专有所有权和共有所有权的区别。
6. 简述我国房地产产籍管理的主要内容。
7. 我国房地产产权及其类型有哪些？
8. 我国房地产产权取得方式主要有哪些？
9. 简述我国商品房销售的基本流程。
10. 简述商品房销售控制的意义和作业步骤。

第12章 房 产 调 查

12.1 房产调查概述

12.1.1 一般规定

1. 房产调查的内容

房产调查分为房屋调查和房屋用地调查两部分，包括对每个权属单元的位置、权界、权属、数量和利用状况等基本情况，以及地理名称、行政境界和政府机构名称和大的企事业单位名称的调注。

2. 房产调查表

房产调查应利用已有地籍图、航摄像片以及产权地籍资料，按照表 12-1 和表 12-2 两个表所列内容以丘和幢为单位逐项进行调查并填注。

表 12-1 房 屋 调 查 表

市区名称或代码号_____ 房产区号_____ 房产分区号_____ 号_____ 序号_____

坐落			区（县）　　街道（镇）　　胡同（街巷）　号										邮政编码	
产权主					住址									
用途								产别				电话		
房屋状况	幢号	权号	户号	总层数	所在层次	建筑结构	建成年份	占地面积/m²	使用面积/m²	建筑面积/m²	墙体归属 东 南 西 北			产权来源
房屋权界线示意图												附加说明		
												调查意见		

调查者：　　年　月　日

表 12 - 2　　　　　　　　　　**房屋用地调查表**

市区名称或代码号_____房产区号_____房产分区号_____丘号_____序号_____

坐落		区（县）	街道（镇）	胡同（街巷号）		电话					邮政编码	
产权性质			产权主		土地等级			税费			附加说明	
使用人			住址			所有制性质						
用地来源					用地用途分类							
用地状况	四至	东	南	西	北	界标	东	南	西	北		
	面积/m²	合计用地面积	房屋占地面积		院地面积		分摊面积					
	用地略图											

调查者：　年　月　日

12.1.2　房产单元划分与编号

1. 丘与丘号

（1）丘的定义。丘是指地表上一块有界空间的地块。一个地块只属于一个产权单元的称"独立丘"，一个地块属于几个产权单元的称组合丘。

丘是根据目前我国房产的管理体制和房产管理的实际情况以及房产测绘所具备的条件而设计的房产测绘和调查的一个最基本的单元。

（2）丘的划分。按照国家标准《房产测量规定》中"丘"的定义，它只有一个条件，即有边界，当然要求这个边界是一个实体，它在实地是存在的，在实地可找到，然后在图上有描述；房产测量的"丘"是一个几何体，完全是为满足房产测绘和管理的需要，以及房产管理的需求。但是划定"丘"的首选原则是：有固定界标的按固定界标划分，即已有界址点的必须按界址点走向划分"丘"，只有在没有固定界标的情况下，才按自然界线划分，一般以一个单位或一个门牌号或一处院落的房屋用地划丘，当面积过小或权属混杂时，则可划成组合丘。自然界线包括：围墙、栅栏、篱笆、铁丝网、柱、河、渠、沟、道路、铁路、公路、街道、城墙、堤坝等，可按这些自然界线包围的地块划丘。丘界线不应穿越行政境界线。

（3）丘的编号。丘的编号按市、市辖区（县）、房管区、房管分区、丘五级编号组成。

丘的编号在房管分区范围内编定，采用 4 位自然数从 0001 到 9999 从北至南，从西至东以反 S 形顺序连续编列。

丘的编号格式及位数如下：

市代码＋市辖区（县）代码＋房产区代码＋房产分区代码＋丘号
（2位）　　（2位）　　　　（2位）　　　　（2位）　　　　（2位）
01～99　　01～99　　　　01～99　　　　01～99　　　　01～99

（4）房产区与房产分区。丘以房产分区为单位划分，房产分区又是以房产区为单位划分，而房产区则是以市辖区或县，或县级市为单位划分，而市辖区、县、市等的范围和边界线则是由上一级政府划定的，应该有明显的边界线，不一定都有界标。

房产区可以是行政建制区的街道办事处或是镇、乡的行政辖区，或根据房产管理划分的区域或范围为基础划定。房产区应该是有边界的，由连续成片的较为规则的几何图形组成，尽量和行政区的街道办事处相吻合，但不要穿越行政建制区划的线和乡（镇）的行政区域线，更不能穿越市、省级的行政区域的境界线。

房产区应在市辖区或县（旗）或县级市的范围内统一编号，避免重号，保证代码的唯一性。

房产分区以房产区为单元划分，可按自然界线，依街坊或依居民点或依大的机关、企事业单位划分，房产分区也应构成连续成片的几何图形。

当有的市、镇面积较小，没有必要划分房产分区时，此时仍应保留其位置，并进行编号，以顾及在市、镇今后的发展及市、镇区域的扩大以后，需要增加房产分区时，可以续编，此时房产分区号为 01，当区域扩大后，从 01 以后续编。

现假设有河北省石家庄市长安区第 19 房产区第 126 丘，其编号为 13010219010126，各位数字的含义如下：

13	01	02	19	01	0126
河北省代码	石家庄市代码	长安区代码	房产区号	房产分区号	丘号

其中 130102 为国家标准 GB/T 2260—1995《中华人民共和国行政区划代码》中河北省石家庄市长安区的代码，19 为房产区号，在长安区内统一编号，房产分区号为 01 号，0126 号为所在丘的丘号。

房产区不仅有编号（代码），而且一般还有房产区的名称，房产分区一般只有编号（代码），而没有名称。在划分房产分区和丘时，各房产区中的房产分区数，以及各房产分区中的丘数应根据各城市的大小和这个城市或镇的发展前景而定。对新兴城市和发展扩充前景较大的城市，各房产区中的房产分区数宜在 50 左右；对老城市和发展扩充前景不大的城市的房产区中的房产分区数可在 70~80。各房产分区中的丘数可控制在 100~200 个。这样当城市的房产权属和现状的变化所引起的丘号变化调整而使丘号不断增加，而国家标准《房产测量规定》中规定的丘号是 4 位数，即最大丘号只能编到 9999 号。根据以上对房产分区和各房产分区中丘号数初始数控制在 100~200，这样当城市房产权属和现状所引起的丘号变化率在 10% 左右时，所余编号大概可满足 40~50 年的变化。当城市房产权属和现状变化所引起的丘号变化率达到 15% 时，所余编号大概可满足 30 年左右，即在上述变化率条件下，到时丘号将递增至 9999 号附近。

2. 幢与幢号

（1）幢的定义。幢是指一座独立的、包括不同结构和不同层数的房屋。幢也是一个量词，表示房屋的座数，是房屋调查与房屋测绘的基本单元。只要是一座独立的房屋都算一幢，即使这座房屋层数不同，或建筑结构也不一样，或建筑年代也不一样，只要是连在一起，独立存在，都可以按一幢处理。

（2）幢的编号。幢号以丘为单位编号，幢号的编号顺序是：从大门起（或丘的入口处），从左到右，从前到后，用数字 1，2，…，顺序按反 S 形编号。幢号注在房屋轮廓线的左下角，并加括号。当丘内房屋已有连续而完整的幢号也可继续沿用。

（3）房产权号。在他人权属范围的土地上建造的房屋，或自己权属范围内的土地上有他人建造的房屋，应加编房产权号。房产权号用大写英文字母 A 表示，注在房屋幢号的右侧，和幢号并列，字号与幢号相同。

房产权号是一个标识符，标明该幢房屋的产权和该幢房屋所占用的土地的土地使用权（产权）人，不属于同一产权人或同一产权单位。

（4）房屋共有权号。多户共有的一幢房屋，应在幢号后加编共有权号，共有权号用大写英文字母 B 表示，注在房屋幢号或房产权号右侧，和幢号并列，字号和幢号相同。

房屋共有权号是一个标识符，标明该幢房屋的产权有多个产权人或产权单位。

12.2 房屋用地调查

在对房屋用地调查填表登记之前，先应收集和调阅有关房屋用地地块的权属资料、档案资料和有关协议文件，并了解和熟悉有关土地权属登记和管理的有关政策和规定，在此基础上再进行调查、填表登记、描绘。调查和测绘的重点是对房屋用地边界线、边界点（界址点）和边界标志的确认和描述。有边界纠纷和未定事宜必须详细登记。

房屋用地调查根据表 12-2 房屋用地调查表规定的格式和内容进行调查和记录，主要内容包括用地坐落、产权性质、土地等级、税费、用地人、用地单位性质、土地使用权来源、四至、界标、用地用途、面积、用地略图以及其他情况的记录等。

1. 房屋用地坐落

房屋用地的坐落是指房屋用地的地理位置，即所在地的地理名称，填写为：××市××区××路（街）×××号等。

路、街、巷等名称应以民政部门规定的名称为准，门牌号应以公安部门钉立的门牌号为准。

房屋用地坐落在小的里弄、胡同或小巷时，应加注附近主要街道的名称；缺门牌号时，可借用毗连房屋的门牌号加注东、南、西、北等方位。

房屋用地坐落在两个以上街道或两个以上门牌号时，应全部注明，但应分清主次，主门牌在前，侧、后门牌在后。

2. 房屋用地的产权性质

此处是指土地的所有权，填国有或者集体。集体所有的还应加注土地所有权的单位名称，例如："集体（李家村）"。

3. 房屋用地的等级

城市和镇的土地等级主要考虑繁华程度、交通条件、基础设施、环境条件、人口分布、土地附着物、土地利用效益等因素评定。房屋用地的等级按当地有关部门所定的等级标准填写。

4. 房屋用地的税费

按房屋用地的土地使用人向税务部门缴纳的年度金额为准。免征土地税的填"免征"。

5. 房屋用地的使用权主

指获得房屋用地土地使用权的产权人姓名或单位名称。

6. 房屋用地的使用人

指房屋用地实际使用人的姓名或单位名称，例如：某房屋用地的土地使用权属"××国土资源厅"，而实际上一直归"××地质测量队"使用，此处应填"××地质测量队"。

7. 用地来源

指房屋用地的权源，即取得土地使用权的时间和方式，如出让、转让、征用、拨用等。填写××××年××月××日获得土地使用权，使用年限××年，方式有以下几种：

（1）出让：指国家将城镇国有土地使用权在一定年限内让与土地使用受让人（单位），土地使用受让人向国家支付一定的金额。

（2）转让：指土地使用权主依照国家有关法律规定将土地使用权再转移的行为。土地使用权转让时，其上的建筑物，其他附着物的所有权也应依照法律办理过户登记手续。

（3）征用：根据国家建设的需要，国家通过适当补偿后，取得土地产权供国家有关部门、企、事业单位使用的一种产权转移方式。

（4）划拨：指政府依照法律规定，从国有土地中划拨一定数量的土地给国有单位或集体单位或个人使用的产权转移方式，土地所有权仍属国家，转移的是土地的使用权。

8. 用地四至

填写房屋用地与四邻接壤的街道名、丘号或沟、渠、水域等地名。

9. 用地范围的界标

填写用地范围边界界标物的名称，例如围墙或墙体、栅栏、篱笆、界碑、界桩或河流、道路名称等。

10. 用地略图

按用地单元绘制略图，不依比例尺，主要表示其四邻关系、界标类别和归属，并注明用地边长。

11. 附加说明

附加说明主要记录有关产权纠纷的情况，以及有关通行权、采光权、通风权、截水权、排水权等他项权利的登记。对有土地使用权的抵押、典当等情况也应在此进行登记和说明。

12.3 房屋调查

房屋调查按表12-1规定的格式和内容进行调查和登记，主要内容包括房屋坐落、产权人、产别、层数、层次、建筑结构、建成年份、用途、墙体归属、权源、他项权利等基本情况。

1. 房屋的坐落

房屋的坐落与房屋用地坐落相同，按前面房屋用地坐落的要求填写。

2. 房屋产权人

房屋产权人是指房屋所有权的权属主，可以是一个人或几个人，也可以是单位或国有。房屋产权人对房屋有占有权、使用权、收益权和处置权。

私人所有的房屋，房屋产权人的姓名应是房屋产权证上的姓名，而且应与户口簿、身份证上的姓名一致，不能使用别名、笔名或化名。房屋为多人所共有的，应填入全部产权人的姓名。产权人死亡或产权人不清、产权归属未定的，分别填入"已故"、"不清"或"未定"字样；有代理人的、填入代理人的姓名并注明。

单位所有的房屋，房屋产权人填写单位的全称，不缩写，不简化，单位名称应与房屋产权证上的名称、单位公章的名称一致。几个单位共有的房屋应填入全部产权单位的名称，如有主管单位，则房屋产权人填主管单位名称后加"等单位"，其他产权单位在说明中注明。

房产管理部门直接管理的房屋，包括公产、代管产、托管产、拨用产等四种产别。公产填房产管理部门的全称；代管产填原产权主名称，加括号注明代管单位名称；托管产填原产权主名称，加括号注明托管单位名称；拨用产填房产管理部门全称，加括号注明拨借单位名称。

3. 房屋产别

房屋的产别是指房屋的产权性质，按表 12 - 3 规定的标准划分，填入二级分类代码。

表 12 - 3 　　　　　　　　　　房 屋 产 别 分 类 标 准

一级分类		二级分类		含　义
编号	名称	编号	名称	
10	国有房产			指归国家所有的房产。包括由政府接管、国家经租、收购、新建以及由国有单位用自筹资金建设或购买的房产
		11	直管产	指由政府接管、国家经租、收购、新建、扩建的房产（房屋所有权已正式划拨给单位的除外），大多数由政府房产管理部门直接管理、出租、维修，少部分免租拨借给单位使用
		12	自管产	指国家划拨给全民所有制单位所有以及全民所有制单位自筹资金构建的房产
		13	军产	指中国人民解放军部队所有房产。包括由国家划拨的房产、利用军费开支或军队自筹资金购建的房产
30	私有房产			指私人所有地房产。包括中国公民、港澳台同胞、海外侨胞、在华外国侨民、外国人所投资建造、购买的房产，以及中国公民投资的私营企业（私营独资企业、私营合伙企业和有限责任公司）所投资建造、购买的房产
		31	部分产权	指按照房改政策，职工个人以标准价购买的住房，拥有部分产权
40	联营企业房产			指不同所有制性质的单位之间共同组成新的法人经济实体所投资建造、购买的房产
50	股份制企业房产			指股份制企业所投资建造或购买的房产
60	港、澳、台投资房产			指港、澳、台地区投资者以合资、合作或独资在祖国大陆创办的企业所投资建造或购买的房产
70	涉外房产			指中外合资经营企业、中外合作经营企业和外资企业、外国政府、社会团体、国际性机构所投资建造或购买的房产
80	其他房产			凡不属于以上各类别的房屋，都归在这一类，包括因所有权人不明，由政府房产管理部门、全民所有制单位、军队代为管理的房屋以及宗教用房等

国有房产指国家所有的房屋，包括房管部门的房屋、全民所有制单位的房屋和军队的房

屋，这些房屋的所有权属国家。这些单位在国家授权范围内，对国有房产行使占有、使用、收益和处分的权利。

集体所有房产，是指城市集体所有制单位所拥有的房屋。集体组织依法对其房屋享有占有、使用、收益和处分的权利。

私有房产，是指公民个人所有的房屋，包括房改中职工以标准价购买的拥有部分产权的房屋。几个人共有的房产属共有房产，也是私有房产。私有房产的产权人依法对其房屋享有占有、使用、收益和处分的权利。

代管房屋和托管房屋的产权，属私人所有的，房屋产别为"私有房屋"。

对于住房投资改革以来所建各类房屋的产权确认，原则上以建房时所订协议或合同中规定的产权划定为准。

4. 房屋产权来源

房屋产权来源是指产权人取得房屋所有权的时间和方式。房屋所有权取得的方式，国家标准《房产测量规范》统一规定为：继承、分析、买受、受赠、交换、自建、翻建、征用、收购、调拨、价拨、拨用等。

买受、受赠、继承、交换的房屋产权转移以有关协议、文约、合同、裁定、公证等文件为准；自建、翻建的房屋产权的确认以报批文件和竣工图件为准；征用、调拨、拨用的房屋的产权转移以审批文件为准；房改售房的产权转移以审批文件为准。

房屋产权来源有两种以上的，均应注明。

现择要解释几种房屋产权来源。

（1）继承：所谓房屋的继承是指被继承人死亡后，其房产归其遗嘱继承人或法定继承人所有。因此，只有被继承人的房屋具有合法产权才能被继承。当继承发生时，如果有多个继承人，则应按遗嘱及有关法律规定进行折产，持原产权证、遗嘱等资料到主管部门办理过户手续。

（2）买受：房屋是一种商品，可以依法在市场上进行买卖，国有房产、集体房产和私人房产在国家法律和政策允许的范围内都可买卖。房产的买卖，是房屋产权和使用价值的一次性转移，买方在买入房屋使用价值的同时也买入了产权，这种房屋产权的取得方式称买受。

（3）受赠：房屋和其他财产一样，产权人可以按照自己的意愿，将自己的属个人所有的房屋赠送他人，受赠人可以是国家、社会团体或自己的亲朋好友。赠予的方式是有条件的，也可以是无条件的；可以是所有权的赠予，也可以是使用权的赠予；也可以在赠予的同时，附有附加条件。无论采取何种赠予方式，一般均应办理公证手续或签订协议文件。如系产权赠予，受赠人取得房屋产权的方式称受赠。

（4）交换：房屋是一种商品，可以依法进行交换，房屋的交换有房屋所有权的交换与房屋使用权的交换两种，此处所讲房屋交换是指房屋产权即所有权的交换。房屋交换是指房屋产权人双方根据自己的需求，将各自属于自己的房屋进行交换，这种交换可以是个人之间、集体之间、单位之间，也可以是国家与单位之间或国家与个人之间、单位与个人之间的交换；交换可以是等价交换，也可以是折价交换或补价交换。交换应有交换合同或协议文件，并取得公证，办理产权变更登记。

5. 房屋总层数与所在层次

房屋层数是指房屋的自然层数，一般按室内地坪0以上计算；采光窗在室外地坪以上的半地下室，其室内层高在2.20m以上的，计算自然层数。房屋总层数为房屋地上层数与地下层数之和。

假层、附层（夹层）、插层、阁楼（暗楼）、装饰性塔楼，以及突出屋面的楼梯间、水箱间不计层数。

所在层次是指本权属单元的房屋在该幢楼房中的第几层。地下层次以负数表示。

6. 房屋建筑结构

房屋建筑结构是指根据房屋的梁、柱、墙等主要承重构件的建筑材料划分类别，具体分类标准按表12-4执行。

表12-4　　　　　　　　　　　　房屋建筑结构分类标准

分类		内容
编号	名称	
1	钢结构	承重的主要构件是用钢材料建造的，包括悬索结构
2	钢、钢筋混凝土结构	承重的主要构件是用钢、钢筋混凝土建造的。如一幢房屋一部分梁柱采用钢、钢筋混凝土构架建造
3	钢筋混凝土结构	承重的主要构件是用钢筋混凝土建造的。包括薄壳结构、大模板现浇结构及使用滑模、升板等建造的钢筋混凝土结构的建筑物
4	混合结构	承重的主要构件是用钢筋混凝土和砖木建造的。如一幢房屋的梁是用钢筋混凝土制成，以砖墙为承重墙，或者梁是用木材建造，柱是用钢筋混凝土建造
5	砖木结构	承重的主要构件是用砖、木材建造的。如一幢房屋是木制房架、砖墙、木柱建造的
6	其他结构	凡不属于上述结构的房屋都归此类。如竹结构、砖拱结构、窑洞等

7. 房屋建成年份

房屋建成年份是指房屋实际竣工年份。拆除翻建的，应以翻建竣工年份为准。一幢房屋有两种以上建成年份，应分别注明。

8. 房屋用途

房屋用途是指房屋的实际用途。具体分类标准按表12-5执行。

9. 房屋墙体归属

房屋墙体归属是房屋四面墙体所有权的归属，分别注明自有墙、共有墙和借墙等三类。

10. 房屋产权的附加说明

房屋权界线示意图是以权属单元为单位绘制的略图，表示房屋及其相关位置、权界线、共有共用房屋权界线，以及与邻户相连墙体的归属，并注记房屋边长。对有争议的权界线应标注部位。

表 12 - 5　　　　　　　　房 屋 用 途 分 类 标 准

一级分类		二级分类		含　义
编号	名称	编号	名称	
10	住宅	11	成套住宅	指由若干卧室、起居室、厨房、卫生间、室内走道或客厅等组成的供一户使用的房屋
		12	非成套住宅	指人们生活居住的但不成套的房屋
		13	集体宿舍	指机关、学校、企事业单位的单位的单身职工、学生居住的房屋。集体宿舍是住宅的一部分
20	工业交通仓储	21	工业	指独立设置的各类工厂、车间、手工作坊、发电厂等从事生产活动的房屋
		22	公用设施	指自来水、泵站、污水处理、变电、燃气、供热、垃圾处理、环卫、公厕、殡葬、消防等市政公用设施的房屋
		23	铁路	指铁路系统从事铁路运输的房屋
		24	民航	指民航系统从事民航运输的房屋
		25	航运	指航运系统从事水路运输的房屋
		26	公交运输	指公路运输、公共交通系统从事客、货运输、装卸、搬运的房屋
		27	仓储	指用于储备、中转、外贸、供应等各种仓库、油库用房
30	商业金融信息	31	商业服务	指各类商店、门市部、饮食店、粮油店、菜场、理发店、照相馆、浴室、旅社、招待所等从事商业和为居民生活服务所用的房屋
		32	经营	指各种开发、装饰、中介公司等从事各类经营业务活动所用的房屋
		33	旅游	指宾馆、饭店、乐园、俱乐部、旅行社等主要从事旅游服务所用的房屋
		34	金融保险	指银行、储蓄所信用社、信托公司、证券公司、保险公司等从事金融服务所用的房屋
		35	电信信息	指各种邮电、电信部门、信息产业部门，从事电信与信息工作所用的房屋
40	教育医疗卫生科研	41	教育	指大专院校、中等专业学校、中学、小学、幼儿园、托儿所、职业学校、业余学校、干校、党校、进修院校、工读学校、电视大学等从事教育所用的房屋
		42	医疗卫生	指各类医院、门诊部、卫生所（站）、检（防）疫站、保健院（站）、疗养院、医学化验、药品检验等医疗卫生机构从事医疗、保健、防疫、检验所用的房屋
		43	科研	指各类从事自然科学、社会科学等研究设计、开发所用的房屋

续表

一级分类		二级分类		含　　义
编号	名称	编号	名称	
50	文化娱乐体育	51	文化	指文化馆、图书馆、展览馆、博物馆、纪念馆等从事文化活动所用的房屋
		52	新闻	指广播电视台、电台、出版社、报社、杂志社、通讯社、记者站等从事新闻出版所用的房屋
		53	娱乐	指影剧院、游乐场、俱乐部、剧团等从事文娱演出所用的房屋
		54	园林绿化	指公园、动物园、植物园、陵园、苗圃、花圃、花园、风景名胜、防护林等所用的房屋
		55	体育	指体育场、馆、游泳池、射击场、跳伞塔等从事体育所用的房屋
60	办公	61	办公	指党、政机关、群众团体、行政事业单位等行政、事业单位等所用的房屋
70	军事	71	军事	指中国人民解放军军事机关、营房、阵地、基地、机场、码头、工厂、党校等所用的房屋
80	其他	81	涉外	指外国使领馆、驻华办事处等涉外所用的房屋
		82	宗教	指寺庙、教堂等从事宗教活动所用的房屋
		83	监狱	指监狱、看守所、劳改场（所）等所用的房屋

注：一幢房屋有两种以上有途，应分别调查注明。

房屋权界线是指房屋权属范围的界线，包括共有共用房屋的权界线，以产权的指界与邻户认证来确定。对有争议的权界线，应作相应记录。

习 题 与 思 考 题

1. 简述房产调查的含义和内容。
2. 简述丘的含义及编号原则和方法。
3. 试述假层、夹层和插层的区别。
4. 房屋调查和房屋用地调查的内容分别是什么？
5. 什么是房屋建筑面积、使用面积和建筑占地面积？它们有什么区别？
6. 房屋产权的来源主要有哪些？

第13章 房产控制测量

13.1 房产平面控制测量概述

房产测量的基本内容包括房产平面控制测量、房产调查、房产要素测量、房产图绘制、房产面积测算、房产变更测量、成果资料的检查与验收。测量规范是测量工作所依据的法规性技术文件，各种测量工作都必须严格遵循。

其中，房产平面控制测量一般有以下规定：

1. 房产平面控制网点的布设原则

房产平面控制点的布设，应遵循"从整体到局部、从高级到低级、分级布网"的原则，也可越级布网。

2. 房产平面控制点的内容

房产平面控制点包括二、三、四等平面控制点和一、二、三级平面控制点。房产平面控制点均应埋设固定标志。

3. 房产平面控制点的密度

建筑物密集区的控制点平均间距在 100m 左右，建筑物稀疏区的控制点平均间距在 200m 左右。

13.2 房产平面控制测量方法

13.2.1 基本测量方法

1. 水平角观测

（1）水平角观测的仪器。水平角观测使用 DJ_1、DJ_2、DJ_6 三个等级系列的光学经纬仪或电子经纬仪，其在室外试验条件下的一测回水平方向标准偏差分别不超过 $\pm1''$、$\pm2''$、$\pm6''$。

（2）水平角观测的限差。水平角观测一般采用方向观测法，各项限差按照表 13-1 的规定执行。

表 13-1　　　　　　　　　　水平角观测限差

经纬仪型号	半测回归零差/(″)	一测回内 2C 互差/(″)	同一方向值各测回互差/(″)
DJ_1	6	9	6
DJ_2	8	13	9
DJ_6	18	30	24

2. 距离测量

（1）光电测距的作用。各级三角网的起始边、三边网或导线网的边长，主要使用相应精度的光电测距仪测定。

（2）光电测距仪的等级。光电测距仪的精度等级，按制造厂家给定的 1km 的测距中误差 m_o 的绝对值划分为二级：

Ⅰ级：$\qquad\qquad\qquad |m_o| \leqslant 5mm$

Ⅱ级：$\qquad\qquad\qquad 5mm \leqslant |m_o| \leqslant 10mm$

（3）光电测距限差。光电测距各项限差不得超过表 13-2 的规定。

表 13-2　　　　　　　　　　　光电测距限差

仪器精度等级	一测回读数较差/mm	单程读数较差/mm	往返测或不同时段观测结果较差
Ⅰ级	5	7	$2(a+b \times D)$
Ⅱ级	10	15	

注：a、b 为光电测距仪的标称精度指标；a 为固定误差，mm；b 为比例误差；D 为测距边长，m。

（4）气象数据的测定。光电测距时应测定气象数据。二、三、四等边的温度测记至 0.2℃，气压测记至 0.5hPa；一、二、三级边的温度测记至 1℃，气压测记至 1hPa。

13.2.2 精度要求

1. 各等级三角测量的主要技术指标

各等级三角网的主要技术指标见表 13-3 的规定。

表 13-3　　　　　　　　　　各等级三角网的主要技术指标

等级	平均边长/km	测角中误差/(″)	起算边边长相对中误差	最弱边边长相对中误差	水平角观测测回数			三角形最大闭合差/(″)
					DJ$_1$	DJ$_2$	DJ$_6$	
二等	9	±1.0	1/300 000	1/120 000	12			±3.5
三等	5	±1.8	1/200 000（首级） 1/120 000（加密）	1/80 000	6	9		±7.0
四等	2	±2.5	1/120 000（首级） 1/80 000（加密）	1/45 000	4	6		±9.0
一级	0.5	±5.0	1/60 000（首级） 1/45 000（加密）	1/20 000		2	6	±15.0
二级	0.2	±10.0	1/20 000	1/10 000		1	3	±30.0

2. 三边测量

各等级三边网的主要技术指标应符合表 13-4 的规定。

表 13-4　　　　　　　　　　各等级三边网的主要技术指标

等级	平均边长/km	测距相对中误差	测距中误差/mm	使用测距仪等级	测距测回数	
					往	返
二等	9	1/300 000	±30	Ⅰ	4	4
三等	5	1/160 000	±30	Ⅰ、Ⅱ	4	4

等级	平均边长/km	测距相对中误差	测距中误差/mm	使用测距仪等级	测距测回数	
					往	返
四等	2	1/120 000	±16	I / II	2/4	2/4
一级	0.5	1/33 000	±15	II	2	
二级	0.2	1/17 000	±12	II	2	
三级	0.1	1/8000	±12	II	2	

3. 导线测量

导线应尽量布设成直伸导线，并构成网形。导线布成结点网时，结点与结点、结点与高级点间的附合导线长度，不超过表3中的附合导线长度的0.7倍。当附合导线长度短于规定长度的1/2时，导线全长的闭合差可放宽至不超过0.12m。各等级测距导线的技术指标详见表13-5的规定。

表 13-5　　　　　　　　　　各等级测距导线的技术指标

等级	平均边长/km	附合导线长度/km	每边测距中误差/mm	测角中误差/(″)	导线全长相对闭合差	水平角观测的测回数			方位角闭合差/(″)
						DJ_1	DJ_2	DJ_6	
三等	3.0	15	±18	±1.5	1/60 000	8	12		$±3\sqrt{n}$
四等	1.6	10	±18	±2.5	1/40 000	4	6		$±5\sqrt{n}$
一级	0.3	3.6	±15	±5.0	1/14 000		2	6	$±10\sqrt{n}$
二级	0.2	2.4	±12	±8.0	1/10 000		1	3	$±16\sqrt{n}$
三级	0.1	1.5	±12	±12.0	1/6000		1	3	$±24\sqrt{n}$

4. GPS 静态相对定位测量

GPS 网应布设成有检核的图形，GPS 网点与原有控制网的高级点重合应不少于三个。当重合不足三个时，应与原控制网的高级点进行联测，重合点与联测点的总数不得少于三个。主要技术要求应符合表13-6和表13-7的规定。

表 13-6　　　　　　　　　各等级 GPS 相对定位测量的仪器

等级	平均边长 D/km	GPS 接收机性能	测量量	接收机标称精度优于	同步观测接收机数量
二等	9	双频（或单频）	载波相位	$10mm+2×10^{-6}D$	≥2
三等	5	双频（或单频）	载波相位	$10mm+3×10^{-6}D$	≥2
四等	2	双频（或单频）	载波相位	$10mm+3×10^{-6}D$	≥2
一级	0.5	双频（或单频）	载波相位	$10mm+3×10^{-6}D$	≥2
二级	0.2	双频（或单频）	载波相位	$10mm+3×10^{-6}D$	≥2
三级	0.1	双频（或单频）	载波相位	$10mm+3×10^{-6}D$	≥2

表 13 - 7   各等级 GPS 相对定位测量的技术指标

等级	卫星 高度角/(°)	有效观测 卫星总数	时段中任一 卫星有效观 测时间/min	观测时段数	观测时 段长度/min	数据采 样间隔/s	点位几何 图形强度 因子 PDOP
二等	≥15	≥6	≥20	≥2	≥90	15~60	≤6
三等	≥15	≥4	≥5	≥2	≥10	15~60	≤6
四等	≥15	≥4	≥5	≥2	≥10	15~60	≤8
一级	≥15	≥4		≥1		15~60	≤8
二级	≥15	≥4		≥1		15~60	≤8
三级	≥15	≥4		≥1		15~60	≤8

5. 对已有控制成果的利用

控制测量前，应充分收集测区已有的控制成果和资料，按表 13 - 1～表 13 - 5 的要求进行比较和分析。凡符合要求的已有控制点成果，都应充分利用；对达不到要求的控制网点，也应尽量利用其点位，并对有关点进行联测。

习 题 与 思 考 题

1. 简述房产控制网布设的原则和方法。
2. 房产平面控制测量的主要技术要求有哪些？
3. 如何确定房产平面控制点的密度？
4. 房产平面控制导线测量的主要限差有哪些？

第14章 房产图绘制

房产测绘最重要的成果就是房产平面图（简称房产图）。房产图是房产产权、产籍管理的基本资料，是房产管理的图件依据，利用它可以全面掌握房屋建筑状况、房产产权状况及土地使用情况；同时，利用房产图还可以逐幢、逐处地清理房产产权，计算和统计房产面积，作为房产产权登记和转移变更登记的依据。房产图与房产产权档案、房产卡片、房产簿册构成房产产籍的完整内容，是房产产权管理的依据和手段。根据房产管理工作的需要，房产图可分为房产分幅平面图（以下简称分幅图）、房产分丘平面图（以理简称分丘图）和房产分层分户平面图（以下简称分户图）。

房产图的测绘，是在房产平面控制测量及房产调查完成后所进行的对房屋和土地使用状况的细部测量，是房产图测绘的重要内容。房产图的测绘与地形图的测绘类似，也是按"先控制后碎部"的原则进行。在控制测量的基础上，先测绘分幅图，再测绘分丘图，最后测绘分户图。房产图的绘制方法有全野外采集数据成图、航摄像片采集数据成图、野外解析测量数据成图、平板仪测绘房产图和编绘法绘制房产图。

14.1 房产图测绘基础

14.1.1 房产分幅图测绘

房产分幅图是全面反映房屋及其用地的位置和权属等状况的基本图，是测绘分丘图和分户图的基础资料，也是房产登记和建立产籍资料的索引和参考资料。分幅图的绘制范围包括城市、县城、建制镇的建成区和建成区以外的工矿企事业等单位及毗连居民点。建筑物密集地区的分幅图采用 $1:500$ 比例尺，其他区域的分幅图可以采用 $1:1000$ 的比例尺。分幅图采用 $50\text{cm} \times 50\text{cm}$ 正方形分幅。分幅图中应包括控制点、行政境界、丘界、房屋、附属设施和房屋围护物，以及与房产有关的地籍要素和注记。

1. 分幅图绘制的技术要求

房产要素的点位精度按房产分幅平面图与房产要素测量的精度的规定执行。图幅的接边误差不超过地物点点位中误差的 $2\sqrt{2}$ 倍，并应保持相关位置的正确和避免局部变形。展绘图廓线、方格网和控制点，各项误差不超过表 14-1 的规定。

表 14-1　　　　　　　　　图廓线、方格网、控制点的展绘限差　　　　　　　（单位：mm）

仪器	方格网长度与理论长度之差	图廓对角线长度与理论长度之差	控制点间图上长度与坐标反算长度之差
仪器展点	0.15	0.2	0.2
格网尺展点	0.2	0.3	0.3

2. 分幅图的编号

分幅图编号以高斯—克吕格坐标的整公里格网为编号区，由编号区代码加分幅图代码组成（图 14-1），编号区的代码以该公里格网西南角的横纵坐标公里值表示。

编号形式如下：

分幅图的编号：　　　　　　　编号区代码　　　　　　　　分幅图代码

完整编号：　　　　＊＊＊＊＊＊＊＊＊　　　　　　　　＊＊

　　　　　　　　　　（9 位）　　　　　　　　　（2 位）

简略编号：　　　　　　＊＊＊＊　　　　　　　　　　＊＊

　　　　　　　　　　（4 位）　　　　　　　　　（2 位）

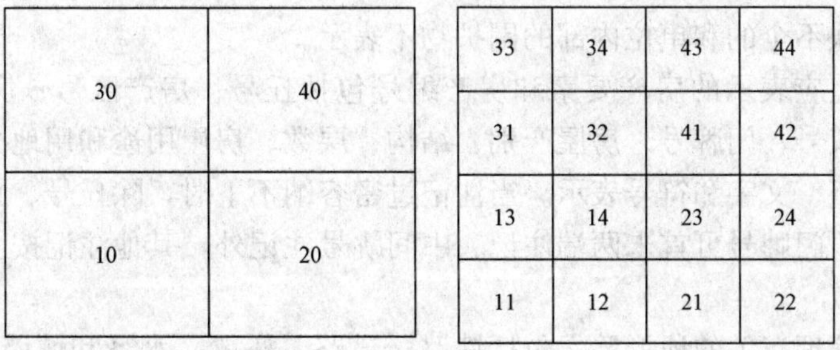

33	34	43	44
31	32	41	42
13	14	23	24
11	12	21	22

图 14-1　分幅图分幅和代码

(a) 1∶1000；(b) 1∶500

编号区代码由 9 位数组成，代码含义如下：

第 1、第 2 位数为高斯坐标投影带的带号或代号，第 3 位数为横坐标的百公里数，第 4、第 5 位数为纵坐标的千公里和百公里数，第 6、第 7 位和第 8、第 9 位数分别为横坐标和纵坐标的十公里和整公里数。

分幅图比例尺代码由 2 位数组成，按图 14-1 规定执行。

在分幅图上标注分幅图编号时可采用简略编号，简略编号略去编号区代码中的百公里和百公里以前的数值。

3. 分幅图绘制中各要素的取舍与表示办法

（1）行政境界。一般只表示区、县和镇的境界线，街道办事处或乡的境界根据需要表示；境界线重合时；用高一级境界线表示；境界线与丘界线重合时，用丘界线表示；境界线跨越图幅时，应在内外图廓间的界端注出行政区划名称。

（2）丘界线表示方法。明确无争议的丘界线用丘界线表示，有争议或无明显界线又提不出凭证的丘界线用未定丘界线表示。丘界线与房屋轮廓线或单线地物线重合时用丘界线表示。

（3）房屋。包括一般房屋、架空房屋和窑洞等。房屋应分幢测绘，以外墙勒脚以上外围轮廓的水平投影为准，装饰性的柱和加固墙等一般不表示；临时性的过渡房屋及活动房屋不表示；同幢房屋层数不同的应绘出分层线，分层线用虚线表示。

架空房屋以房屋外围轮廓投影为准，用虚线表示；虚线内四角加绘小圈表示支柱；其中，窑洞只绘住人的，符号绘在洞口处。

（4）房屋附属设施。分幅图上应绘制房屋附属设施，包括柱廊、檐廊、架空通廊、底层阳台、门廊、门楼、门、门墩和室外楼梯，以及和房屋相连的台阶等。

1）柱廊以柱的外围为准，图上只表示四角或转折处的支柱。

2）底层阳台以底板投影为准。

3）门廊以柱或围护物外围为准，独立柱的门廊以顶盖投影为准。

4）门顶以顶盖投影为准。

5）门墩以墩的外围为准。

6）室外楼梯以水平投影为准，宽度小于图上 1mm 的不表示。

7）与房屋相连的台阶按水平投影表示，不足五阶的不表示。

（5）围墙、栅栏、栏杆、篱笆和铁丝网等界标围护物均应表示，其他围护物根据需要表示。临时性或残缺不全的和单位内部的围护物不表示。

（6）分幅图上应表示的房产要素和房产编号包括丘号、房产区号、房产分区号、丘支号、幢号、房产权号、门牌号、房屋产别、结构、层数、房屋用途和用地分类等，根据调查资料以相应的数字、文字和符号表示。当注记过密容纳不下时，除丘号、丘支号、幢号和房产权号必须注记，门牌号可首末两端注记、中间跳号注记外，其他注记按上述顺序从后往前省略。

（7）与房产管理有关的地形要素包括铁路、道路、桥梁、水系和城墙等地物均应表示。亭、塔、烟囱以及水井、停车场、球场、花圃、草地等可根据需要表示。

1）铁路以两轨外缘为准；道路以路缘为准；桥梁以外围投影为准，城墙以基部为准；沟、渠、水塘、游泳池等以坡顶为准，其中水塘、游泳池等应加简注。

2）亭以柱的外围为准；塔、烟囱和罐以底部外围轮廓为准；水井以井的中心为准；停车场、球场、花圃、草地等以地类界线表示，并加注相应符号或加简注。

4. 地理名称注记

地名的总名与分名应用不同的字级分别注记；单位名称只注记区、县级以上和使用面积大于图上 $100cm^2$ 的单位；同一地名被线状地物和图廓分割或者不能概括大面积和延伸较长的地域、地物时，应分别调注。

5. 图边处理与图面检查

（1）接边差。不得大于 GB/T 17986.1—2000 规定的界址点、地物点位中误差的 $2\sqrt{2}$ 倍，并应保证房屋轮廓线、丘界线和主要地物的相互位置及走向的正确性。

（2）自由图边。在测绘过程中应加强检查，确保无误。

6. 图廓整饰

（1）分幅图编号。分幅图图幅编号按分幅图的编号规定执行。

（2）分幅图、分丘图。分幅图、分丘图上每隔 10cm 展绘坐标网点，图廓线上坐标网线向内侧绘 5.0mm 短线，图内绘 10.0mm 的十字坐标线。

（3）图名。分幅图上一般不注图名，如注图名时图廓左上角应加绘图名结合表。

另外，采用航测法成图时，图廓左下角应加注航摄时间和调绘时间。

7. 房产分幅图的测绘方法

房产分幅图的测绘方法与一般地形图测绘和地籍图测绘并无本质的不同，主要是为了满足房产管理的需要，以房产调查为依据，突出房产要素和权属关系，以确定房屋所有权和土地使用权权属界线为重点，准确地反映房屋和土地的利用现状，精确的测算房屋建筑面积和土地使用面积。测绘分幅图应按照《房产测量规范》的有关技术规定进行，如图 14 - 2 所示。

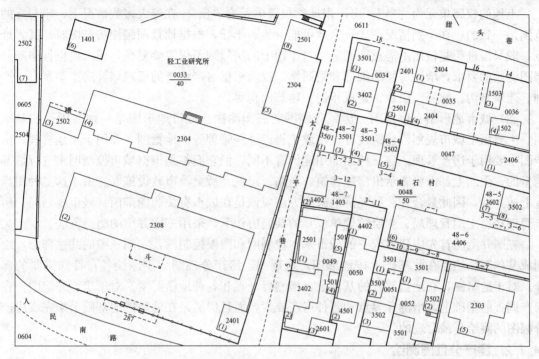

图 14 - 2　房产分幅平面图

房产分幅图的测绘方法，可根据测区的情况和条件而定。当测区已有现势性较强的城市大比例尺地形图或地籍图时，可采用增测编绘法，否则应采用实测法。

（1）房产分幅图实测法。若无地物现势性较强的地形图或地籍图时，为建立房产档案，配合房产产权登记，发放土地使用权与房产所有权证，必须进行房产分幅图的测绘。测图的步骤与地籍图测绘基本相同，在房产调查和房产平面控制测量的基础上，测量界址点坐标（一级、二级界址点）、界址点平面位置（三级界址点）和房屋等地物的平面位置。实测的方法有：平板仪测绘法、小平板与经纬仪测绘法、经纬仪与光电测距仪测记法、全站仪采集数据法、GPS-RTK 采集数据等。

（2）房产分幅图的增测编绘法。

1）利用地形图增测编绘。利用城市已有的 1：500 或 1：1000 大比例尺地形图编绘成房产分幅图时，在房产调查的基础上，以门牌、院落、地块为单位，实测用地界线，构成完整封闭的用地单元——丘。丘界线的转折点（界址点）如果不是明显的地物点则应补测，并实量界址边长；逐幢房屋实量外墙边长和附属设施的长宽，丈量房屋与房屋或其他地物之间的距离关系，经检查无误后方可展绘在地形图上；对原地形图上已不符合现状部分应进行修测或补测；最后注记房产要素。

2）利用地籍图增补测绘。利用地籍图增补测绘成图是房产分幅图成图的方向。因为房产和地产是密不可分的，土地是房屋的载体，房屋依地而建，因此在地籍图测绘中也需要测绘宗地内的主要房屋。房产调查和房产测量是对该地产范围内的房屋做更细致的调查和测绘，在已确定土地权属的基础上，对宗地范围内房屋的产权性质、面积数量和利用状况做分幢、分层、分户的细致调查、确权和测绘，以取得城市房产管理的基础资料。

土地的权属单元为"宗"，房屋用地的权属单元为"丘"。在绝大多数情况下，宗与丘的范围是一致的，在个别情况下，一宗地可能分为若干丘，根据地籍图编绘房产图时，其界址点一般只需进行复核而不需重新测定。对于图上的房屋则不仅需要复核，还需要根据房产分幅图测绘的要求，增测房屋的细部和附属物，以及根据房产调查的资料增补房产要素——产别、建筑结构、幢号、层数、建成年份、建筑面积等。

(3) 城市地形图、地籍图、房屋分幅图的三图测法。城市地形图是一种多用途的基本图，主要用于城市规划、建筑设计、市政工程设计和管理等；地籍图主要用于土地管理；房产图主要用于房产管理。这三种图的用途虽有不同，但它们都是根据城市控制网来进行细部测量的，图面上都需要表示出房屋建筑、道路、河流、桥梁及市政设施等。由于这三种图具有上述共性，因此最合理、最经济的施测方法应该是在城市有关职能部门（城市规划局、房产管理局、土地管理局、测绘院等单位）的共同协作下，采用三图并出的测绘方法。

三图并测法首先应建立统一的城市基本控制网和图根控制网，实测三图的共性部分，绘制成基础图。然后在此基础上按地形图，地籍图、房产分幅图分别测绘各自特殊需要的部分。对于地籍图，在地籍调查的基础上，增测界址点和各种地籍要素。对于房产分幅图，在房产调查的基础上，增测丘界点和各种房产要素，而且仍然是在地籍图的基础上来完成房产分幅图的测绘是最合理的。

14.1.2　房产分丘图测绘

房产分丘平面图是房产分幅图的局部明细图，是根据核发房屋所有权证和土地使用权证的需要，以门牌、户院、产别及其所占用土地的范围，分丘绘制而成。每丘为单独一张，作为权属依据的产权图，即作为产权证上的附图，经登记后，便具有法律效力，并是保护房产产权人合法权益的凭证。因此，必须具有较高绘制精度。

分丘图比例尺可根据每丘面积的大小在 1∶100～1∶1000 之间选用，一般尽可能采用与分幅图相同的比例尺。幅面可在 787mm×1092mm 的 4 开～32 开之间选用（4K、8K、16K、32K 四种尺寸）。分丘图的坐标系统与分幅图的坐标系统应一致。房产分丘图反映本丘内所有房屋权界线、界址点点号、窑洞使用范围，挑廊、阳台、建成年份、用地面积、建筑面积、墙体归属和四至关系等各项房产要素，以丘为单位绘制。分丘图上，应分别注明所有周邻产权所有单位（或人）的名称，分丘图上各种注记的字头应朝北或朝西。

房产分丘图的测绘方法是利用已有的房产分幅图，结合房产调查资料，按本丘范围展绘界址点，描绘房屋等地物，实地丈量界址边、房屋边等长度、修测、补测成图。

丈量界址边长和房屋边长时，用卷尺量取至 0.01m。不能直接丈量的界址边，也可由界址点坐标反算边长。对圆弧形的边，可按折线分段丈量。边长应丈量两次取中数，两次丈量较差不超过正式规定：

$$\Delta D \leqslant 0.004D \tag{14-1}$$

式中　ΔD——两次丈量边长的较差（m）；

　　　D——边长（m）。

丈量本丘与邻丘毗连墙体时，共有墙以墙体中间为界，量至墙体厚度的 1/2 处；借墙量至墙体的内侧；自有墙量至墙体外侧并用相应符号表示。挑廊、挑阳台、架空通道丈量时，以外围投影为准，并在图上用虚线表示。房屋权界线与丘界线重合时，表示丘界线，房屋轮廓线与房屋权界线重合时，表示房屋权界线。在描绘本丘的用地和房屋时，应适当绘出与邻丘相连处邻丘的地物。分丘图的图廓位置，根据该丘所在位置确定，图上需要注出西南角的坐标值，以公里数为单位注记至小数点后三位。

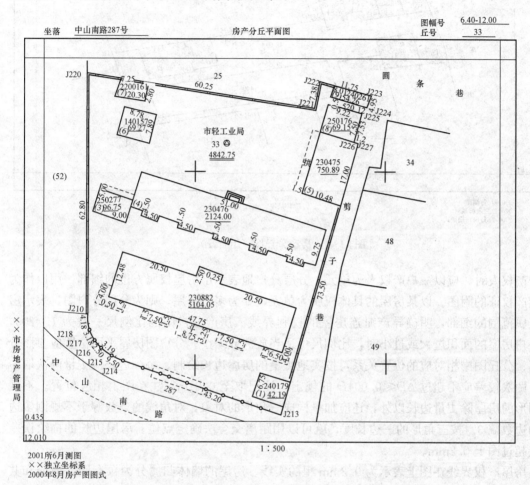

图 14-3 房产分丘图（独立丘）

图 14-3 和图 14-4 为房产分丘图示例。前者为独立丘，后者为组合丘，即在该丘中有若干个分丘。图中绘出本丘用地的界址点，以"J"开头的数字为界址点号，每条界址边都注明边长。丘号下为本丘用地面积（单位：m²）。每幢房屋有 6 位数字代码，其中前 4 位与分幅图中的 4 位数字代码含义相同，第 5、6 位数为建筑年份。例如代码"230476"，其中第一位数字"2"表示该房屋为"单位自管公产"，第二位数字"3"表示建筑结构为"钢筋混凝土结构"，第三、四位数字"04"表示该房屋的总层数为 4 层，第五、六位数字"76"表示该房屋建成于 1976 年。房屋代码下为本幢房屋的总建筑面积。每幢房屋均注明长宽。

14.1.3 房产分层分户图的测绘

房产分层分户图（简称分户图）是在分丘图的基础上进一步绘制的明细图，当一丘内有

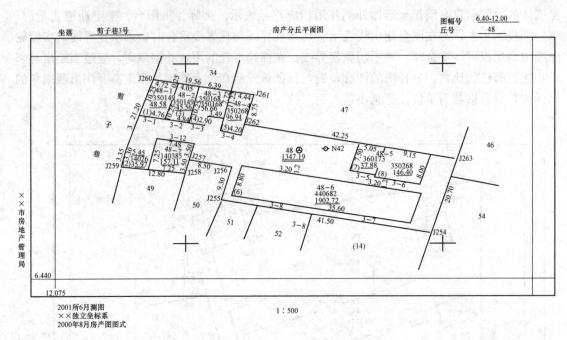

图 14-4 房产分丘图（组合丘）

多个产权人时，应以一户产权人为单元，分层分户地表示出房屋权属方位的细部，用以作为房屋产权证的附图。以某房屋的具体权属为单元，如为多层房屋，则为分层分户图，表示房屋权属范围的细部，明确异产毗连房屋的权利界线。房产分户图的比例尺一般为 1：200，当一户房屋的面积过大或过小时，比例尺可适当放大或缩小。分户图房屋平面位置应参照分幅图、分丘图中相对应的位置关系，按实地丈量的房屋边长绘制。每一边长应丈量两次取中数，两次较差应不超过 $\Delta D \leqslant 0.004D$ 的规定，注记取至 0.01m，注在图上相应位置。不规则图形的房屋除丈量边长以外，还应加量构成三角形的对象，对角线的条数等于不规则多边形的边数减 3。按三角形的三边长度，就可以用距离交会法确定点位。房屋边长的描绘误差不应超过图上 0.2mm。

房屋产权界线在图上表示为 0.2mm 粗的实线。房屋的墙体归属分为自有墙、借墙和共有墙。房屋产权面积包括套内建筑面积和共有共用的分摊面积。房屋建筑面积注在房屋图形内，共有共用部位在本户分摊面积注在图的左下角。本户所在的丘号、户号、幢号、结构、层数、层次标注在房屋图形上方。在一幢楼中，楼梯、走道等共有共用部位，需在图上加简注。图 14-5 为房产分户图示例。分户图的方位应使房屋的主要边线与图框边线平行，按房屋的方向横放或竖放，并在适当位置加绘指北方向符号。分户图上房屋的丘号、幢号应与分丘图上的编号一致。分户图表示的主要内容包括房屋权界线、四面墙体的归属和楼梯、走道等部位以及门牌号、所在层次、户号、室号、房屋建筑面积和房屋边长等。

14.2　房产图的绘制方法

14.2.1　全野外采集数据成图

利用全站仪、电子平板、电子记簿等设备在野外采集的数据，通过计算机屏幕编辑，生

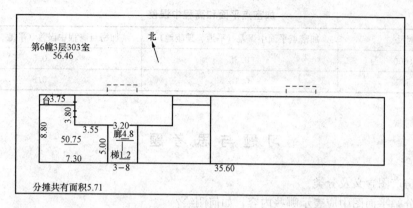

图 14-5 房产分户图

成图形数据文件，经检查修改，准确无误后，可通过绘图仪绘出所需成图比例尺的房产图。

14.2.2 航摄像片采集数据成图

将各种航测仪器量测的测图数据，通过计算机处理生成图形数据文件；在屏幕上对照调绘片进行检查修改。对影像模糊的地物，被阴影和树林遮盖的地物及摄影后新增的地物应到实地检查补测。待准确无误后，可通过绘图仪按所需成图比例尺绘出规定规格的房产图。

14.2.3 野外解析测量数据成图

利用正交法、交会法等采集的测图数据通过计算机处理，编辑成图形文件。在视屏幕上，对照野外记录草图检查修改，准确无误后，可通过绘图仪，绘出所需规格的房产图，或计算出坐标，展绘出所需规格的房产图。

采用图解交会法测定测站点时，前、侧方交会不得少于三个方向，交会角不得小于30°或大于150°，前、侧方交会的示误三角形内切圆直径应小于图上 0.4mm。平板仪对中偏差不超过图上 0.05mm。平板仪测图时，测图板的定向线长度不小于图上 6cm，并用另一点进行检校，检校偏差不超过图上 0.3mm。地物点测定，其距离一般实量。使用皮尺丈量时，最大长度 1：500 测图不超过 50m，1：1000 测图不超过 75m，采用测距仪时，可放长。采用交会法测定地物点时，前、侧方交会的方向不应少于三个，其长度不超过测板定向距离。原图的清绘整饰根据需要和条件可采用着色法、刻绘法。各项房产要素必须按实测位置或底图位置准确着色（刻绘），其偏移误差不超过图上 0.1mm。各种注记应正确无误，位置恰当，不压盖重要地物，着色线条应均匀光滑，色浓饱满；刻绘线划应边缘平滑、光洁透亮，线划粗细、符号大小，应符合图式规格和复制的要求。

14.2.4 编绘法绘制房产图

房产图根据需要可利用已有地形图和地籍图进行编绘。作为编绘的已有资料，必须符合《房产测量规范》实测图的精度要求，比例尺应等于或大于绘制图的比例尺。编绘工作可在地形原图复制或地籍原图复制的等精度图（以下简称二底图）上进行，其图廓边长，方格尺寸与理论尺寸之差不超过表 14-2 中的规定。补测应在二底图上进行，补测后的地物点精度应符合房产分幅平面图与房产要素测量的精度的规定。

补测工作结束后，将调查成果准确转绘到二底图上，对房产图所需的内容经过清绘整饰，加注房产要素的编码和注记后，编成分幅图底图。

表 14 - 2	加密点平面和高程中误差	（单位：m）
比例尺	加密点平面中误差（平地、丘陵地）	加密点高程中误差（平地、丘陵地）
1：1000	0.35	0.5
1：500	0.18	0.5

习 题 与 思 考 题

1. 简述房产图含义及分类。
2. 房产分幅平面图中应表示哪些内容，如何测绘？
3. 简述房产分幅图与房产分丘图、分户图的区别和联系。
4. 房产分丘图中应表示哪些内容，如何测绘？
5. 房产分户图中应表示哪些内容，如何测绘？

第15章 房产勘丈计算与面积分摊

15.1 房产面积计算

房屋建筑面积测算是房产测绘的主要任务之一，其主要内容是测定房产权界、房屋的建筑面积、坐落位置形式、房屋的层次和结构、分户的建筑面积以及共有面积分摊等基础数据。这些数据是核定产权、颁发权证、保障房产占有和使用者的权益的依据。房产面积测算是一项技术性强、精确度要求高的工作，是整个房产测量中非常重要的组成部分。

15.1.1 房屋面积测算的内容

房产面积的测算指水平面积测算，包括房屋面积测算和用地面积测算两类。房屋面积测算包括房屋建筑面积、共有建筑面积、产权面积、使用面积等测算。用地面积测算包括房屋占地面积的测算、其他用途的土地面积的测算、各项地类面积测算。其中房屋建筑面积是指房屋外墙（柱）勒脚以上各层的外围水平投影面积，包括阳台、挑廊、地下室、室外楼梯等，且具备上盖，结构牢固，层高2.20m以上（含2.20m）的永久性建筑。

15.1.2 计算建筑面积的所具备的条件

（1）应具有上盖。
（2）应具有维护物。
（3）结构牢靠，属永久性的建筑物。
（4）层高在2.20m或2.20m以上。
（5）可作为人们生产或生活的场所。

15.1.3 房产面积测算的要求

在进行房产面积的测算时要服从下述要求：
（1）各类面积的测算，必须独立测算两次，其较差应符合规定限差，取中数作为最后结果。
（2）量距时应使用经鉴定合格的卷尺或其他能达到相应精度的仪器或工具，边长以m为单位，取至0.01m；面积以m²为单位，取至0.01m²。

15.1.4 房产面积测算精度要求

房屋建筑面积测算一律以中误差作为评定精度的标准，以2倍中误差作为房屋建筑面积测算的最大限差。超过2倍中误差的要返工重测。我国房产面积的精度分为3个等级，根据实践和实际的要求，一般采用2个精度等级，即采用第二、第三精度等级标准。对新建商品房，建筑面积测算精度采用第二等级精度要求；对其他房产，建筑面积测算精度采用第三等级中误差；其余有特殊要求的用户和城市商业中心黄金地段可采用一级精度。各等级房屋面积测算的中误差见表15-1。

表 15 - 1 各等级房屋面积测算的中误差

房屋面积的精度等级	房屋面积中误差	房屋面积误差的限差
一级	$\pm(0.01\sqrt{S}+0.0003S)$	$\pm(0.02\sqrt{S}+0.0006S)$
二级	$\pm(0.02\sqrt{S}+0.0001S)$	$\pm(0.04\sqrt{S}+0.0002S)$
三级	$\pm(0.04\sqrt{S}+0.0003S)$	$\pm(0.08\sqrt{S}+0.0006S)$

注：S 是房产面积，单位 m^2。

15.2 房产勘丈

由于房产测量精度要求高，目前开展的房产测量工作一般都采用内外业一体化数字房产测量方法，在房产测量时必须使用质检部门检定过的仪器进行测量。

15.2.1 房产面积测算的方法

房产测量技术经过多年的发展，目前常见的测量技术主要有解析法和图解法两类。

（1）解析法测算面积。坐标解析法的测算，能够确保在房产测量中对成果精度的要求，可以大大提高成果的质量。解析法测算面积是根据实地测量的数据，例如，边长、角度或坐标等通过计算公式求得面积值。解析法测算面积主要包括界址点坐标解析测算面积和几何图形法量算面积。

（2）图解法测算面积。图算法是根据图纸量算面积，量法多种多样（求积仪、称重法、模片法、光电面积量算仪法等），即在图上量取有关房屋图形的长度，计算出图形的面积，或量取图形坐标计算图形的面积。这种方法精度比较粗略，量测的精度较低。

15.2.2 用地面积测算

用地面积测算以丘为单位进行测算，包括房屋占地面积、其他用途的土地面积测算，各项地类面积的测算。

以下情况不计入用地面积范围的土地：

（1）无明确使用权属的冷巷、巷道或间歇地。

（2）市政管辖的道路、街道、巷道等公共用地。

（3）公共使用的河流、水沟、排污沟。

（4）征用、划拨或属于原房产证记载范围，经规划部门核定需要作为市政建设的用地。

（5）其他按规定不计入用地的面积。

15.2.3 用地面积的测算方法

用地面积的量算可采用坐标解析法、实地量距法和图解计算法。

1. 坐标解析法

坐标解析法的测算，能够确保在房产测量中对成果精度的要求，可以大大提高成果的质量。采用坐标解析法的前提是在房产平面控制测量的基础上，掌握了准确的房屋用地界址点、边界点或房角点。对控制点精度的要求较高，其计算公式为：

$$S = \frac{1}{2}\sum_{i=1}^{n} X_i(Y_{i+1} - Y_{i-1}) \tag{15 - 1}$$

或

$$S = \frac{1}{2} \sum_{i=1}^{n} Y_i (X_{i-1} - X_{i+1}) \qquad (15 - 2)$$

以上式中　S——房屋面积、房屋用地面积或丘面积（m^2）；

$\quad\quad\quad\quad X_i$——界址点、房角点或边界点的纵坐标（m）；

$\quad\quad\quad\quad Y_i$——界址点、房角点或边界点的横坐标（m）；

$\quad\quad\quad\quad n$——界址点、房角点或边界点的个数；

$\quad\quad\quad\quad i$——界址点、房角点或边界点的序号。

面积中误差的计算公式为

$$M_s = \pm M_j \sqrt{\frac{1}{8} \sum_{i=1}^{n} D_{i-1,i+1}^2} \qquad (15 - 3)$$

式中　M_s——面积中误差（m^2）；

$\quad\quad M_j$——相应等级界址点规定的点位中误差（m）；

$\quad D_{i-1,i+1}$——多边形中的对角线长度（m）。

2. 实地量距法

实地量距法是在实地用仪器、测距仪或手持测距仪、卷尺量取有关图形的边长，而计算出这个图形的面积。实地量距是目前房产测量中最普遍的面积测算方法。

对于规则图形，如矩形、方形的房屋或房间，可根据实地丈量的边长直接计算面积（一般用卷尺或测距仪直接量取其边长，很简单地计算出其面积）；而对不规则图形的面积测算时，可将其分割成几个简单的几何图形，然后分别计算这些图形的面积，用简单的加减法算出其面积。

面积误差按《房产测量规范》中的房产面积的精度要求（表 15 - 1）计算，其精度等级的使用范围有各城市房产行政主管部门根据当地实际情况决定。

3. 图解法

图解法（图算法）是根据图纸量算面积，量法多种多样（求积仪、几何图形法等），即在图上量取有关房屋图形的长度，计算出图形的面积，或量取图形坐标计算图形的面积。这种方法精度比较粗略，量测的精度较低。图上面积测算均应独立进行两次，两次量算的面积较差不得超过：

$$\Delta S = \pm 0.000\ 3M \sqrt{S} \qquad (15 - 4)$$

式中　ΔS——两次量算面积的较差（m^2）；

$\quad\quad S$——所量算面积（m^2）；

$\quad\quad M$——图的比例尺分母。

此外，使用图解法量算面积时，图形面积不应小于 $5cm^2$，图上量距应量至 0.2mm。

15.2.4　房屋面积量算

1. 房屋面积的构成

房屋面积测算包括房屋建筑面积、产权面积、使用面积、共有建筑面积等测算。

（1）房屋建筑面积。房屋建筑面积（也称"房屋展开面积"）是房屋各层建筑面积的总和。包括使用面积、辅助面积和结构面积三部分。房屋建筑面积按房屋外墙（柱）勒脚以上各层的外围水平投影面积计算，包括阳台、挑廊、地下室、室外楼梯等。测算建筑面积的房屋必须是具备上盖、结构牢固、层高在 2.20m 以上（含 2.20m）的永久性建筑。

（2）房屋使用面积。房屋使用面积是指房屋户内全部可供使用的净空间面积，按房屋内墙面水平投影计算。不包括房屋内的墙、柱等结构构造面积和保温层的面积。

（3）房屋产权面积。房屋产权面积是指产权主依法拥有房屋所有权的房屋建筑面积。房屋产权面积由直辖市、市、县房产行政主管部门登记确权认定。

（4）房屋共有建筑面积。房屋共有建筑面积系指各产权主共同占有或共同使用的建筑面积。

2. 面积测算的要求

各类面积测算必须独立测算两次，其较差应在规定的限差以内，取中数作为最后结果。量距应使用经检定合格的卷尺或其他能达到相应精度的仪器和工具。面积单位 m^2，取至 $0.01m^2$。

15.2.5 房屋建筑面积测算的有关规定

1. 计算全部建筑面积的范围

（1）永久性结构的单层房屋，按一层计算建筑面积；多层房屋按各层建筑面积的总合计算。

（2）房屋内的夹层、插层、技术层及其楼梯间、电梯间等其高度在 2.20m 以上部位计算建筑面积。楼梯间、电梯（观光梯）井、提物井、垃圾道、管道井等均按房屋自然层计算面积。依坡地建筑的房屋、利用吊脚做架空层，有维护结构的，按其高度在 2.20m 以上部位的外围水平面积计算。

（3）穿过房屋的通道，房屋内的门厅、大厅均按一层计算面积。门厅、大厅内的回廊部分、层高在 2.20m 以上的，按其水平投影计算。

（4）房屋天面（天台）上，属永久性建筑，层高在 2.20m 以上的楼梯间、水箱间、电梯机房及斜面结构屋顶高度在 2.20m 以上的部位，按其外围水平面积计算。

（5）吊楼、全封闭阳台按其外围水平投影面积计算。属永久性结构有上盖的室外楼梯，按各层水平投影面积计算。房屋间永久性的封闭的架空通廊，按外围水平投影面积计算。

（6）地下室、半地下室及其相应出入口，层高在 2.20m 以上，按其外墙（不包括采光井、防潮层及保护墙）外围水平投影面积计算。

（7）有柱（不含独立柱、单排柱）或有围护结构的门廊、门斗，按其柱或围护结构的外围水平投影面积计算。

（8）玻璃幕墙等作为房屋外墙的，按其外围水平投影面积计算。

（9）属永久性建筑，有柱的车棚、货棚等按其柱外围水平投影面积计算。

（10）有伸缩缝的房屋，若其与室内相通的按伸缩缝面积计算建筑面积。

2. 计算一半建筑面积的范围

（1）与房屋相连有上盖无柱的走廊、檐廊，按其围护结构外围水平投影面积一半计算。

（2）独立柱、单排柱的门廊、车棚、货棚等属永久性建筑的，按其上盖水平投影面积的一半计算。

（3）未封闭的阳台、挑廊，按其围护结构外围水平投影面积的一半计算。

（4）无顶盖的室外楼梯按各层水平投影面积的一半计算。

（5）有顶盖不封闭的永久性的架空通廊，按外围水平投影面积的一半计算。

3. 不计算建筑面积的范围

（1）层高小于 2.20m 的夹层、插层、技术层和层高小于 2.20m 的地下室和半地下室等。

（2）突出房屋墙面的构件、配件、装饰柱、装饰性的玻璃幕墙、垛、勒脚、台阶、无柱雨篷等。

（3）房屋之间无上盖的架空通廊。

（4）房屋的天面、挑台、天面上的花园、泳池。

（5）建筑物内的操作平台、上料平台及利用建筑物的空间安置箱、罐的平台。

（6）骑楼、过街楼的底层用作道路街巷通行的部分。

（7）利用引桥、高架路、高架桥、路面作为顶盖建造的房屋。

（8）活动房屋、临时房屋、简易房屋。

（9）独立的烟囱、亭、塔、罐、池，地下人防干、支线。

（10）与房屋室内不相通的房屋间的伸缩缝。

4. 几种特殊情况下，计算建筑面积的规定

（1）同一楼层外墙，既有主墙，又有玻璃幕墙的，以主墙为准计算建筑面积，墙厚按主墙体厚度计算。各楼层墙体厚度不同时，分层分别计算。金属幕墙及其他材料幕墙，参照玻璃幕墙的有关规定处理。

（2）房屋屋顶为斜面结构（坡屋顶）的，层高 2.20m 以上的部位计算建筑面积。

（3）全封闭阳台、有柱挑廊、有顶盖封闭的架空通廊的外围水平投影超过其底板外沿的，以底板水平投影全部计算建筑面积。未封闭的阳台、无柱挑廊、有顶盖未封闭的架空通廊的外围水平投影超过其底板外沿的，以底板水平投影的一半计算建筑面积。

（4）与室内任意一边相通，具备房屋的一般条件，并能正常利用的伸缩缝、沉降缝应计算建筑面积。

（5）对倾斜、弧状等非垂直墙体的房屋，层高（高度）2.20m 以上的部位计算建筑面积。房屋墙体向外倾斜，超出底板外沿的，以底板外沿投影计算建筑面积。

（6）楼梯已计算建筑面积的，其下方空间不论是否利用均不再计算建筑面积。

（7）临街楼房、挑廊下的底层作为公共道路街巷通行的，不论其是否有柱，是否有维护结构，均不计算建筑面积。

（8）与室内不相通的类似于阳台、挑廊、檐廊的建筑，不计算建筑面积。

（9）室外楼梯的建筑面积，按其在各楼层水平投影面积之和计算。

15.2.6　套内面积计算

成套房屋的建筑面积由套内建筑面积及共有建筑面积的分摊组成，包括房屋的使用面积、套内墙体面积和套内阳台建筑面积三部分。

（1）套内房屋的使用面积。套内房屋的使用面积为套内使用空间的水平投影面积，按以下规定计算：

1）套内房屋使用面积为套内卧室、起居室、过厅、过道、厨房、卫生间、厕所、储藏室、壁柜等空间面积的总和。

2）套内楼梯按自然层数的面积总和计入套内房屋使用面积。

3）不包括在结构面积内的套内烟囱、通风道、管道井，均计入套内房屋使用面积。

4）内墙面装饰厚度计入套内房屋使用面积。

（2）套内墙体面积。套内墙体面积是套内使用空间周围的围护或承重墙体或其他承重支撑体所占的面积，其中各套之间的分隔墙和套与公共建筑空间的分隔墙以及外墙（包括山墙）等共有墙，均按水平投影面积的一半计入套内墙体面积。套内自有墙体按水平投影面积全部计入套内墙体面积。

（3）套内阳台面积。套内阳台建筑面积按阳台外围与房屋外墙之间的水平投影面积计算。其中封闭的阳台按其外围水平投影面积全部计算建筑面积，未封闭的阳台按水平投影的一半计算建筑面积。

15.3 房屋建筑面积分摊

共有共用建筑面积是指各产权人共同占有或使用的建筑面积，分为应分摊的共有建筑面积和不应分摊的共有建筑面积。

1. 共有建筑面积的分类

共有建筑面积按是否应当分摊，分为不应分摊的共有建筑面积和应分摊的共有建筑面积。

（1）不应分摊的共有建筑面积包括：独立使用的地下室、半地下室、车棚、车库；作为人防工程的建筑面积；用作公共休憩用的亭、走廊、塔、绿化等建筑物；为多幢服务的警卫室、设备用房、管理用房；用作公共事业的市政建设的建筑物。

（2）应分摊的共有建筑面积包括：作为公共使用的电梯井、管道井、垃圾道、密电室设备间、公共门厅、过道、地下室、值班警卫用房等以及为整栋服务的公共用房和管理用房的建筑面积；单元与共有建筑之间的墙体水平投影面积的一半，以及外墙（包括山墙）水平投影面积的一半。

根据房屋共有建筑面积的不同使用功能，应分摊的共有建筑面积可分为以下 3 大类：

1) 全幢共有建筑面积：指为整幢服务的共有建筑面积。如为整幢服务的配电房、水泵房等。

2) 功能区共有建筑面积：指专为某一功能区（如住宅、写字楼、商场、管理用房等）服务的共有建筑面积。如为某一建筑功能服务的专用电梯、楼梯间、大堂等。

3) 层共有建筑面积：指为本层服务的共有建筑面积。如本层共有走道、层的卫生间等。

2. 共有共用面积的处理原则

（1）产权双方有合法的权属分割文件或协议的，按其文件或协议规定计算分摊。

（2）无权属分割文件或协议的，根据房屋共有建筑面积的不同使用功能，按相关建筑面积比例进行计算分摊。

（3）参加分摊后产权各方建筑面积之和应等于相应的栋、区域、层的权属建筑面积。对于一般的住宅楼共有面积的分摊，首先要计算出房屋的总建筑面积和房屋的套内建筑总面积，进而求出共有共用面积，计算出面积分摊系数后再根据各户的套内建筑面积按比例算出各户应分摊的面积。而比较特殊的住宅楼及多功能的综合楼，还可能涉及二级分摊和多级分摊，这种情况应按照"谁受益，谁分摊"的原则，逐级进行分摊。

3. 共有共用面积的分摊的计算公式

按相关建筑面积比例进行分摊，计算各单元应分摊的面积，公式为

$$\delta S_i = K S_i \qquad (15 - 5)$$

式中　δS_i——各户应分摊的共有公用面积；

　　　K——分摊系数；

　　　S_i——参加分摊的各户套内建筑面积。

式（15-5）中 K 的计算方法为

$$K = \sum \delta S_i / \sum S_i \qquad (15-6)$$

4. 共有共用面积分摊的计算方法

共有建筑面积可以分为局部（某一功能区）共用、某一层共用、幢（院）共用和其他共有建筑面积四类。按照共用建筑面积谁受益、谁分摊的原则，在处理原则的总体要求下采用一级分摊或多级分摊的方法按面积比例进行分摊。按照式（15-5）和式（15-6），对于不同功能区的分摊面积和分摊系数可按下列方法进行计算。

（1）住宅部分各套房屋的分摊面积。

套分摊面积＝套内建筑面积×套分摊系数 K

分摊系数 K＝（幢共有分摊面积＋住宅部分共有建筑面积）/住宅部分各套建筑面积之和

（2）商业部分各权属单元的分摊面积。

权属单元的分摊面积＝权属单元套内面积×权属单元分摊系数

权属单元的分摊系数＝（层分摊面积＋层内共有面积）/层内各权属单元套内建筑面积之和

层分摊面积＝层套内建筑面积×层分摊系数

层分摊系数＝（幢共有分摊面积＋商业部分共有建筑面积）/（商业部分各层套内建筑面积＋商业部分各层内共有建筑面积）

（3）多功能综合楼：多功能综合楼共有建筑面积按各自的功能，参照商住楼的分摊方法进行共有积分摊。

习 题 与 思 考 题

1. 房产面积测算的要求有哪些？
2. 计算建筑面积的条件有哪些？
3. 房产面积测算的方法有哪些？
4. 简述共有使用权宗地面积计算中，分摊土地面积的方法和原则。
5. 房产面积计算中计算一半建筑面积的范围主要有哪些？不计算面积的有哪些？
6. 简述共有共用建筑面积的含义和分类。
7. 共有共用建筑面积中应分摊的共有建筑面积主要包括哪些？
8. 共有共用建筑面积中不应分摊的共有建筑面积主要包括哪些？

第16章 房地产变更测量

16.1 概述

房产变更测量是指房屋发生买卖、交换、继承、新建、拆除等涉及权属界线调整和面积增减变化而进行的更新测量。房产变更包括现状变更和权属变更。现状变更要为权属变更服务，权属变更又直接影响现状变更。权属变更测量具体反映在产权证附图与登记档案上，属于产权登记证明测量，其所提供的产权证附图具有法律效力，它属于官方测量，是一种政府行为的测量，必须要做到变更有据。现状变更测量具体反映在分幅图和分丘图上，属于修补测量分幅图。房产权属变更测量应做到变更有合法依据，对原已登记发证确认的房屋及其用地权属界线范围和面积，以及权证的附图是不能任意更改和重绘的，这是一项基本要求。变更测量后须对房产资料进行补充和修正，为房产日常的转移和变更登记提供可靠的图籍和面积等数据。

房产变更测量应根据房产现状变更或权属变更资料，先进行房产变更调查，而后进行变更后的权属界线测定和面积量算，并及时调整丘号、界址点号、幢号和户号等，进而办理房产产权转移变更登记，换发产权证件，对原有的产籍资料进行更新，以保持其现势性。

变更测量前应收集城建、城市规划等部门的变更资料和房产权属变更资料，确定修测范围，然后根据原图上平面控制点的分布情况，选择变更测量方法。

变更测量应在房产分幅原图或二底图上进行，根据原有的邻近平面控制点、埋石界址点上设站用解析法实测坐标进行。现状变更范围较小的，可根据图根点、界址点固定地物点等用卷尺丈量关系距离进行修测；现状变更范围较大的，应先补测图根控制点，然后进行房产图的修测。

新扩大的建成区，应先进行与面积相适应的平面控制测量、图根控制测量，然后进行房产图的测绘。

房产的合并或分割，应根据变更登记文件，由当事人与关系人到场指界，经复核丈量后修改房产图及有关文件。复核丈量应以图根控制点、界址点或固定地物点为依据，采用解析法或图解法修测。

丘号、界址点号、幢号应根据房产变更测量的结果进行必要的调整。例如，用地单元中某幢房屋被拆除，则未拆除者仍用原幢号；新建房屋的幢号，按丘内最大幢号续编。

为了保持房产图与实际情况一致，应收集当地城建、规划和房产开发等部门当年的房地产现状变更资料，定期或不定期地进行变更测量。

16.1.1 房产变更测量的内容

1. 房屋现状变更测量的内容

（1）房屋的新建、改建或扩建未经房产初始登记的房屋，房屋实地位置、房屋的结构、层数、平面图形发生变化的。

（2）房屋的损坏与灭失，包括全部拆除或部分拆除、自然倒塌或烧毁的未经注销或变更的房屋。

（3）围墙、栅栏、篱笆、铁丝网等房屋围护物，以及房屋附属设施的变化。

（4）市政道路、广场、河流的拓宽或改建，以及河流、水塘、沟渠等边界的变化。

（5）房屋坐落（地名、门牌号）的更改或增设。

（6）房屋及其用地分类的变化。

（7）行政境界的变化（如市辖区界的调整，涉及房地产编号的更正）。

2. 房产产权权属变更测量的内容

（1）产权初始登记后发生房屋买卖、交换、继承、分割、赠与、兼并、入股等房产交易活动引起的所有权和使用权的转移或变更。

（2）房屋用地界线、界址的变化，包括房屋因合并、分割、自然坍塌以及裁弯取直引发房屋占地范围的调整。

（3）征用划拨土地、出让或转让土地使用权而引起权利范围的变化。

（4）法院等司法部门裁决的房产转移和变更，以及房产管理部门按政策处理的接、代管和发还的房屋。

（5）房屋他项权利（抵押、典当、地上权、地役权）设定权利范围变更或注销。

（6）房产权利人自行申请更正（主要是权属面积和权属范围的补正），发证单位因申请人隐瞒事实、伪造有关证件等引发错证的补充和更正。

16.1.2　房产变更测量的方法

1. 变更测量方法的选择

（1）变更测量应根据现有变更资料，确定变更范围，按平面控制点的分布情况，选择测量方法。

（2）房地产的合并和分割，应根据变更登记文件，在当事人或关系人到现场指界下，实施测量变更后的房地产界址和面积。

（3）修测以后，应对现有房产、地籍资料进行修正与处理。

2. 变更测量的程序

根据房地产变更的有关资料，先进行房地产变更调查，再进行新权属界线位置和面积的测定，调整好有关的房地产号，最后进行房地产内部资料的处理。

房产变更测量一般按以下程序实施：

（1）变更信息采集。

（2）信息分类。

（3）变更要素调整。

（4）变更要素测定。

（5）房地产编号调整。

（6）房产资料处理。

上述（1）（2）是变更测量前的准备工作，（3）（4）是变更测量的外业工作，（5）（6）是变更测量的内业工作。

3. 变更测量前的准备工作

房产测量前的准备工作主要包括通过各种渠道进行变更资料的收集和对将要变更的资料

进行初步分析、整理、归类、列表，以及调阅房产登记资料和房产图件资料，备现场调查之用。如：城建规划部门、市政公用部门、房地产开发企业、交易市场、政府房地产管理部门、拆迁管理单位等。

16.1.3 房产变更测量的精度

变更测量精度包括房产图图上精度和解析精度。图上精度指的是分幅图图上精度，解析精度指的是新增界址点的点位精度以及面积计算精度。

1. 图上精度

国家标准《房产测量规范》对房产分幅平面图的精度已做了规定：模拟方法测绘的房产分幅平面图上的地物点，相对于邻近控制点的点位中误差不超过图上±0.5mm。现状变更测量后，修补测的分幅图与变更前的分幅图图上精度要求达到一致。

2. 解析精度

国家标准《房产测量规定》对全野外数据采集或野外解析测量等方法所测的房产要素点和地物点，相对于邻近控制点点位中误差不超过±0.05m。

权属变更测量后，新测定的变更要素点的点位中误差不得大于±0.05m。新测定的界址点精度应保证相应等级界址点的同等精度。房产变更测量后，房产面积的计算精度应完全符合相应等级房产面积的精度要求。

用地变更测量后，用地面积如按界址点坐标计算面积，其面积限差不超过下式计算结果：

$$S = 2m_j \times \sqrt{\frac{1}{8} \times \sum_{i=1}^{n} D_{i-1,i+1}^2} \qquad (16-1)$$

式中　S——面积限差（m²）；

　　　m_j——相应等级界址点规定的点位中误差（m）；

　　$D_{i-1,i+1}$——界址点连线所组成的多边形中对角线长度（m）。

16.1.4 变更测量的业务要求

房产变更测量服务于房产产权管理，因此《房产测量规范》提出了在进行变更测量工作的同时，应执行有关的房地产政策和行政法规。

1. 基本要求

房产权属变更测量应做到变更有合法依据，如变更登记申请书、产权证明文件，变更处理案件等，对已登记发证确认的房屋及其用地权利界线和产权面积，权证附图是不能任意更改和重绘的。

2. 房屋合并或分割

合并应以登记确权为前提，将位置毗连，权类、权利人相同的房屋划归到同一权属界线内；分割的前提是已进行过初始登记，法令无禁止才可进行，且分割处有明显界标物，这是变更测量的前提。

3. 房屋所有权转移

房屋所有权发生转移，其房屋占地范围也要随之转移。

4. 他项权利

在所有权上设立的他项权利必须是首先进行过房产登记的房屋。他项权利范围变更，应根据抵押、典当合同、注销原则范围，划定新权利范围。

16.2 房产变更调查与变更测量

房产变更调查是指在产权初始登记后发生房屋买卖、交换、继承、赠与、兼并、入股等房产交易活动引起的所有权和使用权的转移或变更；房屋用地界线、界址的变化，包括房屋因合并、分割、自然坍塌以及裁弯取直引发房屋占地范围的调整等情况而进行的调查工作。在房产变更调查的基础上进行房产变更测量，变更测量应根据现有变更资料，确定变更范围，根据变更范围的大小和房产图上平面控制点的分布情况，选择不同的变更要素测定方法。

16.2.1 房产变更调查

1. 变更要素调查的内容

根据变更类别，分项进行现状变更调查、权属变更调查和界址变更调查。

（1）现状变更调查。是对房屋及其用地的自然状况变化进行的调查。包括地名、门牌号、建筑结构、层数、建成年份、用途，用地分类状况等。在现状变更调查中，要利用调查表，对照房产图，进行调查与核实。

（2）权属变更调查。是对房屋及其用地的权利状况的调查。包括权利种类、权利人、他项权利人、权利范围、四至界标、墙体归属、权源等的调查与核实。权属变更调查应为产权审核提供调查材料，包括变更后新的权利界址范围和面积。在进行权属调查过程中，应利用申请表或调查表，进行调查与核实。

（3）界址变更调查。是对权属界线的认定、确定和标定。分为认定界址、确定界址和标定界址三个阶段。

1）确定界址。不论任何方式的指界，必须得到相邻产权人的认可并签章或具结，有时还需设立四至界标，或对"四面墙界表"进行签认。

2）标定界址。应坚持房屋所有权与房屋占地范围内的土地使用权权利主体一致的原则。

3）标定界址。应严格执行国家标准《房产测量规范》中的规定，并将界址变更情况标示在房产图上，区别毗连界址的位置。

2. 变更要素调查的程序

（1）工作准备。收集原有大比例尺地形图、房产图，或用地单位测制、标绘的用地界线图作为变更调查的底图。

（2）实地指界。由房地产测量人员会同变更前后边界双方指界人到实地指认权属界线。

（3）标界。对有明显地物标志的权属界，应在实地指明界址线的位置；对无明显地物标志的权属界，应视需要在界址点位置埋设标桩。

（4）签订协议。双方无争议时，应按统一规格填写权属界线协议书，并由双方签字盖章。

（5）标图。将界址调查结果全部标绘在调查底图上。

（6）填写变更权属调查表。权属调查结束后应提交的成果有权属变更调查底图、权属协议书和房屋调查表。

16.2.2 房产变更测量

1. 现状变更测量

（1）现状变更范围较小时，可根据图上原有房屋或设置的测线，采用钢卷尺定点测量法

（限于模拟图）修测，具体应用支距法、距离交会法、延长线法、方向线法等进行。

（2）现状变更范围较大时，应先进行平面控制测量，补测图根控制点，然后进行房产图的测绘。

（3）采用解析法测量或全野外数字采集系统时，应在实地布设好足够的平面控制点，设站逐点进行现场的数据采集。

2. 权属变更测量

根据不同情况和实际条件，采用图解法或解析法进行测量。不论采用何种方法进行权属变更测量，都必须依据变更登记申请书标示的房产及用地位置草图、权利证明文件，约定日期，通知申请人到现场指界，实施分户测绘。

（1）变更测量的基准。变更测量以变更范围内平面控制点和房产界址点作为测量的基准点，所有已修测过的地物点不得作为变更测量的依据。变更范围内和临近的符合精度要求的房角点，也可作为修测的依据。

（2）变更测量基准点的精度要求。现有的平面控制点、界址点、房角点都可以作为变更测量的基准点。利用前，应检查其点位的可靠性。同站检测之差（较差）不超过图上±0.2mm。即对于1：500比例图，相当于10cm；异站或自由设站检测之差（较差）不超过图上±0.4mm，即相当于20cm。当用测定点之间的距离与由坐标反算的距离进行检核时，其距离较差应不超过2倍相应等级平面控制点点位中误差。

（3）权属变更测量的方法。权属变更测量分图解法和解析法两大类。

采用图解法进行权属变更测量，常用于房屋分割，应将分界的实量数据注记于草图上，按实量数据计算面积后，再定出分界点在图上的位置。它也适用于多产权商品房屋分户分割。

采用解析法进行权属变更测量，常用于房屋用地分割或合并。用地分割，须将新增界址点的坐标数据、点号注记于草图上，按坐标展出分割点的图上位置。用地合并，取消毗连界址点，用界址坐标计算分丘面积。

（4）权属变更测量的程序。

1）资料准备。调用已登记在册的房产资料，包括房屋及用地调查表、登记申请书、房产图、界址点坐标成果等。

2）根据变更登记申请书、房产位置图、权利的证明文件，确定日期，通知申请人或代理人到现场指界，设立界标，实施分户测绘。

3）勘丈时应以现有的平面控制点、界址点或房产图上的界标物（房角点）为依据。同幢房屋分割时，复丈人员应将分界实量数据注记在复文图上，并按其实量边长计算出面积后再定出分割点在图上的位置。当用解析法测量界址点时，采用极坐标法、导线法、支距法、交会法、三线法、截线法等方法。

4）修正分幅图、分丘图。

16.3 房地产变更资料处理

变更后房地产资料的处理，是房地产产权产籍管理的一项重要工作。房地产测量的主要资料由房地产平面图、房地产产权登记档案和房地产卡片三部分组成。此外，为了房地产经营管理和分类统计的需要，还编制了各种账册、报表（简称为图、档、卡、册），为了相互检索或调用方便，一般使用丘（地）号。为了保持房地产现状与房地产资料的一致，必须对房地产动态变更及时进行收集、整理，修正图、卡、册，补充或异动档案资料。除了完成上述资料的处理外，房地产变更资料的处理还包括未登记、未结案房地产资料的处理，这样的房地产资料才会有使用价值。

16.3.1 房地产编号调整

丘号、丘支号、幢号、界址点点号、房角点点号、房产权号、房屋共有权号都是房地产产籍管理常用的管理号，不能重号。变更测量后，相关的房地产编号须及时调整。其中房产权号、房屋共有权号除了整幢房屋拆除须注销其权号外，一般不予调整。

1. 丘号、丘支号

不分独立丘或组合丘，其用地合并或重划，须重新编丘号。新编的丘号要按编号区内最大丘号续编；新增的丘支号要按丘内最大丘支号续编。

2. 界址点点号、房角点点号

相邻丘的合并，四周外围界址点点号维持原编号的点号；同丘分割，新增的界址点点号按编号区内最大界址点点号续编。按需要测定的房角点，其新增的房角点点号按续编号区内最大房角点点号续编。

3. 幢号

毗连房屋合并或同幢房屋的分割（设立房屋共有权酌商品房除外），重新编幢号，新增的幢号按丘内最大的幢号续编；房屋部分拆除，原幢号保留，整幢房屋灭失，幢号注销；丘内新建房屋，按丘内最大幢号续编。

16.3.2 变更后房产资料的处理

国家标准《房产测量规范》并没有对变更测量后现有房产资料处理作出规定，这是由于它属于房产资料管理范围；另一方面，由各地房产图的成图方法、房产档案归档方法不同，不好强制规定。一般来说，房产产权产籍资料主要由房产图、房产档案和房产卡片三部分组成，还有各种账簿和表册，简称为图、档、卡、册。保持现状和资料的一致性，是房产变更测量和资料处理的主要目的。现对一般房产资料经变更测量后的处理方法介绍如下。

1. 变更后已有的登记资料处理

（1）图的处理。

1）对于现状的变更，要通过修补测，实地修正分幅图，做出现状变更记录，以便修正分丘图。

2）房屋和用地的合并或分割是权属变更，通过变更测量后的数据和权属界线认定，经审查确权后标注在分丘图上，重新调整房产编号，再相应修正分幅图，重新绘制分户图。

3）与房产有关的地形要素的变化，只需修正分幅图，作出变更测量记录。

4）对已建立数字房产图的单位，可根据现在的硬件与软件配置，根据变更后的房产数据进行图形编辑、注记、修改分幅图；分丘图则可根据需要由分幅图派生。

（2）卡的处理。

1）权属变更和现状变更时，要根据权属变更测量记录修正卡片或重新制卡和销卡。

2）图形位置和与房产有关的地形要素的变化，不必修正卡片。

3）修正卡片时，涉及房产资料统计分类面积的变动，要作出改卡记录，作为面积增减变化的原始凭证。

4）房屋产权人和使用户的改变，除更改房产卡片外，还要更改已建的人名索引卡。

5）地名、门牌号的变动，除更改房产卡片外，还要更改已建的地名索引卡。

（3）档的处理。

1）要根据权属变更案和现状变更测量记录，对已建档的资料进行异动变更和补充。

2）变更的图件和文件证明材料，以及变更测量记录按丘归档。

3）丘界线的调整，房产编号调整记录与原丘图形和面积增减变化等资料一并归人相应档卷内。

4）已建立微机管理系统的单位，对存储于磁盘或光盘内的档案资料进行异动处理。

（4）册的处理。根据房产登记、发证成果和分类管理的需要编制的簿册有登记收件簿、发证记录簿、房屋总册、房产登记簿册、档案清册、房产交易清册等。此外还有，产业管理土需要的经营公房手册、异动名账、异动单和统计报表等。

上述各种簿册也要随着房产变更作出相应的动态变更。变更依据是：对权属变更要根据相对性变更案和有关凭证；现状变更要根据变更单或异动单。

2. 未登记、未结案的资料处理

（1）未登记包括项。

1）不能如期申请登记。

2）因产权纠纷不能申请登记。

3）产权证件、证明不全不好登记。

4）房屋即将拆迁不愿登记。

5）无产房屋无人登记。

（2）未结案包括项。

1）发证前有他人对已登记房产提出异议，暂缓确认。

2）过去未办过登记，需补办登记后再确权。

3）房屋私改遗留下来的疑难问题，不好处理。

（3）未登记、未结案的资料处理。

1）未登记、未结案的房产初步调查资料，包括房产调查和登记表、房屋外框图形、权属界线示意图和面积计算表等，为了房产资料统计和今后确权的需要应进行收集、整理、列表造册和绘图。

2）未登记、未结案的房产也要进行测量，如发生房产现状变更，可以更改分幅图，作出变更记录。

3）未登记、未结案的房地产，随着时间的推移，后来补登记或须结案时，必须进行复查。发证后对未登记、未结案清册和现状图及时进行销号或注记，及时归入登记档卷内。

4）未登记、未结案的房产应分开制卡，分别进行统计、校核后也要按丘号为单位建档，按权利人为单位立卷，作为产权登记或监理部门日常处理产权和监证的重要资料。

习 题 与 思 考 题

1. 什么是房产变更测量？
2. 房产变更测量分为哪几类？它们之间的关系是什么？
3. 房产变更测量的内容包括哪些方面？
4. 房产变更测量的方法和要求是什么？
5. 房地产变更后其丘号、丘之号、界址点点号、房角点点号、幢号应如何进行调整？

第 17 章 数字地籍成图软件应用

目前，数字地籍测量中应用的数字地籍成图软件种类很多，如南方测绘仪器公司的 CASS 地形地籍成图系统、武汉瑞得公司的 RDMS 数字测图系统、北京清华山维的 EPSW 电子平板仪测图系统、北京威远图易的 SV300 数字测图系统等。这里以南方 CASS 软件为例介绍在地籍测量中的应用。

南方 CASS 软件的操作界面如图 17 - 1 所示。CASS 的操作界面主要分为三部分：顶部下拉菜单、右侧屏幕菜单和工具条，每个菜单项均以对话框或命令行提示的方式与用户交互应答，操作灵活方便。

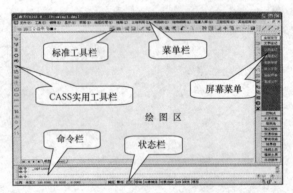

图 17 - 1 CASS 软件的操作界面

顶部下拉菜单中每一个菜单下面又分为一、二等多级菜单，为了地籍成图与管理方便专门单列了地籍和土地利用两个菜单，这些菜单几乎包括了 CASS 和 AutoCAD 的所有图形编辑命令。右侧屏幕菜单是一个测绘专用交互绘图菜单，在使用该菜单的交互编辑功能绘制地形图时，必须先确定定点方式。CASS 右侧屏幕菜单中定点方式主要包括"坐标定位"、"测点点号"、"电子平板"、"数字化仪"等。工具栏则主要包含了 AutoCAD 和 CASS 中的常用功能，用户可根据需要进行打开和关闭，方便操作，提高了作业效率。

17.1 绘制地籍图

地籍图绘制主要包括数据下载、数据处理、绘制平面图、绘制权属图和图形编辑五个步骤。

17.1.1 数据下载

数据下载主要是通过通讯❶电缆将全站仪、GPS 等测量仪器内存中的数据文件传送到计算机，以进行人机交互图形编辑。

---

❶ 通讯为"通信"的旧称，此处为与软件统一，沿用旧称。

1. 全站仪数据下载

使用与全站仪型号匹配的通讯电缆将全站仪与计算机连接起来，然后首先进行全站仪通讯参数的设置（以尼康 DTM－352C 型全站仪为例），主要进行如下操作：

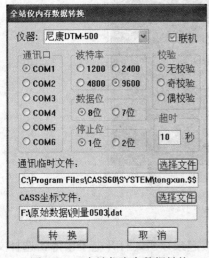

图 17-2　全站仪内存数据转换

"菜单→设置→通讯→输入参数→确定（返回到菜单界面）→通讯→下载"，然后打开南方 CASS 软件，执行下拉菜单"数据/读取全站仪数据"命令，弹出如图 17-2 所示的"全站仪内存数据转换"对话框。操作如下：

（1）在"仪器"下拉列表中选择对应的全站仪型号。

（2）设置全站仪的通讯参数（通讯口、波特率、数据位、停止位、校验位等），这里一定要与仪器上的保持一致，这样才能保证进行正常的数据通讯；选择"联机"复选框；单击"选择文件"按钮，在弹出的标准文件选择对话框中选择保存路径和输入文件名。

（3）单击"转换"按钮，CASS 弹出"请先在微机上回车，然后再全站仪上回车"的对话框，操作全站仪发送数据，然后在计算机上单击"确定"按钮，即可将发送数据保存到图 17-2 设定的 dat 文件中。将全站仪中的数据保存到文件中，并将保存的数据文件转换为 CASS 格式文件。

（4）数据传输完成后，全站仪返回到基本测量状态，关闭全站仪电源，断开连接。

2. GPS 数据下载

GPS 数据的输主要下载方法有两种：第一种是利用 TGO 软件的 Data Transfer（数据下载）专用程序进行；第二种是利用 MicrosoftActiveSync 的同步数据传输软件。

（1）利用 Data Transfer 软件下载数据。Trimble 数据传输 Data Transfer 软件是 Trimble 所有产品共用的通讯软件，传输数据时，打开 Data Transfer 软件，操作界面如图 17-3 所示，在设备选项中选择 Trimble 硬件产品的名称，单击"连接"按钮，计算机开始与所选设备硬件连接，连接成功后添加需传输的数据文件，并通过浏览设置数据传输至计算机后存放的地址，然后点击发送即可。下载完成后需通过 TGO 软件的导入功能，导入格式为 dc 的数据文件，然后利用鼠标选择想要下载的点位基线，使其变为红色，如图 17-4 所示，然后利用 TGO 的导出功能，自定义的办法下载成为 CASS 软件能够识别的 dat 格式文件。

（2）利用 Microsoft Active Sync 软件下载数据。这种方法首先应使用微软的 ActiveSync 同步

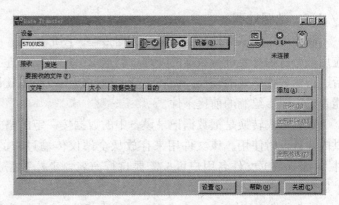

图 17-3　Data Transfer 操作界面

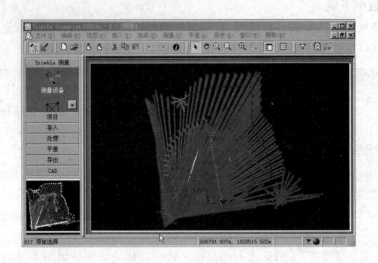

图 17 - 4   导入的点位基线

软件建立桌面连接，下载数据时将电子手簿与计算机连接起来以后，打开电子手簿，选择文件菜单下的导入导出命令如图 17 - 5 所示，并输入导出的文件格式和数据文件名如图 17 - 6 所示，点击发送，发送完成以后，将该 CSV 格式的文件从电子手簿复制到计算机中，并将其改为 .dat 后缀的格式文件即可。

图 17 - 5   电子手簿数据传输界面

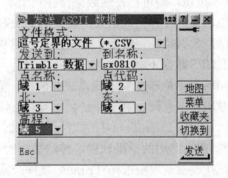

图 17 - 6   数据文件名与格式设置

17.1.2   数据处理

测绘地籍图从野外数据采集到数据传输、图形生成、图形编辑与整饰、图形信息管理与应用整个过程都要进行数据的处理，但这里讲的数据处理主要是指在数据传输到计算机上以后进行的数据格式的转换，即将下载的数据转换成绘图软件能够识别的数据格式，它是确定能否进行图形绘制的前提条件。

数据格式转换是把数据记录设备中的数据按一定的格式传输到计算机中，形成一个文件供内业处理时使用。该文件用来存放从全站仪传输过来的坐标数据，也称为"坐标数据文件"，坐标数据文件名用户可按需要自行命名，坐标数据文件是 CASS 最基础的数据文件，扩展名是"dat"。该文件数据格式为：

1点点名，1点编码，1点 Y（东）坐标，1点 X（北）坐标，1点高程……

N 点点名，N 点编码，N 点 Y（东）坐标，N 点 X（北）坐标，N 点高程

该数据文件可以通过记事本的格式打开查看。其中文件中每一行表示一个点，点名、编码和坐标之间用逗号隔开，当编码为空时其后的逗号也不能省略，逗号不能在全角方式下输入，否则在读取数据文件时系统提示数据文件格式不对。

在使用 CASS 软件下载数据时，可以通过相关参数的设置直接转换为 CASS 能够识别的文件格式，数据格式不正确时需将数据文件转换为 CASS 格式的坐标文件格式，执行"数据/读全站仪数据"命令，在弹出的"全站仪内存数据转换"对话框中，不勾选"联机"复选框。在"全站仪内存文件"文本框中输入需要转换的数据文件名和路径，在"CASS 坐标文件"文本框中输入转换后保存的数据文件名和路径（CASS 自动为其加上扩展名 dat）。上述两个数据文件名和路径都可以单击"选择文件"按钮，在弹出的标准文件选择对话框中输入。单击"转换"按钮完成数据文件格式的转换。

17.1.3　绘制平面图

数字地籍图和地形图中平面图的绘制方法完全相同，南方 CASS 软件中主要提供有屏幕坐标定位、点号定位、引导文件和简码识别四种方法。这里不再过多赘述。

17.1.4　绘制权属图

生成平面图之后，可以用手工绘制权属线的方法绘制权属地籍图，也可通过权属信息文件来自动绘制。但一般不论采用哪种方法都要首先进行地籍有关参数的设置，选择"地籍"菜单下"地籍参数设置"命令，弹出如图 17-7 所示对话框，用户可根据实际情况和自己需要进行设置。

1. 手工绘制

执行"地籍"菜单下"绘制权属线"命令，并选择不注记，可以手工绘出权属线，这种方法最简单、最直观，权属线出来后系统立即弹出对话框，要求输入属性，点"确定"按钮后系统将宗地号、权利人、地类编号等信息加到权属线里，如图 17-8 所示。

2. 依权属文件绘制

采用此种方法绘制权属图的关键就是生成权属信息数据文件，权属信息数据文件扩展名是".qs"。该文件内容包括宗地号、宗地名、土地类别、界址点及其坐标等，可用来绘制权属图和出各种地籍报表。该文件的数据格式如图 17-9 所示。其中宗地按照"街道号（地籍区号）+街坊号（地籍子区）+宗地号（地块号）"进行编号，街道号和街坊号位数可在"地籍/参数设置"菜单内设置，每一宗地以界址点 X 坐标的下一行的字母 E 为宗地结束标志，每块宗地结束行的字母 E 后面是可选项，表示宗地面积，用逗号隔开，文件最后一行的字母 E 为文件结束标志。

权属信息数据文件生成有以下几种方法：

（1）权属合并。权属合并需要用到两个文件：权属引导文件和界址点数据文件。

权属引导文件的格式如下：

宗地号，权利人，土地类别，界址点号，……，界址点号，E（一宗地结束）

宗地号，权利人，土地类别，界址点号，……，界址点号，E（一宗地结束）

E（文件结束）

说明：

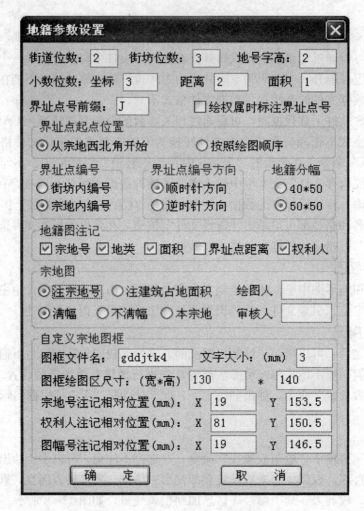

图 17 - 7　地籍参数设置对话框

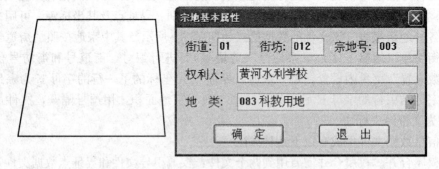

图 17 - 8　手工绘制权属线对话框

①每一宗地信息占一行，以 E 为一宗地的结束符，E 要求大写。

②编宗地号方法同权属信息文件。

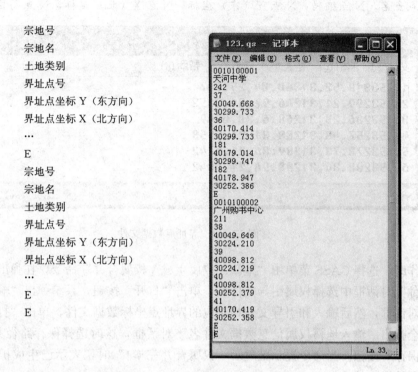

图 17 - 9　权属信息数据文件格式

③权利人按实际调查结果输入。

④土地类别按规范要求输入。

⑤权属引导文件的结束符为 E，E 要求大写。

权属引导文件示例，如图 17 - 10 所示。

图 17 - 10　权属引导文件格式

界址点数据文件和前面绘制平面图的坐标数据文件格式一致，如图 17 - 11 所示。

1 点点名，1 点编码，1 点 Y（东）坐标，1 点 X（北）坐标，1 点高程

……

N点点名，N点编码，N点Y（东）坐标，N点X（北）坐标，N点高程

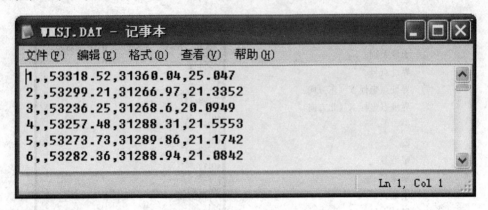

图 17-11　界址点数据文件

操作时，选择CASS菜单中"地籍＼权属生成＼权属合并"命令，在弹出的"输入权属引导文件"对话框中选择权属引导文件名，单击"打开"按钮，系统弹出"输入界址点坐标文件"对话框，然后输入和引导文件相对应的界址点坐标数据文件，单击"打开"按钮，此时系统会弹出"输入地籍权属信息数据文件名"对话框，这时选择保存路径并输入文件名，单击"保存"按钮。当命令提示区显示"权属合并完毕！"时，表示已生成扩展名为".qs"权属信息数据文件。

（2）由图形生成权属。在外业完成地籍调查和测量后，得到界址点坐标数据文件和宗地的权属信息，在内业，可以用此功能完成权属信息文件的生成工作。

先用"绘图处理"菜单下的"展野外测点点号"功能展出外业数据的点号，再选择下拉菜单"地籍＼生成权属＼由图形生成"项，命令区提示：

"请选择：（1）界址点号按序号累加（2）手工输入界址点号<1>"按要求选择，默认选1。

回车后，弹出"输入地籍权属信息数据文件名"对话框，要求输入地籍权属信息数据文件名，保存在合适的路径下，如果此文件已存在，则提示：

"文件已存在，请选择（1）追加该文件（2）覆盖该文件<1>"按实际情况选择。

"输入宗地号："如输入0010100001。

"输入权属主："输入"天河中学"。

"输入地类号："输入83。

"指定点：<回车结束>"打开系统的捕捉功能，用鼠标捕捉到第一个界址点。

"指定点：<回车结束>"用鼠标捕捉下一界址点。

……

"指定点：<回车结束>"回车或按空格键，完成该宗地的编辑。接着，命令行继续提示：

"请选择：1.继续下一宗地2.退出〈1〉；"选1则重复以上步骤继续下一宗地，选2则退出本功能。

这时，权属信息数据文件已经自动生成。以上操作中采用的坐标定位，也可用点号定位

或两种方法交叉使用。

（3）用复合线生成。这种方法在一个宗地就是一栋建筑物的情况下特别好用，不然的话就需要先手工沿着权属线画出封闭复合线，但要求复合线必须是闭合的，否则系统会提示"请选择封闭复合线"，无法完成生成权属信息文件操作。

选择菜单"地籍 \ 生成权属 \ 由复合线生成"命令，输入地籍权属信息数据文件名后，命令区提示：

"选择复合线（回车结束）："用鼠标点取封闭复合线。

"输入宗地号："如输入"0010100001"，回车。

"输入权属主："输入"天河中学"，回车。

"输入地类号："输入"83"，回车。

"该宗地已写入权属信息文件！"

"选择复合线（回车结束）："若要继续，则选择下一复合线，若要结束，则按回车键。

（4）用界址线生成权属。执行"地籍 \ 权属生成 \ 由界址线生成"命令后，弹出"输入地籍权属信息数据文件名"对话框，系统要求输入权属信息文件名，保存后，你可以用点选方式或区域方式，用鼠标在图上批量选取权属线，系统会自动读取界址线里信息并生成权属信息文件。

用以上方法生成权属文件后，执行"地籍"菜单下"依权属文件绘权属图"命令，系统弹出"输入地籍权属信息数据文件名"对话框，输入权属信息文件打开后，命令行提示：

"输入范围（宗地号. 街坊号或街道号）＜全部＞："用户可以根据需要选择生成权属图的范围，系统默认全部生成，如图 17 - 12 所示。

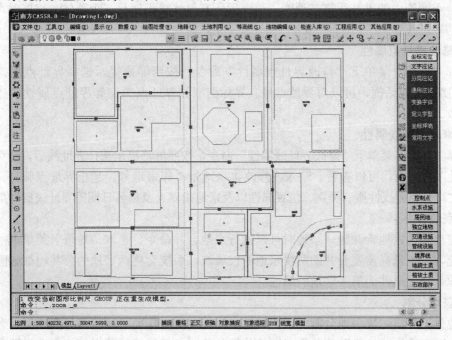

图 17 - 12　地籍权属图

17.1.5 图形编辑

1. 修改界址点点号

选择"地籍"菜单下"修改界址点号"命令，屏幕提示"选择界址点圆圈"，点取需要修改的界址点圆圈，也可按住鼠标左键，拖框批量选择。回车或右键，出现修改界址点号的对话框，对话框的左上角就是要修改点的位置，提示的是它的当前点号，将它修改成所需求的数值，回车。系统会自动在当前宗地中寻找输入的点号。如果当前宗地中已有该点号，系统将弹出对话框，提示该点已存在，要求重新输入。如果输入的点号有效，系统将其写入界址点圆圈的属性中。当选择了多个界址点时，在下一个点的位置将出现修改界址点号的对话框继续进行修改。

2. 重排界址点号

选择"地籍成图"菜单下"重排界址点号"命令，屏幕提示"(1) 手工选择按生成顺序重排 (2) 区域内按生成顺序重排 (3) 区域内按从上到下从左到右顺序重排<1>"，根据需要选取一种选择方式，然后再按照屏幕提示输入界址点号起始值，系统会将选定的点数按要求重排，同时屏幕提示排列结束，最大界址点号为XX。

3. 界址点圆圈修饰（剪切\消隐）

用此功能可一次性将全部界址点圆圈内的权属线切断或消隐。

选择"地籍"菜单下"界址点圆圈修饰\圆圈剪切"命令，屏幕在闪烁片刻后即可发现所有的界址点圆圈内的界址线都被剪切，由于执行本功能后所有权属线被打断，所以其他操作可能无法正常进行，因此建议此步操作在成图的最后一步进行，而且，执行本操作后将图形另存为其他文件名或不要存盘。一般来说，在出图前执行此功能。

选择"地籍"菜单下"界址点圆圈修饰\圆圈消隐"命令，屏幕在闪烁片刻即可发现所有的界址点圆圈内的界址线都被消隐，消隐后所有界址线仍然是一个整体，移屏时可以看到圆圈内的界址线。

4. 修改界址点属性

选择"地籍"菜单下"修改界址点属性"命令，按照屏幕提示选择界址点后，会弹出"界址点属性"对话框，可以对界址点号、界标类型和界址点类型等界址点属性信息进行添加或修改。

5. 修改界址线属性

选择"地籍"菜单下"修改界址线属性"命令，按照屏幕提示选择界址线后，会弹出"界址线属性"对话框，可以查看、输入或修改本宗地号、邻宗地号，起止界址点编号，图上边长、勘丈边长，界线性质、类别、位置属性以及宗地指界人及指界日期等界址线属性信息。

6. 宗地合并

当需要将两宗地合并为一宗地时可以执行宗地合并命令。选取"地籍"菜单下"宗地合并"功能，分别选择需要合并的两块宗地的权属线，系统会将两宗地的公共边被删除而成为一块宗地，宗地属性为第一宗地的属性。

7. 宗地分割

宗地分割是将一块宗地分割为两块宗地。执行此项工作前必须先将分割线用复合线画出来。操作时，选取"地籍"菜单下"宗地分割"功能，然后按屏幕提示依次选择要分割的宗地和分割线，系统自动将该宗地分为两块宗地，但此时两块宗地属性与原宗地相同，需要进一步修改其属性。

8. 修改宗地属性

选择"地籍"菜单下"修改宗地属性"命令，按照屏幕提示选择宗地后，会弹出"宗地属性"对话框，可以查看和修改宗地属性。

17.2　绘制宗地图

地籍图绘制完成以后，便可以此为基础制作宗地图了。绘制之前要首先确定宗地图的图幅规格，图幅规格可以根据宗地的大小来选取，CASS 系统中已经预设了常见的 32 开、16 开、A4、A3 大小的图框，用户可以根据需要选择，同时也可以自定义图框。宗地图的绘制有绘制单块宗地和批量处理两种方法。

17.2.1　单块宗地

该方法可用鼠标划出切割范围。首先打开已绘制好的地籍图，选择"绘图"菜单下"绘制宗地图框 \ A4 竖 \ 单块宗地"命令，屏幕提示如下：

用鼠标器指定宗地图范围——第一角：用鼠标指定要处理宗地的左下方。

另一角：用鼠标指定要处理宗地的右上方。

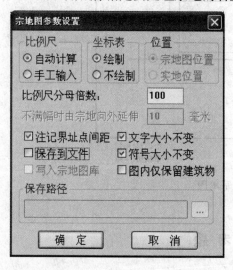

图 17 - 13　宗地图参数设置

指定宗地图范围后弹出如图 17 - 13 所示对话框，根据需要选择宗地图的各种参数后单击"确定"，屏幕提示"用鼠标器指定宗地图框的定位点"，然后在屏幕上任意指定一点，宗地图会在指定位置自动生成，如图 17 - 14 所示。

17.2.2　批量处理

该方法可批量绘出多宗宗地图。打开已绘制好的地籍图，选择"绘图"菜单下"绘制宗地图框 \ A4 竖 \ 批量处理"命令，弹出"宗地图参数设置"对话框，如图 17 - 14 所示，根据需要选择宗地图的各种参数后单击"确定"，屏幕提示"选择对象"，然后在屏幕上通过拖动鼠标选择，确定后制定图框的定位点，系统会将所拉选的矩形框内的宗地在指定位置自动生成。如果要将宗地图保存到文件，则在宗地图参数设置中选中"保存到文件"复选框，并设置保存路径，则会生成若干个以宗地号命名的宗地图形文件，而且可以选择按实地坐标保存。

17.3　界址点成果及面积统计汇总

执行"地籍"菜单下的"绘制地籍表格"下拉菜单相应命令，可自动统计生成各种数据表格，主要有界址点成果表、界址点坐标表、以街坊为单位界址点坐标表、以街道为单位宗地面积汇总表、城镇土地分类面积统计表等地籍成果表。用户可根据需要轻松完成，操作简单，这里不再介绍。

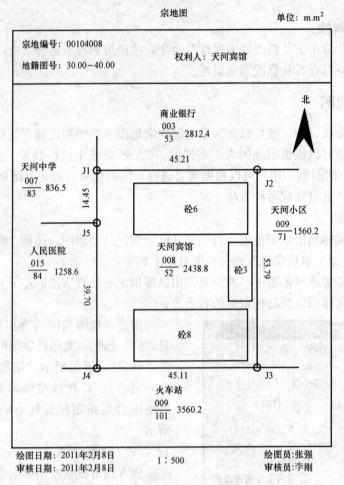

图 17-14 单块宗地图

习 题 与 思 考 题

1. 简述南方 CASS 地籍成图软件的主要特点。

2. 全站仪数据下载需要进行哪些参数的设置?

3. 南方 CASS 数据文件的格式是什么?

4. 简述利用 CASS 软件绘制地籍图的步骤。

5. 什么是权属信息文件?生成权属信息文件的方法有哪些?

6. 如何进行权属信息文件的合并?

7. 如何进行宗地的分割与合并?

8. 如何修改宗地和界址点属性?

9. 如何重排和修改界址点号?

10. 如何生成宗地图和界址点坐标成果?

第18章 实 训 与 案 例

为了帮助大家更好地学习本教材内容，特别安排了与教学内容相配套的实训安排以及教学案例，希望大家通过对本章内容学习，熟悉掌握本课程的主要知识点，并且能够灵活、综合地应用这些知识点。

本章共安排了三部分内容：随堂实训、综合实训、案例。

18.1 随堂实训

此内容是针对本课程的主要知识点分别进行训练，同学们应牢固掌握各个知识点，具备对应的操作能力，为完成综合实训打下基础。

各实训项目的实训地点建议选择本学校某教学楼或教学楼集群。教学过程中，教师可组织模拟教学，让一部分学生扮演土地主管部门工作人员，另一部分学生对"土地主管部门"进行走访调查，完成实训任务。以下内容中"走访主管部门"既可是真实的土地主管部门，也可以是模拟的主管部门。学生完成各实训任务后要提交一份项目总结。

序号	实训名称	学时	人员安排	仪器配置	相 关 资 料
1	土地权属调查实训	4	3人一组	调查表若干份、钢尺一把、铅笔一支	《土地权属争议调查处理办法》
2	土地利用现状调查实训	4	4人一组	调查底图一份、铅笔一支	《土地利用现状调查技术规程》
3	土地等级调查实训	4	4人一组	调查底图一份、铅笔一支	《城镇土地分等定级规程》《农用地分等定级规程》
4	地籍平面控制测量实训	6	6人一组	全站仪一套、计算机一台	《地籍测量规范》《城镇地籍调查规程》《城市测量规范》
5	地籍要素测量实训	6	6人一组	全站仪一套、计算机一台	《地籍测量规范》《地籍图图式》《城镇地籍调查规程》《城市测量规范》
6	分幅地籍图测制实训	6	1人一组	全站仪一套、计算机一台	《地籍测量规范》《地籍图图式》《城镇地籍调查规程》《城市测量规范》
7	房产图测制实训	4	1人一组	全站仪一套、计算机一台	《房产测量规范》《城镇地籍调查规程》《城市测量规范》

序号	实训名称	学时	人员安排	仪器配置	相 关 资 料
8	宗地图测制实训	4	1人一组	全站仪一套、计算机一台	《城镇地籍调查规程》《城市测量规范》
9	地籍图应用	4	1人一组	计算机一台	《CASS软件说明书》
10	变更地籍调查与测量实训	4	6人一组	全站仪一套、计算机一台	《城镇地籍调查规程》《城市测量规范》

18.1.1 土地权属调查实训

1. 实训设计

实训名称：土地权属调查实训			学时：4	
教学目标		知识目标	技能目标	态度目标
		掌握地块、宗地与权属界址的定义 掌握土地、宗地的划分与编号 理解土地权属的含义、确认方式及方法 理解土地所有权与城镇土地使用权调查	能正确填写土地权属调查表 能进行宗地划分和土地编号 能正确标定界址点 能绘制宗地草图	使学生通过本项目的训练，具有公正、公平的意识
能力训练任务及案例		在测绘教学实训场开展土地权属调查 1. 制定调查计划 2. 走访当地行政主管部门，取得支持 3. 进行土地所有权、使用权调查，填写调查表 4. 测量界址点，填写权属界址调查表		
教学重点教学难点		教学重点：土地权属的含义、土地的划分与编号 　　　　　土地登记和土地统计的程序 教学难点：土地确权定界和处理纠纷的原则		
教学方法、手段		按照土地调查实施程序实地走访、填表		
教学组织形式		现场教学		
教学条件		土地调查现场		
实训要求		以3人为一调查小组，模拟对某一区域城镇国有土地进行土地权属调查，并进行分类汇总。通过富有针对性的实践教学和理论教学，使学生牢固掌握土地权属调查方法以及解决权属纠纷的技能		
备　　注				

2. 实训教学内容及教学时间安排表

教学主题	学时	教学内容	时间	授课要点
土地权属调查实训	4	1. 制定调查计划 2. 走访主管部门，取得支持 3. 进行土地所有权、使用权调查，填写调查表 4. 测量界址点，填写权属界址调查表	30′ 100′ 30′ 80′	通过该项目的实施，使学生能够进行土地所有权调查和城镇土地使用权调查，具有土地的划分与预编号的能力，能够地块、宗地与权属界址的定义以及土地、宗地的划分与编号方法

3. 操作要领（注意事项）

填写土地权属调查表	1. 填写各项目无空缺、无遗漏 2. 填写正确 3. 字迹清晰无涂抹
宗地划分和土地编号	1. 编号整体顺序符合要求 2. 图面编号无混乱现象 3. 每块宗地（土地）编号清晰、无误 4. 编号文本规范
标定界址点	1. 标志定位准确 2. 标志喷涂规范 3. 点位记录清晰、准确，无涂抹
绘制宗地草图	1. 图面干净整洁 2. 空间位置关系正确 3. 宗地预编号无重大问题 4. 内业人员易于辨认

4. 检查评价

（1）认真填写调查表、字迹工整，无任何技术性错误。

（2）填写调查表有 2 处及 2 处以下错误，只有少量技术性错误。

（3）填写调查表有 5 处及 5 处以下错误，有较多技术性错误。

（4）填写调查表有 5 处以上错误，或出现严重技术性错误。

5. 实训总结

通过本次实训，你有什么收获，请写在下面：

18.1.2 土地利用现状调查实训
1. 实训设计

实训名称：土地利用现状调查实训			学时：4
	知识目标	技能目标	态度目标
教学目标	理解土地利用现状调查内、外业工作　了解土地利用现状调查的概况　掌握土地利用现状调查的内容及工作程序　了解土地利用变更调查	能准确把握土地利用现状分类标准　能进行三种土地利用现状分类标准代码转换　能利用图像资料进行外业调绘　能正确填写土地利用现状调查表	使学生通过本项目的训练具有耐心、细致的工作作风
能力训练任务及案例	在测绘教学实训场开展土地利用现状调查 1. 制定调查计划 2. 走访当地行政主管部门，取得支持 3. 进行土地利用类型及数量调查，填写调查表 4. 进行土地分类汇总 5. 编制土地利用现状图		
教学重点教学难点	教学重点：土地利用现状调查的内容及程序 教学难点：土地利用现状调查的外业和内业工作		
教学方法、手段	按照土地利用现状调查的程序进行实地走访、填表		
教学组织形式	现场教学		
教学条件	土地利用现状调查现场		
实训要求	以4人为一调查小组，模拟对某一区域城镇国有土地进行土地利用类型及数量调查，并进行分类汇总。通过富有针对性的实践教学和理论教学，使学生牢固掌握土地利用现状调查的技能以及土地利用现状分类统计的方法		
备　注			

2. 实训教学内容及教学时间安排表

教学主题	学时	教学内容	时间	授课要点
土地利用现状调查实训	4	以本校教学区土地利用现状调查为例 1. 制定调查计划 2. 走访当地行政主管部门，取得支持 3. 进行土地利用类型及数量调查，填写调查表 4. 进行土地分类汇总 5. 编制土地利用现状图	30′ 60′ 20′ 50′ 80′	通过该项目的实施，使学生能够进行土地利用现状以及土地利用变更调查。具有准确把握土地利用现状分类标准、进行三种土地利用现状分类标准代码转换、利用图像资料进行外业调绘、正确填写土地利用现状调查表等能力

3. 操作要领（注意事项）

土地利用现状分类标准	1. 土地利用现状分类代码准确 2. 代码图面标记位置正确 3. 代码图面标记字体正确、美观 4. 代码图面标记字号大小正确 5. 记录文本编写正确 6. 内业人员易于辨认
土地利用现状分类 标准代码转换	1. 土地利用现状分类标准识别准确 2. 地类识别准确 3. 地类代码使用准确 4. 代码转换准确
图像资料外业调绘	1. 航片像控点定位准确 2. 航片纠正正确 3. 地物补测完整 4. 地物边界测绘准确
填写土地利用现状调查表	1. 填写各项目无空缺、无遗漏 2. 填写正确 3. 字迹清晰无涂抹

4. 检查评价

（1）认真填写调查表、字迹工整，无任何技术性错误。

（2）填写调查表有 2 处及 2 处以下错误，只有少量技术性错误。

（3）填写调查表有 5 处及 5 处以下错误，有较多技术性错误。

（4）填写调查表有 5 处以上错误，或出现严重技术性错误。

5. 实训总结

通过本次实训，你有什么收获，请写在下面：

18.1.3　土地等级调查实训

1. 实训设计

实训名称：土地等级调查实训			学时：4
教学目标	知识目标	技能目标	态度目标
	理解土地性状调查 理解土地分等定级 了解土地税收情况调查	能确定土地等级评价因子 能进行土地等级的划分	使学生通过本项目的训练，具有实事求是的工作态度
能力训练任务及案例	在测绘教学实训场开展土地分等定级 1. 制定调查计划 2. 走访当地行政主管部门，取得支持 3. 进行土地自然与社会经济属性调查，填写调查表 4. 根据调查结果确定等级评定因子 5. 按照定级办法确定土地等级		
教学重点 教学难点	教学重点：土地性状调查 教学难点：土地分等定级		
教学方法、手段	按照土地性状调查、土地分等定级程序进行		
教学组织形式	现场教学		
教学条件	土地分等定级现场		
实训要求	以4人为一调查小组，模拟对某一区域城镇国有土地进行土地等级调查，并进行分类汇总。通过富有针对性的实践教学和理论教学，使学生牢固掌握土地分等定级的技能		
备　　注			

2. 单元教学内容及教学时间安排表

教学主题	学时	教学内容	时间	授课要点
土地等级调查实训	4	以本校教学区土地分等定级为例 1. 制定调查计划 2. 走访当地行政主管部门，取得支持 3. 进行土地自然与社会经济属性调查，填写调查表 4. 根据调查结果确定等级评定因子 5. 按照定级办法确定土地等级	30' 60' 20' 50' 80'	通过该项目的实施，使学生能够熟练掌握土地性状调查的内容和程序；具有土地分等定级的能力

3. 操作要领（注意事项）

确定土地等级评价因子	1. 评价因子确定合理 2. 评价因子权值确定合理、科学 3. 评价因子种类齐全 4. 评价因子有价值
进行土地等级的划分	1. 土地等级确定符合规范要求 2. 土地等级能充分体现区域分布特点 3. 土地等级能用于等级评价

4. 检查评价

（1）评价因子种类齐全、恰当，权值确定合理、科学，可操作。

（2）评价因子主要种类齐全、较恰当，权值确定合理、科学，可操作。

（3）评价因子基本种类齐全、较恰当，权值确定合理、科学，基本可操作。

（4）评价因子基本种类不齐全，权值确定不合理、不科学，可操作性差。

5. 实训总结

通过本次实训，你有什么收获，请写在下面：

18.1.4 地籍平面控制测量实训
1. 实训设计

实训名称：地籍平面控制测量实训			学时：6
	知识目标	技能目标	态度目标
教学目标	了解地籍控制测量概述 理解地籍控制测量的原则和精度要求 掌握利用 GPS 布测城镇地籍基本控制网的方法 掌握加密地籍测量控制网的方法 理解图根导线子测量的技术指标 掌握利用全站仪布测图根导线的方法	能独立布设小区域地籍测量控制网并施测 能对测量数据进行平差计算 能利用全站仪等仪器进行图根控制测量 能对测量数据进行平差计算	使学生通过本项目的训练，具有求真务实、一丝不苟的工作精神
能力训练任务及案例	以本校教学区新小区控制测量为例 1. 选择图根点点位 2. 绘制图根点点之记 3. 进行图根导线边长、角度测量 4. 对外业数据进行预处理 5. 对测量数据进行平差计算，得到图根控制点坐标		
教学重点 教学难点	教学重点：数字地籍测量的概念、原理 　　　　　地籍控制测量的布网原则和方法 教学难点：地籍控制测量的布网原则和方法		
教学方法、手段	教师演示、学生模仿、学生练习		
教学组织形式	现场教学		
教学条件	实训场、全站仪等测绘仪器		
实训要求	6 人为一组，模拟对某一区域布设基本控制网，并进行施测；6 人为一组，在已布设控制网的基础上进行图根导线测量。通过富有针对性的实践教学和理论教学，使学生牢固掌握地籍控制测量的技能		
备　注			

2. 实训教学内容及教学时间安排表

教学主题	学时	教学内容	时间	授课要点
地籍平面控制测量实训	6	以本校教学区土地分等定级为例 1. 选择图根点点位 2. 绘制图根点点之记 3. 进行图根导线边长、角度测量 4. 对外业数据进行预处理 5. 对测量数据进行平差计算，得到图根控制点坐标	60′ 20′ 240′ 20′ 20′	通过该项目的实施，使学生能够能独立布设小区域地籍测量控制网并施测、能对测量数据进行平差计算、能够利用 GPS 布测城镇地籍基本控制网、能够加密地籍测量控制网

3. 操作要领（注意事项）

布设小区域地籍测量控制网	1. 导线点选择隐蔽 2. 相邻导线点间保持通视 3. 点之记符合规范要求 4. 控制网网形不脆弱
利用全站仪等仪器进行控制测量	1. 仪器精确对中 2. 仪器精确整平 3. 边长测量符合精度要求 4. 角度测量符合精度要求 5. 手簿记录规范 6. 全站仪操作得当
测量数据平差计算	1. 平差计算过程正确 2. 平差计算模型选择得当 3. 平差结果能用于测图工作

4. 检查评价

（1）控制测量成果精度符合规范要求，手簿记录规范，全站仪操作正确、合理。

（2）控制测量成果精度 5% 以下不符合规范要求，手簿记录规范，全站仪操作基本正确、合理。

（3）控制测量成果精度 10% 以下不符合规范要求，手簿记录规范，全站仪操作基本正确、合理。

（4）控制测量成果精度 10% 以上不符合规范要求，手簿记录规范，全站仪操作有错误。

5. 实训总结

通过本次实训，你有什么收获，请写在下面：

18.1.5　地籍要素测量实训
1. 实训设计

实训名称：地籍要素测量实训			学时：6
	知识目标	技能目标	态度目标
教学目标	掌握解析法测量界址点的方法 理解界址点的定义 理解界址点坐标的精度要求 掌握界址点测量的外业实施过程	能利用解析法测量界址点 能利用图解法测量界址点 能利用全站仪、GPS—RTK 自动获取发测量界址点	培养学生形成细致、严谨的工作习惯
能力训练任务及案例	以本校教学区新小区地籍测量为例 1. 实地勘察，确定界之巅测量方法 2. 进行界址点测量 3. 采集界址点属性 4. 在地籍测绘软件上完成界址点的展绘、连接工作		
教学重点 教学难点	教学重点：界址点的测量方法 教学难点：各种方法在地籍界址点测量中的应用		
教学方法、手段	课件演示、实物展示		
教学组织形式	教学做结合		
教学条件	多媒体教室、地籍实物		
实训要求	6 人为一组，在完成地籍要素调查的基础上对以上区域城镇土地进行各类界址点进行测量。通过富有针对性的实践教学和理论教学，使学生牢固掌握地籍要素测量的技能		
备　注			

2. 实训教学内容及教学时间安排表

教学主题	学时	教学内容	时间	授课要点
地籍要素测量实训	6	以本校教学区土地分等定级为例 1. 实地勘察，确定界之点测量方法 2. 进行界址点测量 3. 采集界址点属性 4. 在地籍测绘软件上完成界址点的展绘、连接工作	60′ 180′ 20′ 100′	通过该项目的实施，使学生能够利用解析法测量界址点、能利用图解法测量界址点、能利用全站仪、GPS-RTK 自动获取发测量界址点；能够掌握解析法测量界址点的方法、理解界址点的定义、界址点坐标的精度要求、掌握界址点测量的外业实施过程

3. 操作要领（注意事项）

解析法测量界址点	1. 角度测量精度符合要求 2. 距离测量精度符合要求 3. 解算公式使用正确、合理
图解法测量界址点	1. 图上量取数据时位数保留正确 2. 图上量取坐标较差符合要求 3. 解算公式使用正确、合理
自动获取法测量界址点	1. 仪器测量模式选择正确 2. 坐标取位正确

4. 检查评价

（1）测量成果精度符合规范要求，地物要素采集规范、齐全、取舍合理。

（2）测量成果精度 5％以下不符合规范要求，地物要素采集基本规范、齐全、取舍合理。

（3）测量成果精度 10％以下不符合规范要求，地物要素采集基本规范、齐全、取舍合理。

（4）测量成果精度 10％以上不符合规范要求，地物要素采集基本规范、齐全、取舍合理。

5. 实训总结

通过本次实训，你有什么收获，请写在下面：

18.1.6 地籍图绘制实训
1. 实训设计

实训名称：地籍图绘制实训		学时：6	
	知识目标	技能目标	态度目标
教学目标	了解分幅地籍图的有关概念及其用途 理解分幅地籍图的作用与内容 掌握分幅地籍图的测制	能熟练操作地籍成图软件	训练学生养成耐心、细致的工作作风，能够准确绘制出地籍图、房产图、宗地图，并且能够合理地运用这三种地图
能力训练任务及案例	以本校教学区分幅地籍图绘制为例 1. 学习分幅地籍图精度要求 2. 学习地物测绘的原则 3. 利用软件进行数据处理 4. 利用绘图软件进行编辑 5. 输出分幅地籍图 6. 进行成果检查		
教学重点 教学难点	教学重点：分幅地籍图的作用与内容 　　　　　分幅地籍图的绘制方法 教学难点：分幅地籍图的绘制方法		

实训名称：地籍图绘制实训		学时：6
教学方法、手段	教师演示、学生模仿练习	
教学组织形式	现场教学	
教学条件	多媒体教室、地籍实物	
实训要求	每个学生独立完成利用数字成图软件对外业采集数据进行处理、绘制数字地籍图并输出。通过富有针对性的实践教学和理论教学，使学生牢固掌握绘制地籍图的技能	
备　　注		

2. 实训教学内容及教学时间安排表

教学主题	学时	教学内容	时间	授课要点
分幅地籍图测制实训	6	以本校教学区土地分等定级为例。 1. 确定地籍图精度要求 2. 利用软件进行数据处理 3. 利用绘图软件进行编辑 4. 输出地籍图 5. 进行成果检查	20′ 20′ 240′ 20′ 60′	本项目是地籍测量成果生产的重要环节，是地籍测绘工作应用于生产实际的必要条件。同时，地籍图及其他专题地图也是土地管理、房产管理的重要工具。通过本项目的训练，使学生能够利用成图软件绘制数字地籍图、房产图、宗地图；能够掌握地籍图的有关概念及其用途；能够掌握地籍图、房产图、宗地图的测制

3. 操作要领（注意事项）

绘制数字地籍图	1. 绘图软件操作得当 2. 点位展绘准确 3. 点位捕捉准确 4. 面域边界闭合 5. 地物属性赋值准确 6. 地物绘制整洁 7. 地籍要素反映全面、完整 8. 图面整饰美观

4. 检查评价

（1）绘图软件操作得当，边界处理正确，要素反映齐全，图面美观。

（2）绘图软件操作基本正确，边界处理正确，要素反映基本齐全，图面美观。

（3）绘图软件操作基本正确，5％以下图形不封闭，要素反映基本齐全。

（4）绘图软件操作基本正确，5％以下图形不封闭，要素反映不齐全。

5. 实训总结

通过本次实训，你有什么收获，请写在下面：

18.1.7　房产图测制实训

1. 实训设计

实训名称：房产图测制实训		学时：4	
	知识目标	技能目标	态度目标
教学目标	掌握房产图的概念、内容 理解房产图的作用 掌握分幅、分宗、分户房产图的测制	能利用成图软件绘制房产图	训练学生形成耐心、细致的工作作风，能够准确绘制出房产图，并且能够合理地运用房产图
能力训练任务及案例	以本校教学区房产图绘制为例，在数字地籍图的基础上提取房产要素，利用专业软件制作房产图		
教学重点 教学难点	教学重点：房产图的概念、作用与内容 　　　　　房产图的绘制方法 教学难点：房产图的绘制方法		
教学方法、手段	课件演示、实物展示、教师演示、学生模仿练习		
教学组织形式	现场教学		
教学条件	地籍测量实训室、地籍实物		
实训要求	每个学生独立完成在数字地籍图的基础上提取房产要素，利用专业软件制作房产图。通过富有针对性的实践教学和理论教学，使学生牢固掌握绘制房产图的技能		
备　注			

2. 实训教学内容及教学时间安排表

教学主题	学时	教学内容	时间	授课要点
房产图测制实训	4	以本校教学区土地分等定级为例 1. 确定房产图精度要求 2. 确定房屋测绘的原则 3. 利用软件进行数据处理 4. 利用绘图软件进行编辑 5. 输出房产图 6. 进行成果检查	20′ 20′ 50′ 120′ 10′ 20′	本项目是地籍测量成果生产的重要环节，是地籍测绘工作应用于生产实际的必要条件。同时，地籍图及其他专题地图也是土地管理、房产管理的重要工具。通过本项目的训练，使学生能够利用成图软件绘制数字地籍图、房产图、宗地图；能够掌握地籍图的有关概念及其用途；能够掌握地籍图、房产图、宗地图的测制

3. 操作要领（注意事项）

绘制房产图	1. 绘图软件操作得当
	2. 点位展绘准确
	3. 点位捕捉准确
	4. 权属边界闭合
	5. 建筑物属性赋值准确
	6. 建筑物绘制整洁
	7. 房产要素反映全面、完整
	8. 图面整饰美观

4. 检查评价

（1）绘图软件操作得当，边界处理正确，要素反映齐全，图面美观。

（2）绘图软件操作基本正确，边界处理正确，要素反映基本齐全，图面美观。

（3）绘图软件操作基本正确，5％以下图形不封闭，要素反映基本齐全。

（4）绘图软件操作基本正确，5％以下图形不封闭，要素反映不齐全。

5. 实训总结

通过本次实训，你有什么收获，请写在下面：

18.1.8 宗地图测制实训
1. 实训设计

实训名称：宗地图测制实训		学时：4	
教学目标	**知识目标** 掌握宗地图的概念、内容及特性 理解宗地图的作用 掌握宗地图、宗地草图的测制	**技能目标** 能熟练操作地籍成图软件；并生成相应宗地图	**态度目标** 训练学生形成耐心、细致的工作作风，能够准确绘制出房产图，并且能够合理地运用房产图
能力训练任务及案例	以本校教学区宗地图绘制为例，在数字地籍图的基础上利用专业软件生成宗地图		
教学重点 教学难点	教学重点：宗地图的概念、作用与内容 　　　　　宗地图的绘制方法 教学难点：宗地图的绘制方法		
教学方法、手段	课件演示、实物展示、教师演示、学生练习		
教学组织形式	现场教学		
教学条件	地籍测量实训室、地籍实物		
实训要求	每个学生独立完成在数字地籍图的基础上提取宗地要素，利用专业软件制作宗地图。通过富有针对性的实践教学和理论教学，使学生牢固掌握绘制宗地图的技能		
备　注			

2. 实训教学内容及教学时间安排表

教学主题	学时	教学内容	时间	授课要点
宗地图测制实训	4	以本校教学区土地分等定级为例 1. 确定宗地图精度要求 2. 确定宗地测绘的原则 3. 利用软件进行数据处理 4. 利用绘图软件进行编辑 5. 输出宗地图 6. 进行成果检查	10′ 10′ 50′ 120′ 10′ 40′	本项目是地籍测量成果生产的重要环节，是地籍测绘工作应用于生产实际的必要条件。同时，地籍图及其他专题地图也是土地管理、房产管理的重要工具。通过本项目的训练，使学生能够利用成图软件绘制数字地籍图、房产图、宗地图；能够掌握地籍图的有关概念及其用途；能够掌握地籍图、房产图、宗地图的测制

3. 操作要领（注意事项）

绘制宗地图	1. 绘图软件操作得当 2. 点位展绘准确 3. 点位捕捉准确 4. 宗地边界闭合 5. 宗地属性赋值准确 6. 地物绘制整洁 7. 宗地要素反映全面、完整 8. 图面整饰美观

4. 检查评价

（1）绘图软件操作得当，边界处理正确，要素反映齐全，图面美观。
（2）绘图软件操作基本正确，边界处理正确，要素反映基本齐全，图面美观。
（3）绘图软件操作基本正确，5%以下图形不封闭，要素反映基本齐全。
（4）绘图软件操作基本正确，5%以下图形不封闭，要素反映不齐全。

5. 实训总结

通过本次实训，你有什么收获，请写在下面：

18.1.9 地籍图应用

1. 实训计划

实训名称：地籍图应用		学时：4	
	知识目标	技能目标	态度目标
教学目标	掌握利用数字求积仪量算面积　理解解析法面积量算　理解土地面积量算的原则与精度要求　掌握土地面积量算程序与统计　掌握数字成图软件量算面积的基本操作	能利用数字求积仪量算面积　能利用成图软件量算面积　能对土地面积量算成果进行平差处理	使学生具备吃苦耐劳、严谨周到的品格
能力训练任务及案例	以本校教学区土地面积量算为例，在绘好的地籍图上利用各种方法量算宗地面积并进行地类统计，重点练习地籍软件中的面积量算操作		
教学重点教学难点	教学重点：土地面积量算的概念与方法教学难点：土地面积量算的原则与精度要求		
教学方法、手段	课件演示、实物展示、教师演示、学生模仿练习		
教学组织形式	现场教学		
教学条件	地籍测量实训室、地籍实物		
实训要求	每个学生独立完成在绘好的地籍图上利用各种方法量算宗地面积并进行地类统计，重点练习地籍软件中的面积量算操作。通过富有针对性的实践教学和理论教学，使学生牢固掌握土地面积量算的技能		
备　注			

2. 实训教学内容及教学时间安排表

教学主题	学时	教学内容	时间	授课要点
地籍图应用	4	1. 土地面积量算概述2. 面积测算方法3. 土地面积平差原则与精度要求4. 土地面积量算实训	20'30'10'180'	利用数字求积仪量算面积；利用解析法量算面积；利用成图软件量算面积；对土地面积量算成果进行平差处理

3. 操作要领（注意事项）

数字求积仪量算面积	1. 求积仪操作正确 2. 量取面积顺序正确 3. 地类面积统计方法正确
量算面积	1. 各地类面积量算正确 2. 地块边界确定准确 3. 各地类面积统计正确
土地面积量算成果 进行平差处理	1. 平差软件操作正确 2. 平差公式选择正确 3. 结果符合精度要求

4. 检查评价

（1）地类统计科学、合理，地块边界确定准确无误。

（2）地类统计较科学、合理，地块边界确定准确有少量错误。

（3）地类统计基本科学、合理，地块边界确定准确有少量错误。

（4）地类统计不够科学、合理，地块边界确定准确有较多错误。

5. 实训总结

通过本次实训，你有什么收获，请写在下面：

18.1.10 变更地籍调查与测量实训

1. 实训设计

实训名称：变更地籍调查与测量实训			学时：4
	知识目标	技能目标	态度目标
教学目标	了解变更地籍调查与测量的概念 理解变更界址测量 掌握界址的恢复与鉴定的方法 了解日常地籍测量 了解土地分割测量	能正确填写变更地籍调查表 能进行界址的恢复与鉴定 能进行日常地籍测量	培养学生与工作区域老百姓沟通的能力，使学生能够养成大方、得体、细致、耐心的工作作风
能力训练任务及案例	以本校教学区变更地籍测量为例，6人为一组进行变更地籍调查，填写地籍调查表，利用测量仪器进行界址的恢复与鉴定		
教学重点 教学难点	教学重点：地籍的变更调查 　　　　　界址的恢复与鉴定的方法 教学难点：界址的恢复与鉴定的方法 　　　　　变更地籍的补测		
教学方法、手段	按照变更地籍调查程序进行训练		
教学组织形式	现场教学		
教学条件	变更地籍调查训练场		
实训要求	6人为一组进行变更地籍调查，填写地籍调查表，利用测量仪器进行界址的恢复与鉴定。通过富有针对性的实践教学和理论教学，使学生牢固掌握变更地籍调查与测量的技能		
备　　注			

2. 实训教学内容及教学时间安排表

教学主题	学时	教学内容	时间	授课要点
变更地籍调查与测量实训	4	以本校教学区土地分等定级为例。 1. 变更土地权属调查 2. 变更界址点测量 3. 变更地籍图测绘	60′ 90′ 90′	通过该项目的练习，使学生能够进行变更地籍调查与测量、能进行变更地籍测量；同时掌握界址的恢复与鉴定的方法、变更界址测量的方法、掌握变更地籍调查与测量的概念、了解日常地籍测量的工作内容

3. 操作要领（注意事项）

变更地籍调查	1. 变更权属调查程序符合规范要求
	2. 变更权属调查表填写正确
	3. 变更界址点确定准确
	4. 变更测量精度符合规范要求
	5. 变更宗地图绘制准确
	6. 土地利用现状调查表填写及时、准确
	7. 变更地籍调查工作开展及时
变更地籍测量	1. 变更地籍图更新及时
	2. 变更宗地图更新及时
	3. 变更房产图更新及时
	4. 精度符合要求
日常地籍测量	1. 及时了解地籍变更情况
	2. 及时处理发生地籍变更的宗地
	3. 精度符合要求
	4. 测量成果能用于地籍管理

4. 检查评价

（1）成果符合规范要求，变更资料收集齐全，成果可操作性强。

（2）成果符合规范要求，变更资料收集基本齐全，成果可操作性强。

（3）成果基本符合规范要求，变更资料收集基本齐全，具有一定的可操作性。

（4）成果不符合规范要求，变更资料收集不完整，成果可操作性差。

5. 实训总结

通过本次实训，你有什么收获，请写在下面：

18.2 综合实训

本环节是本课程教学的重要组成部分，是巩固和深化课程所学知识的必要的环节。通过实训培养学生理论联系实际、分析问题和解决问题的能力以及实际动手操作能力，使学生具有严格认真的科学态度、实事求是的工作作风、吃苦耐劳的劳动态度以及团结协作的集体观念。同时，也使学生在业务组织能力和实际工作能力方面得到锻炼，为今后从事地籍测绘工作打下良好基础。

18.2.1 实训设计

实训名称：综合实训		学时：60（2个教学周）	
教学目标	知识目标	技能目标	态度目标
	熟练掌握现代地籍的概念、熟练掌握地籍测量内外业工作流程，掌握地籍测量成果验收工作的流程和关键点	掌握地籍调查、地籍控制测量、数字地图测绘及内业处理、地籍成果统计等技能	培养学生理论联系实际、分析问题和解决问题的能力以及实际动手操作能力，使学生具有严格认真的科学态度、实事求是的工作作风、吃苦耐劳的劳动态度以及团结协作的集体观念
能力训练任务及案例	以本校校园为实训范围，6人为一组开展		
教学重点教学难点	教学重点：地籍测量控制点布设、施测、计算坐标 　　　　　地籍图绘制、制图 教学难点：界址点测量		
教学方法、手段	按照地籍测量内外业程序进行训练		
教学组织形式	学生自主设计、教师选择性指导		
教学条件	地籍测量训练场		
实训要求	1. 整理总结地籍测量外业工作的特点 2. 总结地籍图成图的方法 3. 了解地籍测量内业处理软件的特点		
备　　注			

18.2.2 实训教学内容及教学时间安排表

教学主题	时间	实训内容	实训要求
实训动员会	0.5天	召开实训动员会，分组，领取相关资料	1. 水平角观测手簿（每大组1本） 2. 测量成果计算表（每大组2本） 3. 实训指导书（每人1本） 4. 实训日志（每人1本）
借仪器，检校仪器	0.5天	到实验室办理仪器领取手续，领取仪器，进行仪器常规检验	检视仪器，测定全站仪加常数
地籍控制测量	3天	1. 踏勘选点，布设城市二级导线 2. 二级导线外业测量 3. 成果处理	1. 每大组完成一套导线点之记 2. 成果包括原始记录、控制网图、点之记、平差计算表、控制点成果表，以组为单位，每组一份 3. 每人都要有观测、记录、立尺等不同工作记录；每人均须进行相关计算
地籍图测绘	3天	1. 草图法野外数据采集 2. 全站仪数据传输	每个组测量整个校园，绘制草图每组一套
内业绘图	2天	利用CASS软件绘制数字地籍图	严格按照相关规范和本实训指导对数字测图各项限差的要求进行绘图
地籍成果提取	0.5天	根据绘好的地籍图，从中提取成果	1. 宗地图（绘制1幅即可） 2. 界址点坐标成果表 3. 宗地面积统计表
整理成果	0.5天	1. 编写实训报告 2. 完善实训日志 3. 准备上交资料 4. 归还仪器	1. 实训日志每人一份 2. 实训总结，每人一份 3. 控制测量成果（打印）每组一份 4. 数字地籍图（电子版）每组一份

18.2.3 操作要领（注意事项）

（1）实训中，学生应遵守仪器的正确使用和管理的有关规定。

（2）实训期间，各实训小组组长应认真负责、合理安排小组工作，应使小组中各成员的各个工种都能参与进行，使每个组员都有机会练习。

（3）实训中，各实训小组间应该加强团结，组内成员应相互理解和尊重，团结协作，共同完成实训任务。

（4）实训期间要特别注意人员和仪器的安全，各组要有专人看管仪器和工具，作业时不允许出现人离开仪器的情况，尤其是对于电子仪器设备应有相应的保护措施，如防止太阳照射、雨水淋湿等。由于不正确的操作使得仪器有任何损坏，则由责任人负责赔偿，并按学院规定处理。

（5）所有的观测数据必须直接记录在规定的手簿中，不得将野外观测数据转抄，严禁涂改、擦拭和伪造数据，在完成一项测量工作之后，必须现场完成相应的计算和整理数据工作，妥善保管好原始的记录手簿和计算成果。

（6）个人每天要求记录实训工作日志，测量要求必须满足规范要求，按实训计划保质保量完成各组实训任务。

18.2.4 任务实施

1. 地籍调查

（1）调查测区内界址点点位，并设置标志。

（2）调查宗地全称、权属主名称、土地类别、房屋结构、房屋层数等。

（3）预编宗地号、界址点号（以班为单位统一编写）。

（4）绘制宗地草图（纸张大小 16 开）。

2. 地籍控制测量

（1）选点踏勘。相邻点之间应通视良好，每个点至少要求有两个点通视，以便以后定向和检查为便于测图；点位周围尽量避开一些小障碍物，如小树、电杆、路灯等；点与点的视线方向上要超越障碍物的距离宜在 0.5m 以上。

点位应该选在土质坚实的地方或坚固稳定的高建筑物顶面上，便于造标、埋石和观测，并能永久保存。为了便于查找，在各导线点旁边墙上做标志；宜充分利用原有控制点和国家控制点的点位，各级导线也应充分利用已埋设永久性标志的规划道路中线点。控制点的点位密度应满足表 18-1 的规定，地形复杂、隐蔽以及城市建筑区，应以满足测图需要并结合具体情况加大密度。

表 18-1　　　　　　　　　图根控制点点位密度　　　　　　　　　（单位：点/km²）

测图比例尺	1:500	1:1000	1:2000
图根控制点的密度	64	16	4

注：引用《1:500　1:1000　1:2000 外业数字测图技术规程》。

导线边长要均匀、长度合适。本次实训导线距离测量采用全站仪进行电磁波测距，根据规范要求，二级导线边长遵循表 18-2 的相关规定。

表 18-2　　　　　　　　　光电测距导线的主要技术指标

等级	闭合导线或附合导线长度/km	平均边长/m	测距中误差/mm	测角中误差/(″)	导线全长相对闭合差
三等	15	3000	≤±18	≤±1.5	≤1/60 000
四等	10	1600	≤±18	≤±2.5	≤1/40 000
一级	3.6	300	≤±15	≤±5	≤1/14 000
二级	2.4	200	≤±15	≤±8	≤1/10 000
三级	1.5	120	≤±15	≤±12	≤1/4000

注：引用《城市测量规范》。

埋石工作在踏勘选点时同时进行，可以采用校园现有的标石，也可采用钉水泥钉，在水泥钉上用红色油漆作标志，并给予编号，并制作控制点点之记。

（2）距离测量。距离测量可以采用钢尺量距和电磁波测距两种方式。本次距离测量采用电磁波测距的方法进行，要求在测站记录中记录平距，精度指标见表 18-2。

若选用Ⅱ级［指光电测距精度≤±(5mm+3×10⁻⁶D)的测距仪（全站仪）］，要求观测一测回，光电测距一测回指照准目标连续进行四次测量，获取四次读数互差只有小于10mm时观测值才合格，取四次观测值（必须取平距）的平均值作为导线边长度。距离观测值可以记录在《水平角观测手簿》里的备注栏里，四次读数都须写上，较差合乎要求时，最后算出中数。

（3）角度测量。对单一导线，每站只有两个方向；如果是附合导线，水平角的观测采用测回法进行左角（或右角，但习惯测左角）观测；如果是闭合导线，则要观测内角和连接角。技术要求见表18-3所示。

进行水平角观测时，采用2″全站仪，对于二级导线观测一个测回即可；若采用5″或更低精度的，至少要观测3测回，并须进行度盘配置。

表18-3　　　　　　　　　　　　　导线测量水平角观测的技术要求

等级	测角中误差/(″)	测 回 数			方位角闭合差/(″)
		DJ₁	DJ₂	DJ₆	
三等	≤±1.5	8	12	—	≤±3√n
四等	≤±2.5	4	6	—	≤±5√n
一级	≤±5		2	4	≤±10√n
二级	≤±8		1	3	≤±16√n
三级	≤±12		1	2	≤±24√n

注：n为测站数。采用《城市测量规范》。

导线点水平角测回法观测中，限差见表18-4。由于只有两个方向，不必归零，而且使用全站仪测角，因此若采用2″全站仪，由于只观测一测回，限差也只有一项，即一测回内同一方向上下半测回2C互差要小于13″；若采用5″或更低精度的，由于两个方向不必归零，因此限差也只有一项，即同一方向值各测回较差小于24″，把水平角观测结果记录到"水平角观测手簿"中。

表18-4　　　　　　　　　　　　　方向观测法的各项限差　　　　　　　　　　（单位：″）

经纬仪型号	光学测微器两次重合读数	半测回归零差	一测回内2C较差	同一方向值各测回较差
DJ₁	1	6	9	6
DJ₂	3	8	13	9
DJ₆	—	18		24

注：1. 5″全站仪测角相当于DJ₆经纬仪，2″全站仪测角相当于DJ₂经纬仪。

2. 引用《城市测量规范》。

（4）导线测量记录规定（引用《城市测量规范》）。

1）一切原始观测值和记事项目，应在现场用钢笔或铅笔记录在规定格式的外业手簿中，字迹应清楚、整齐、美观，不得涂改、擦改、转抄，外业手簿或记录纸应进行编号。

2）手簿各记事项目，每一测站或每一观测时间段的首末页都应记录清楚，填写齐全。水平角观测手簿中照准点一栏，全组合测角法观测时，每测回只记录方向号数、照准标的；方向观测时，每站第一测回应记录所观测的方向号数、点名和照准标的，其余测回仅记录方向号即可。

3）水平角观测，秒值读记错误应重新观侧，度、分读记错误可在现场更正，但同一方向盘左、盘右不得同时更改相关数字。垂直角观测中分的读数，在各测回中不得连环更改。

4）距离测量和轴杆头水准测量中，厘米及以下数值不得更改，米和分米的读记错误，在同一距离、同一高差的往、返测或两次测量的相关数字不得连环更改。

5）更正错误，均应将错误数字、文字整齐划去，在上方另记正确数字和文字。划改的数字和超限划去的成果，均应注明原因和重测结果的所在页数。

6）观测工作结束后，应及时整理和检查外业观测手簿。检查手簿中所有计算是否正确，观测成果是否满足各项限差要求。确认观测成果全部符合本规范规定后，方可进行计算。

（5）数据处理。本次实训导线数据的处理采用两种方法同时进行。

1）每个小组对导线外业观测数据进行手工计算。

2）完成手工计算（必须完成手工计算，才能利用计算机平差计算）后，利用南方平差易、清华山维等平差软件进行验证计算。

3. 数字地籍图测绘

（1）测区划分。外业数字测图一般以所测区域（测区）为单位统一组织作业。当测区较大或有条件时，可在测区内按自然带状地物（如街道线、河沿线等）为边界线构成分区界限，分成若干相对独立的分区。各分区的数据组织、数据处理和作业应相对独立，分区内及各分区之间在数据采集和处理时不应存在矛盾，避免造成数据重叠或漏测。当有地物跨越不同分区时，该地物应完整的在某一分区内采集完成。

（2）测距长度。在野外数字测图过程中，每个图根控制点（或高等级控制点）其测距范围是有限制的（表 18-5），不能用一个或几个图根点控制大范围测图，如果遇到在图根点上测不到的地物时，而该地物周围又没有其他图根点，这时允许支导线（支点）进行测量，但最多只能支 2 站，不能没有限制地随便向前延伸导线支点。

表 18-5 碎 部 点 测 距 长 度 （单位：m）

比例尺	1：500	1：1000	1：2000
最大测距长度	200	350	500

注：引用《1：500 1：1000 1：2000 外业数字测图技术规程》。

（3）建站定向。在每个测站建站时都要精确量取仪器高、觇标高（对中杆高度），并且输入测站点和后视点的平面坐标和高程值。建站定向后必须进行三个方面的定向检查，确定建站是否有误。

1）仪器对中偏差，一般要小于 5mm。

2）后视点坐标差，定向完成后先测量一下后视点坐标，测量值与已知坐标进行比较，一般要小于 5cm，否则应检查测站点和后视点坐标（方向）输入是否有误，重新定向。

3）检查后视点或其他已知第三个控制点的高程，与其已知高程值比较，较差要小于等高距的 1/6，否则需要检查高程值、仪器高和觇标高数据输入是否有误，重新定向。

4）从一个测站搬至下一个测站时，重复测量上一个测站上测过的典型碎部点，如电杆、路灯等，用以检核前站和本站碎部点测量的正确性。

5）碎部点采集过程中，若更换电池或关机，再次测量时需重新建站定向。

6）建站定向完成后，可以在距离本站较远地方寻找一固定清晰目标，测量其方位角，如需重新建站，可以用方位角法建站。

（4）地籍图测绘。本次实训采用草图法测图，每个小组绘制一套草图，按 A4 纸张，最后装订成册上交，作为最终成果之一。

在野外测图时，应测量并在图上表示如下内容：

1）地籍要素。

①各级行政境界。

②地籍区（街道）和地籍子区（街坊）界。

③宗地界址点和界址线。

④地籍号注记：街道号、街坊号、宗地号、房屋栋号。

⑤宗地坐落：由行政名、街道名及门牌号组成。

⑥土地利用分类代码。

⑦土地权属主名称。

⑧土地等级。

⑨宗地面积（以平方米为单位）。

2）地物要素。

①作为界标物的地物：围墙、道路、房屋边线及各类垣栅等。

②房屋及附属设施。

③工矿企业露天构筑物、固定粮仓、公共设施、广场、空地等绘出其用地范围线，内置相应符号。

④铁路、公路及主要附属设施。

⑤建成区街道两旁以宗地界线为边线，道牙线可取舍，内部道路一般不表示，大单位主要道路适当表示。

⑥塔、亭、碑、像、楼等独立地物择要表示，图上面积大于符号尺寸时，绘出用地范围，内置相应符号；公园内一般塔、亭、碑可不表示。

⑦电力线、通信线及架空管线一般不表示，但占地面积较大的高压线塔位应表示。

⑧大面积绿化地、街心公园、园地应表示，零星植被、街旁行树、单位内小绿地可不表示。

⑨河流、水库及其主要附属设施如堤坝等应表示。

⑩平坦地区不表示地貌，起伏变化较大地方加注高程点，地理名称适当注记。

3）其他要素。

①图廓线、坐标格网线及坐标注记。

②埋石的各级控制点点位、点名或点号注记。

③地籍图的比例尺、图名等。

4. 内业绘图与成果整理

（1）内业成图。本次采用草图法成图，在南方 CASS 软件中绘图，按照地籍图的相关要求绘制数字地籍图，然后进行图幅整饰。具体绘制方法和要求及相应问题解答在机房中解决，这里不再赘述。

（2）成果制作。在绘制完成数字地籍图后，要从中提取如下成果：

1）宗地图（绘制 1 幅即可）。

2) 界址点坐标成果表。

3) 宗地面积统计表。

18.2.5 检查评价

1. 实训成绩按"五级制"评定

分为优、良、中、合格、不合格五个等级。

2. 评定成绩主要参考项

(1) 实训表现：主要有出勤率，实训态度，是否守纪，仪器爱护情况等。

(2) 操作技能：主要对仪器的熟练程度，作业程序是否符合规范等。

(3) 成果质量：各种记录手簿是否完整、书写工整、数据计算成果，地形图质量等。

(4) 技能考核：主要是现场提问、实际操作、计算、绘图考核。

(5) 实训报告：编写格式和内容是否符合要求，文字水平，解决问题、分析问题能力，见解和建议等方面。

3. 奖罚措施

(1) 实训期间不管任何原因发生仪器损坏情况，该组承担相应责任并成绩降低处理。

(2) 以下情况成绩为不合格：实训期间违反实训纪律；实训时间未达到规定者；发生打架斗殴事件，私自离开实训场地；实训成果和实训报告不交或不全者。

(3) 加分：实训当中提出可行性、合理性建议者；实训期间协助指导教师完成管理工作者；提前按质保量完成的实训小组。

18.2.6 实训总结

撰写一份实训总结，谈谈你有什么收获。

18.3 案例

××市第二次土地调查方案

1 概述

1.1 工作目标和主要任务

1.1.1 工作目标

调查集镇内部工业用地、基础设施用地、商业用地、住宅用地以及农村宅基地等各行业用地的结构、权属、数量和分布；在此基础上，建立城镇土地调查信息系统及数据库，并对数据进行汇总、统计、分析，建立和完善全市土地调查、土地统计和土地登记制度，实现土地资源信息的社会化服务，满足经济社会发展及国土资源管理的需要。

1.1.2 主要任务及作业范围

本项目的任务包括权属调查、地类调查、地籍测量及地籍信息系统建设。其作业范围是对城市、建制镇、工业园区及村庄宅基地内部每宗土地的位置、权属、界址和地类等的调查。

1.2 自然地理与经济概况（略）

2 已有成果资料的利用

3 引用文件

3.1 城镇土地调查

(1) 1998 年 8 月修订的《中华人民共和国土地管理法》。

（2）1998 年 12 月通过的《中华人民共和国土地管理法实施条例》。

（3）国土资源部 2008 年 2 月《土地登记规定》。

（4）2008 年 2 月《土地调查条例》。

（5）国家土地管理局 1993 年发布的《城镇地籍调查规程》（简称《规程》）。

（6）国土资源部 2007 年《第二次全国土地调查总体方案》。

（7）国土资源部 2007 年《第二次全国土地调查技术规程》（简称《二次调查规程》）。

（8）项目技术设计书。

3.2　数据建库标准

（1）GB/T 13923—2006《基础地理信息要素分类与代码》。

（2）TD/T 1015—2007《城镇地籍数据库标准》。

（3）TD/T 1016—2007《土地利用数据库标准》。

3.3　测绘参考标准

（1）GB/T 18314—2001《全球定位系统（GPS）测量规范》。

（2）CJJ 73—1997《全球定位系统（GPS）城市测量技术规程》。

（3）CJJ 8—1999《城市测量规范》。

（4）GB/T 14912—2005《1∶500　1∶1000　1∶2000 外业数字测图技术规程》。

（5）GB/T 7929—1995《1∶500　1∶1000　1∶2000 地形图图式》（简称《地形图图式》）。

3.4　检查验收依据

（1）GB/T 18316—2001《数字测绘产品检查验收规定和质量评定》。

（2）CH 1002—1995《测绘产品检查验收规定》。

（3）CH 1003—1995《测绘产品质量评定标准》。

4　主要技术规格和精度指标

4.1　坐标系统

坐标系统采用地方独立坐标系；高程系统采用 1985 国家高程基准。

4.2　图幅规格和编号

城区 1∶500 比例尺图幅采用 50cm×50cm 正方形分幅。图幅的编号以图幅西南角坐标 X—，Y 表示，坐标值以千米为单位，保留至 0.01km；图名以图幅内主要地理名称或单位名称命名。

4.3　主要精度指标和技术要求

4.3.1　一、二级导线测量

一、二级导线主要技术要求见下表。

等级	附（闭）合导线长度/km	平均边长/m	测角中误差/(″)	全长相对闭合差	水平角测回数 DJ₂	垂直角测回数 DJ₂	距离测回数Ⅱ级	测距中误差/mm	方位角闭合差/(″)
一级	3.6	300	≤±5	≤1/14000	2	2	2	≤±15	≤±10$\sqrt{n}$
二级	2.4	200	≤±8	≤1/10000	1	2	1	≤±15	≤±16$\sqrt{n}$

注：导线网中结点与高级点或结点与结点间的长度不应大于附合导线规定长度的 0.7，相邻边长之比不宜超过 1∶3。

D、E级GPS点相对于邻近高等级平面控制点的点位中误差不大于±5cm。一、二级导线应在四等以上基础控制点的基础上布设。当附合导线长度短于规定长度的1/3时，导线全长的绝对闭合差不应大于13cm。

4.3.2 一、二级GPS测量

一、二级GPS测量应符合下表要求。

等级	平均距离/km	a/mm	b/10^{-6}	最弱边相对中误差	闭合环或附合线路边数（条）	观测卫星数	
						静态	快速静态
一级	0.6	≤10	≤10	1/20 000	≤10	≥4	≥5
二级	0.4	≤15	≤20	1/10 000	≤10	≥4	≥5

4.3.3 图根控制测量

图根导线应在一、二级导线以上精度控制点的基础上布设。按细部测量的要求采用光电测距图根导线或GPS—RTK的方法施测，一、二级图根导线应符合下表要求。

等级	导线长度/km	平均边长/m	测回数 J2	测回数 J6	测回差/(″)	测角中误差/(″)	最弱点点位中误差/cm	方位角闭合差/(″)	全长相对闭合差	坐标闭合差/cm
一级	1.56	150	1	2	18	±12	±5	±24$\sqrt{n}$	1/5000	0.22
二级	0.9	90	1	1		±20	±5	±40$\sqrt{n}$	1/3000	0.22

注：n为测站数。导线总长小于500m时，相对闭合差分别降为1/3000和1/2000，但坐标闭合差不变。

4.3.4 界址点精度

界址点精度应符合下表要求。

类别	界址点相对于邻近图根点点位中误差		界址点间距允许误差、界址点至邻近地物点关系距离允许误差/cm	适用范围
	中误差/cm	允许误差/cm		
一	±5	±10	±10	城镇街坊外围界址点及街坊内明显界址点
二	±7.5	±15	±15	城镇街坊内部隐蔽界址点

注：界址点对邻近图根点点位误差系指用解析法勘丈界址点应满足的精度要求；界址点间距允许误差及界址点与邻近地物点关系距离允许误差系指各种方法勘丈界址点应满足的精度要求。

4.3.5 地籍图精度

图上地物点相对于邻近平面控制点的平面位置中误差明显地物点不超过图上±0.3mm，街坊内部不超过图上±0.5mm；地物点间距中误差明显地物点不超过图上±0.4mm，街坊内部不超过图上±0.5mm。

4.4 土地分类

城镇土地分类的编码、名称及含义，执行《二次调查规程》中《土地利用现状分类》，采用二级分类，其中一级类12个，二级类57个。

5 城镇土地调查技术工作流程

城镇土地调查包括权属调查、地类调查和地籍测量，如图1所示。

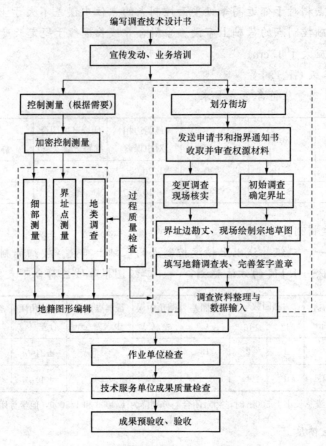

图 1　城镇土地调查技术工作流程

6　权属调查

6.1　一般要求

权属调查的基本要求是：权属合法、地类合理、界址清楚、面积准确。基本原则是按照宗地实际使用范围，根据已经登记发证资料、土地使用者提供的权源和现状进行确权定界。因此调查过程中必须严格执行有关法律、法规和规定。无论宗地是否发过土地使用证，都需要进行重新设宗调查与核实。

6.2　原土地登记资料的利用

在调查过程中，根据地籍调查信息系统数据库核查用户是否发过土地使用证，对发过土地使用证的宗地，将核查原土地证所载的宗地图或原地籍调查表中宗地草图，与现状宗地进行对照。

对于界址（四至范围）、土地权属状况未发生变化的，按照《第二次全国土地调查规程》有关规定，启用原有地籍调查档案资料，不需要对新表格重新指界、签字盖章，但须重新实测界址点、勘丈界址边长、填写新的地籍调查表，绘制宗地草图，建立新旧地籍号的对照表。

对于界址已发生变化的宗地要进行调查，履行指界、签字手续，按照新的地籍编号规定和土地调查要求形成新的权属调查资料。

已经发证的宗地，需要收集其土地证复印件。

6.3 调查单元

调查单元是宗地。凡被权属界址线封闭的地块称为宗地。一个地块内由几个土地使用者共同使用而其间又难以划清权属界线的称为一个共用宗地。大型单位用地内具有法人资格的独立经济核算单位用地或被道路、河流、围墙等明显线状地物分割成单一地类的地块应独立分宗；城镇内使用权宗地以外的土地，作为虚拟宗地，同时调查地类。

6.4 调查区、街坊划分、地籍编号与预编地籍号

(1) 利用已有调查成果，在已有地形图上进行调查区、街坊划分；调查区一般以行政界线划分、街坊一般以道路、街巷、河流等为界。街坊号全部重新编制。

(2) 按照《二次调查规程》的规定，对于更新调查，对于调查区内所有宗地，按照新地籍号编码规则重新编制。

(3) 初始调查区的地籍编号以行政区域为单位，统一以辖区代码（6 位）—街道（3 位）—街坊（3 位）—宗地（4 位）四级编号。在数据库系统中使用 19 位编码。

(4) 街坊（村坊）内，已设宗地的土地，调查宗地的地类，记录在调查表中；未设宗地的土地，按图斑调查地类，图上标注地类编码；街坊面积等于街坊内的宗地面积加地类图斑面积。

6.5 土地使用者申报

申报以街坊为单元，采用集中申报和调查员上门申报相结合的方式。主要工作内容是收取、审查权源证件，指导申报者填写有关表格，在表格上签字盖章等。

申报时对土地使用者提供的权源证件需当即审查，对持有效证件者办理申报，填写类申报表；对权源材料不足的，应详尽了解其土地的实际使用状况和变更过程并作详细记录。

共用（有）宗地按各共用（有）权属主体分别收集权源材料（新村成套住房除外）。

土地申报按国有土地、集体土地、单位用地和个人用地分别进行申报，共同使用的土地各自单独申报。土地权源材料是权属调查的依据，申报时应提交具有相应法律效力的文字证明材料。

6.6 各类申报表格的填写

根据申请者的实际情况，可在现场指导填写，或协助填写，协助填写后需由权利人按手印确认。填写使用碳素墨水的钢笔（另有要求的除外），要求字迹端正清楚、术语规范、文字通顺、项目齐全正确。

6.6.1 法人代表身份证明书

该表由具有一级法人资格的单位填写，单位名称应与公章一致，不具有法人资格的用地单位应由相应主管部门申报。此外，还需注意正确区分宗地的土地坐落和单位通信地址，抄录身份证号码时，号码应与身份证复印件一致。个人个体属于自然人，不需要填写法人身份证明书，但需要复印（或打印）户口簿。

6.6.2 户主身份证复印件

户主身份证复印件由申报人提供。

6.6.3 指界委托书

指界委托书是在合法申报人由于种种原因不能自行办理申报（或指界），需要委托他人代办时填写。委托人和代理人均需按要求如实填写各自相关的项目，加盖印章。

共用宗委托一名代表指界时也需办理指界委托书。

6.7 界址调查

6.7.1 指界约定

调查作业人员在进行实地调查的前几天应与有关土地使用者约定具体指界日期。在土地使用者指界前，调查作业人员要做好充分的准备工作，主要是熟悉土地使用情况和分析权源材料的有关内容。

6.7.2 现场界址调查与核实

调查作业人员会同村组地籍调查协调人、宗地指界人到现场按权源材料共同核实土地使用者、土地坐落、权属性质、土地用途、使用权类型、界址位置、宗地四至等内容。当有邻宗共用界址边时，还需双方到场共同指界。发过土地使用证的宗地着重核查宗地界址点是否增删，位置是否发生变动，用途、权属性质、使用权类型、土地使用者等是否发生变更。

在现场调查核实的基础上，按照"尊重历史、面对现实、实事求是"的原则确权定界。

6.7.3 界址确定原则

界址确定是宗地现场权属调查的一项关键性工作，调查作业人员应根据有关规定确界，有关事项明确如下：

（1）界址的认定必须由本宗地及相邻宗地土地使用者到现场共同指定。

（2）单位使用的土地，须由法人代表出席指界，并出具身份证和法人代表身份证明书；个人使用的土地，按照土地使用证证载土地使用者或户主出席指界，并出具身份证。

法人代表或户主不能亲自出席指界的，由委托代理人指界，并出具委托代理人身份证及委托书；两个以上土地使用者共同使用的宗地，应共同委托代表指界，并出具委托书及身份证。

（3）经双方认定的界址，必须由双方指界人在地籍调查表的签字栏内签字或盖章，确实不识字的可只按手印。

6.7.4 权属界线争议的处理

有争议的权属界线，调查现场不能处理时，按相关法律法规的规定处理。一般由当事人协商解决，协商不成的，由人民政府处理。

具体处理原则如下：

当现场调查遇到土地争议时，一般通过协商、调解或签订他项权利协议书的方式进行现场调处。当争议严重，现场无法处理时，可由调查作业人员根据争议双方各自实际用地情况，设立争议区（用阴影表示），并将实际情况记录在调查表的相应栏目。

如争议在短期内难以处理，调查作业人员可按现状在宗地草图上予以标注，具体用0.3mm虚线表示。当争议得到处理和解决后，调查作业人员应立即进行定界，完善地籍调查表并签字盖章；在争议未得到解决之前，任何一方不得改变土地利用现状，调查作业人员应告诫争议双方不得改变争议界线及其地上附着物的现状。

6.7.5 违约缺席指界处理

违约缺席指界的，根据不同情况按如下原则处理：

（1）如一方违约缺席，其宗地界线以另一方指定界线确定。

（2）如双方违约缺席，其宗地界线由调查作业人员依现状及地方习惯确定。

（3）确界后，调查作业人员将违约缺席指界通知书和确界结果以书面形式通过邮寄的方式送达违约方或村（居）委员会。如有异议，必须在书面结果送达后 15 日之内向国土管理部门提出重新划界申请，并负责重新划界的全部费用。逾期不申请，上述两条确界结果自动生效。

（4）指界人出席指界、并认定界线，但拒不签字盖章的，按违约缺席指界处理。

6.7.6 界址确定要求

界址调查是权属调查的重点，依据有关确定土地权属的文件精神，在确定界址的实地位置时，参照以下方法处理：

（1）界址是使用土地的权属范围，一般以实际使用范围定界，不一定与建（构）筑物占地范围完全一致，有权源依据暂未使用且不属于代征的用地可在调查表中说明，但暂不确权定界。

（2）单位和个人用地以实际使用合法围墙或房墙（垛）外侧为界，门墩（垛）不确权定界给土地使用者。单位和个人门口的内折"八"字形以内用地可确定给该土地使用者。

（3）墙基线以外影响道路、河流等公用设施占用人行道的台阶、雨罩等构筑物用地，不确给该土地使用者；阳台也不确权定界给土地使用者。房屋走廊一般确权定界给土地使用者。

（4）墙体为界标物时，应明确墙体用地的归属，尤其要注意其公用界址点位置的确定。

（5）两个单位（个人）使用土地的界标物间的非通道夹巷，不确权定界给土地使用者。非通道夹巷实地宽度小于 0.5m 时，邻宗需要进行签字盖章。

（6）在建工程项目用地的界址线，暂以勘测定界图或建设用地许可证或出让红线图所确定的界线确权，待竣工后一个月内办理变更登记手续时，按实际用地情况设宗调查、不签字盖章。

（7）由围墙封闭的小区单独设立宗地。小区内部的房屋、店铺其他共用设施不再分宗。开发性的小区以小区外围的建筑物外围边界线设定宗地。这些宗地进行设宗调查、不签字盖章。

（8）农村宅基地原则按现状确权。使用面积超过省、市规定的标准时，应在调查表备注栏内注明，不得以建筑占地面积代替宅基地面积。滴水檐不确权定界。

（9）码头、船舶停靠的场所及相应附属建筑物用地不包括常水位以下部分。经过审批、办理过用地手续的，按其用地手续确权定界。

（10）土地使用权证明文件上四至界线与实际界线一致，但实际面积与批准面积不一致的，按实际四至界线确权定界。土地使用权证明文件上的四至界线与实际界线不一致的，根据实地调查及权属争议情况进行确权，原则上以实际使用状况确权定界。

（11）存在重复征用划拨的宗地界线的确定，一般以最后一次征用、划拨的文件、图件为准。

（12）小区外的公共厕所、垃圾站等公共设施其实际使用状况单独设宗确权，不签字盖章。

（13）征而未用的土地，若权利人主动申报，则设宗调查，不签字盖章。

（14）房屋中间的天桥的投影不占据道路河流时，确权给土地使用者，否则，不予确权定界，但应作详细记录。

（15）同一单位被街、路、巷分割成几块时，根据分割状况，分块设宗调查确权。

（16）共用宗地查清各自独自使用土地面积，以及共同使用的土地面积，在调查表中阐明共同使用部分的分摊方式和分摊比例，绘制宗地草图时应将独自使用部分和共同使用部分用虚线表示出来。

（17）同一单位地块内部，存在明显不同用途且界线明确，应按不同用途分块设宗，调查确权。

（18）房屋买卖处理。国有土地使用权上的房屋买卖只要买卖双方已经办理房屋产权登记的，则将土地使用权确权给受买人。集体土地上进行房屋买卖的，则将土地使用权确权给原土地使用者。

（19）宗地界址经双方指界人认定并签章后，应立即在实地设置规定类型的界标，在工作图上表示宗地范围，正式确定地籍编号，并以街坊为单位统一编注界址点号，同一街坊内不得有重复的界址点号。

（20）无用地证明文件和房屋产权证明的居民住宅用地，要根据"尊重历史，承认现实"的原则，在不影响市政规划、交通的情况下，按实际占用范围确定界址并由村、居委会出具证明，同时需经四邻认可；对影响城市规划占用街、巷、人行道、公路、公共场地等建筑或非永久性建筑，不确权定界。

（21）长期租借房屋，而房主无法联系的由现使用者与四邻会同调查人员定界，并在地籍调查表中予以说明，原房主提出异议的，可按指界违约缺席处理。

（22）在城郊结合部调查区内的宗地，与属于农村集体用地的道路、河流、空地和公用巷道等相邻时，必须由集体土地所有者到场指界并签章认可。

（23）确权中凡涉及单位时，较为突出的问题是确权范围和征地范围不一致，多数单位原征地范围线均为公路中心或河流中心，这与确权原则相抵触，调查人员应在不超出规划红线的前提下，以实际用地范围为准确界。

6.8　界标设置与编号

宗地界址确认后，应及时设置界标，各类界标的规格详见《规程》。在一个宗地确界、设标结束后，进行界址点统一编号。界址点点号以街坊为单位统一用阿拉伯数字表示。编号原则上从街坊西北角开始，顺时针连续编号。界址点间发生插入点时，点号在本街坊内已编的最大号后续编。同一个街坊内界址点不得出现重号。

6.9　界址边勘丈

界址边采用钢尺直接丈量两次，读数至厘米。两次丈量较差在允许误差范围内取中数，界址边长记录到边长勘丈记录表中，勘丈记录表必须采用铅笔在调查现场填写，记录数字不得字上改字，有错误应整齐划改，分米及厘米数字不能修改，修改处应在备注栏内注明原因，并有修改人签章。当边长超过50m或因客观原因无法勘丈，可用坐标反算，同时在备注栏内注明"反算边长"。

6.10　地籍调查表填写

6.10.1　一般要求

地籍调查表必须做到图表与实地一致，各项内容用碳素墨水填写，填写应齐全，准确无误，字迹清楚整洁，文字通顺简明，填写的各项内容均不得涂改和字上改字，同一项内容划改不得超过两次，全表划改不得超过两处，划改处应加盖划改人员印章。

每宗地填写一份地籍调查表，项目栏的内容填写不下时，可另加附页。共用宗地的各土地使用者名称、性质、上级主管部门、法人代表、代理人等另填附表。

6.10.2 各栏填写内容说明

1. 封面填写

编号——宗地的正式地籍编号，填写区及以下编号。

2. 调查表首页

本次调查为变更调查，在调查表上应划去"初始"二字。

土地使用者名称——单位用地为具有法人资格单位的全称，个人用地以身份证姓名为准，共用宗地则填写某一土地使用者名后加"等＿户"，新村成套住房统一为××新村××幢。

性质——填写全民单位、集体单位、股份制企业、外资企业、个体企业、个人住宅填个人。

上级主管部门——与单位有资产、行政关系的上级领导部门。个人、个体等性质的土地使用者此栏不填。

土地坐落——经实地核实的土地登记申请书中的宗地所在路（街、巷）及门牌号。土地坐落应注全称，数据格式符合公安部门入库标准要求，例：××区××街道××村委××街路巷××门牌号。

法人代表或户主——使用土地的具有法人资格的主要行政负责人或使用土地的个人的房产证上所载产权人的姓名。共用宗需填其所有法人代表或户主姓名。

代理人——使用土地单位的法人代表或使用土地的户主不能亲自到场指界时，受委托的指界人的姓名、身份证号码、电话号码。

土地权属性质——国有土地使用权、集体土地所有权或集体土地建设用地使用权；对国有土地使用权需填写土地使用权类型。

国有土地使用权又分为以下类型：划拨国有土地使用权、出让国有土地使用权、国家作价出资（入股）国有土地使用权、国家租赁国有土地使用权、国家授权经营国有土地使用权。

预编地籍号——见7.4节。

地籍号——通过实地界址调查后确定的正式地籍号。

所在图幅号——本宗地主要所在的1∶500图幅号，待细部测量后补填。

宗地四至——用两个界址点号表示方向，只填首末两个点号。同一方向有多个邻宗时，须逐宗填写。两个以上方向的邻宗均为同一土地使用者的，也应按不同的四至分别注明土地使用者。

批准用途——权属证明材料中的批准用途，无法确定的此栏不填。

实际用途——现场调查时，宗地的一种主要实际用途，填《二次调查规程》附录A表1中的相应代码，例：教育用地（083）。

使用期限——权属证明材料中批准的宗地使用期限，没有规定暂不填此栏。

共有使用权情况——应注明共用的范围、具体由几户共用、共用面积分摊的方法、分摊系数等。一般情况下，依建筑面积比例分摊共用面积（建筑面积可从房产证中摘取），按比例进行分摊的，应收集"分摊协议书"。

说明——地籍调查结果与土地登记申请书填写不一致时，按实际情况填写，并注明原因。其他情况，如宗地只调查不确权和土地使用者姓名在不同材料上出现音同字不同的也需要说明。

3. 调查表第二页

界址点号——界址标示栏内的界址点号应从宗地西北角的点开始，其顺序和点号与宗地草图一致。界址点号填写宗地草图上的流水号，一般是绕宗地顺时针方向顺序填写。

界标种类——指界址点上设置的界址点标志类型，只需在相应栏内打"√"。

界址间距——指相邻界址点间的勘丈距离，从界址边长勘丈记录表上抄录，其单位为m，注至小数后两位。

界址线类别——界址线位于何种类型线状地物上，用"√"表示。

界址线位置——指界址线落在地物上的具体位置，对本宗地来说分内、中、外，用"√"表示其相应位置。落在空地上不作位置说明，双墙应在备注栏内注明。宗地较大时，请续表填写。

界址线——相邻宗地间公共界址点的起、终点号，与宗地四至相对应。

指界人姓名——法人代表或户主或指界委托代理人姓名，签名要工整，不识字的可代写，签章栏应为指界人本人或委托代理人的签名或加盖指界人的印章或按手印，签章栏不能由他人代按手印。本宗地指界人应对每条起、终点号间界址线（包括与街巷等相邻）签章。

指界日期——指邻宗地签章的日期。

界址调查员姓名——包括所有参加调查的人员均要签名，为首的应为国土管理部门的工作人员。

4. 调查表第三页

宗地草图——对于较大宗地可另附宗地草图，并注"另附宗地草图"。宗地草图绘制方法见7.11条。

5. 调查表第四页

权属调查记事及调查员意见——指手续履行、界址设置、边长丈量、争议界址最后处理等情况。调查员签名栏必须由国土管理部门和作业人员同时签字。

对于有争议的界址，现场不能处理时，应作笔录，有争议的界址地段各自的理由，调查员的处理意见，应向县级领导小组汇报。

地籍勘丈记事——检查界标设置情况，地籍勘丈方法和使用的仪器，遇到的问题与处理方法。地籍勘丈员签名即为地籍细部测量人员签名。

地籍调查结果审核意见——对权属调查、地籍勘丈成果是否合格进行评定，并由国土管理部门的地籍调查负责人签字并加盖公章。

对于上述权属调查记事、地籍勘丈记事等根据宗地调查结果的实际情况，可用字模印刻。

6.11　宗地草图绘制

宗地草图是宗地调查中的原始资料，一切数据与记录均系实地勘丈和调查，绘制应美观、清晰、数据准确。宗地草图可以根据宗地大小选择适当比例尺，概略绘出其形状，个别大宗地可另附大图，宗地草图用铅笔绘制。

宗地草图表示的内容：本宗与邻宗的土地使用者名称、宗地号，邻宗的分宗界址短线，本宗地门牌号、界址边长，本宗内各建筑物及楼层数（标注在房内右上角），本宗界址线外邻近的主要地物要素（道路、河流等），界址线通过的界标物应详细绘制，共用宗需用界址线表示使用者各自使用范围和其他必要勘丈数据。

每宗地用铅笔绘制宗地草图一份，所有边长注记（注至厘米）应为实地丈量数据，注记字头原则上向北或向西。界址边长数据注记在界址线外，分段勘丈的边长注记在界址线内。

宗地草图的右上角（或左上角）绘两厘米长的双箭头指北针并标注"N"。

宗地草图绘制完成后，应现场核实有关内容，特别是界址点数量和界址线的位置。无论宗地的四至范围发生变化没有，均需要绘制宗地草图。

6.12　资料整理

权属调查资料整理贯穿于调查工作的全过程，是一项逐步完善的工作。调查资料以宗地为单位将本宗地的权源、勘丈记录表等资料，以街坊为单位集中装入档案盒中。要求认真填写资料袋上的索引，方便资料汇总和检索。

6.13　权属资料录入

经检查的地籍调查表，利用地籍管理信息系统（以下简称《系统》），键盘录入地籍调查表的全部内容。录入后，需充分利用系统的检校功能，消除录入数据的逻辑错误，修正地籍勘丈数据在互校中发现的问题，并经第二人校对，确保系统内属性数据及表报内容与实地状况的一致性。

权属资料录入的文字部分由检查员进行检查，确认合格后由录入人员录入。

7　地类调查

7.1　基本要求

地类调查按照《二次调查规程》附录 A，表 A1 的土地分类实施，调查时按照国土部门颁发的用地批文、土地使用权证书等确定土地的使用用途，当实际使用用途与批文、证书不一致时应详细记录变更原因，按街坊统计汇报到市国土资源局进行协商解决。

7.2　地类调查

土地利用分类按宗地的实际用途，调查至二级分类，外业核查时按照国土部门颁发的用地批文、土地使用权证书等确定土地的使用用途，当实际使用用途与批文、证书不一致时，应详细记录变更原因，按街坊统计汇报到市（或区）国土资源局进行协商解决，并将调查情况填写到地籍调查表上。

如果申请书填写的土地分类或批准用途与实地调查不一致，则调查人员须注明原因，并将调查的实际使用用途填写到地籍调表上；如果宗地的建设用地批准用途（如综合用地）与《土地利用现状分类》规定的土地分类不对应，调查人员可将批准用途和实际用途填写到地籍调表上，并在说明栏内按《土地利用分类》规定的二级分类，说明该宗地的主要用途、其他用途。

8　地籍勘丈

地籍测量包括一、二级导线（或 GPS）测量，一、二级图根测量和地籍细部测量。

8.1　一、二级图根测量

8.1.1　图根布设

图根控制网以 D、E 级 GPS 点和一、二级导线（或 GPS）为起算点进行布设；图根控制全部采用测距导线。图根导线的附合次数不超过两次。

8.1.2　选点与埋石

图根点密度应满足界址点及地籍要素的测绘，点位的选定须有利于数据采集。图根点一般采用钢钉、铁钉、十字刻痕（水泥地面上）作为标志，应尽可能地利用旧点点位。点位标志一般采用大号钢钉，在便于保存的地方应使用 φ12mm，长 12cm 的铁桩标志，在固定建筑物表面可在刻凿"十"后用红漆作标志。

8.1.3　图根点编号

图根点的编号，各标段分别流水编号方法。图根级别符为 T，编号不得重号，应尽量避免漏号。图根点编号以街道为单位，在街道号后顺序编号（3 位码）。图根点的密度视地区地物的复杂程度而定。

8.1.4　观测与计算

一、二级图根测量使用全站仪进行观测时，各项限差按 4.3.3 条的要求执行。

外业观测记录使用全站仪电子手簿进行，各项观测限差按要求预置于全站仪内。采用经鉴定合格的测量软件进行严密平差。

一、二级图根可用 RTK 方法观测。组成路线或网。使用的 GPS 接受仪器应经签订合格。RTK 接收机直接导出观测点三维坐标。

8.2　地籍勘丈

8.2.1　一般要求

1∶500 比例尺地籍、地形图测绘是对宗地界址、建筑物、构筑物、道路、河流等地籍、地形要素，使用全站仪全解析法采集坐标数据。采编后的地籍、地形数据同步进行入库处理。

8.2.2　界址点等外业采集要求

界址点和细部点尽量从测站点上采用全站仪按极坐标法测定，外业无法测到的点，结合一定的几何图形，测量若干边长，运用边长交会、内（外）分点等方法解算其坐标。

外业采集的基本要求如下：

（1）测站能直接观测到的，且距离在 150m 以内的界址点、地物点，采用极坐标法直接测量。

街坊外围的界址点和街坊内部明显的界址点（一类界址点）原则上需要图根导线点以上的控制点上直接施测，距离不超过 150m；街坊内部界址点（二类界址点）大部分必须在图根导线点以上的控制点上直接施测。

（2）对于个别隐蔽地段，无法施测附合导线的地方，采用支导线法施测界址点和地物点，水平角半测回，垂直角半测回，测距 2 次读数（两次读数差小于 10mm），总长不超过 100m，图根点至界址点不宜超过 3 条边；老城区特别困难的地方，支导线总长不得超过 150m，边数放宽至 5 条。起始点应联测两个已知点方向。

（3）少量无法直接施测的界址点和地物点，根据已测出坐标的界址点或地物点，通过钢尺量取栓距，采用距离交会、内外分点法等多种方法求其坐标。用支导线大于 2 条边的图根导线点上施测的界址点（或地物点），补测界址只能发展一个层次，补测地物点只能发展两个层次；依据图根点，补测界址点和地物点一般不宜超过三个发展层次。布测的图根导线点，应保证上述发展层次的需要。

量取的栓距必须有多余条件检核，并进行误差分配。

（4）界址点观测、计算。测站点对中误差不大于 3mm，定向边宜长于测量边，定向边检测边长与坐标反算边长之差不应大于 30mm，水平角观测半测回，垂直角观测半测回，测距棱镜位置不能与界址点位重合时，应加距离改正。观测结束后（观测点数大于 3 个）应进行方向归零检查。斜距应作加、乘常数改正和倾斜改正。边长、坐标计算至 0.01m。

（5）重要地物点坐标的采集按二级界址点的要求执行。

8.2.3　地籍图测绘

1. 地籍图的内容

城镇 1:500 地籍图上表示的主要内容包括：各级行政界线，街道线和街坊线、各等级控制点（包括 I、II 级导线点、图根点）、地籍号、宗地号、界址点、界址线、宗地面积、地类号、门牌号、街道名称和宗地内能完整注记的单位名称，河流、湖泊及其名称，必要的建、构筑物等。

2. 数学要素

在地籍图上应表示的数学要素包括：坐标系、内外图廓线、坐标格网线及坐标注记、地籍图比例尺、地籍图分幅结合表、分幅编号、图名及图幅整饰等内容。

3. 地籍要素

（1）地籍图图面表示应主次分明，清晰易读，地籍图符号按《二次调查规程》附录 J 的《第二次全国土地调查图式》的规定执行。

（2）图上界址点的位置应在规定精度内与宗地草图和实地状况相符。界址线应严格位于相应界址点位中心连线上；界址边长短于图上 0.3mm 时，只表示一个点；界址边长小于图上 0.8mm 时，不绘界址边；界址边长大于图上 0.3mm，小于图上 0.8mm 时，界址点符号圆圈重叠部分不绘。地籍图上解析界址点点号应注出，点位较密且连号时可跳注。各类单线地物与界址线重合时，只绘界址线；界址线从围墙中线通过时，围墙不绘；界址线从围墙一侧通过时，围墙应绘出。调查区范围界线，图上应明确标注。

（3）街坊界线以街道、河流中心线划分，线型线划用村界表示。行政界线与街道线、街坊线重合时，只绘行政界线。

（4）各类注记可压盖建筑物边线，但不得影响图面判读，注记不下时，可注记在宗地外适当位置，用指位线表示其所属宗地；当大面积特别密集的小宗地，可依次省略其面积、门牌号、地类号，但宗地号须保留。连续小宗地的门牌号可跳注，但应易于判读。

（5）永久性房屋应逐幢表示，标注层数和材料性质（砖瓦结构的房子图内省略注记，平房在图上不注层次），以墙基角为准进行测绘；一幢楼房的不同层次应分割表示，无法准确分割的按形状概略分割表示；落地阳台（指建房时同时建成的）、有支撑的雨篷划入宗地内的应表示，未划入宗地的不表示。室外楼梯应表示。一楼有阳台的，作为房屋的一部分表示。

（6）河流、湖泊、水库、水塘在岸边线位置绘水涯线，有加固岸的用相应符号表示。水系上桥梁、水闸、流向应表示并注记水系名称。

（7）城镇内部的耕地、园地、街心花园、小区内的绿化岛、花坛等用地类界封闭其范围，并调注地类号，宗地内部面积超过图上 1cm^2 的水塘、草坪、花圃与假山应表示。

（8）道路、街巷均需实测表示；较大宗地内部的主要内部道路、通道、实地超过三级的阶梯应表示。正规公用厕所要表示。

（9）高大的水塔、烟囱、油库、塔吊等构筑物要表示。

9 数据建库和信息管理系统建设

以地理信息系统为图形平台，以大型的关系型数据库为后台管理数据库，存储各类土地调查成果数据，实现对土地利用的图形、属性数据及其他非空间数据的一体化管理，借助网络技术，采用集中式与分布式相结合方式，有效存储与管理调查数据。考虑到土地变更调查需求，采用多时序空间数据管理技术，实现对土地利用数据的历史回溯。

9.1 数据入库技术路线和方法

利用二次土地调查数据建库软件，对××市的城镇地籍数据库进行数据升级建库。数据建库共分数据建库与成果制作两个阶段。

9.1.1 数据建库

首先将通过外业采集来的地形数据进行数据整理入库，在完成实施权属调查及地籍测量后需要进行数据入库再处理。

9.1.2 图件及报表成果输出

按照全国第二次土地调查的要求，调查完成后要形成一系列的报表，包括地籍调查表、界址标示表、分类面积汇总表等。图件和调查报告也是二次调查的主要成果，图件成果主要有：城镇地籍图、宗地图等；文字成果主要有：第二次土地调查工作报告、第二次土地调查技术报告、第二次土地调查数据库建设报告等。

9.2 数据质量检查

数据库检查，主要针对入库的数据进行空间和属性的检查，排除数据逻辑上的错误，并人工进行数据的整理工作，确保数据的正确性、数据的完整性和图属数据的一致性。

9.2.1 图形检查

图形检查主要包括面状要素相离检查、面状要素重叠检查、面状要素缝隙检查、线状要素封闭检查、线状要素跨越行政区划检查、点状要素冗余点检查、拓扑检查和接边检查。

9.2.2 属性检查

由于工作人员对业务理解的局限性或工作的疏忽导致录入一些错误的属性数据，属性数据的规范检查主要包括字段非空检查、字段唯一性检查、字段值范围检查和枚举字段检查。

10 汇总统计

面积汇总与统计的内容及要求：面积量算按软件要求分别计算宗地、虚宗、街坊、调查区的面积，然后对每个街坊内的宗地、虚宗之和与街坊面积检核。通过检核后方可进行宗地面积汇总和城镇土地分类面积统计。

10.1 面积计算要求

控制面积与解析法计算的面积（或平差后的被控面积）和的较差 ΔS 应在凑整误差影响限差内，即 $\Delta S \leqslant 0.06\sqrt{r}$ （m^2），其中 r 值为被控制面积个数，ΔS 取到 $0.1m^2$。

10.2 统计与汇总方法

10.2.1 以街坊为单位进行宗地面积计算

在界址点拓扑关系建立以后，进行宗地和虚拟宗地面积的计算，并且根据街坊外围界址点拓扑关系进行街坊面积计算和宗地面积平差。

10.2.2 城镇土地分类面积统计

在完成全部街坊的面积计算并确定以街坊为单位的面积计算正确无误的基础上，进行城区土地分类面积统计。

10.2.3 各种表格的输出

各类面积计算、汇总、统计正确无误后，输出以街坊为单位的界址点坐标册，以街坊为单位的宗地面积汇总表及城镇土地分类面积统计表。

10.3 成果的编辑与输出

在城镇土地调查和基本比例尺分幅图的基础上，生成地籍街坊图、分幅图、宗地位置关系接合图、宗地图，经过内业人员的编辑、修改直接绘图仪输出。

10.3.1 街坊图的编辑与输出

考虑到地籍测绘以街坊为单位实施，地籍图的编辑以街坊单位，即先编辑街坊地籍图，应对照宗地草图将系统直接生成的点、线进行编辑，标注地籍图所要求的各类注记和路名、街名、巷名和河流名称，对各种注记、调查区范围线、行政界线、街道线、街坊线等进行编辑。各种地类按《第二次土地调查图式》注记，并检查各宗地相互关系是否正确。

街坊图编辑完成后，反算出界址边长，与勘丈边长进行校核。若超限，须到实地核实，确保界址边长无误后才能进行街坊图的接边和地籍图的拼接编辑。

全部街坊地籍图生成以后，按坐标分割生成分幅地籍图；街坊号、图名、图号、图廓整饰及图面内容按照《二次调查规程》和《细则》中规定执行。

按 A1 或 A0 幅面规格输出。

10.3.2 宗地图的生成与编辑

1. 宗地图的编辑方法

街坊地籍图编辑结束后，在图形编辑器中街坊地籍图上提取宗地图，并按规程要求进行宗地图的编辑与注记，适当移动界址点号、界址边长及宗地面积的位置等，应注意图上界址点及四邻关系与调查表相吻合编辑后的宗地图应符合《二次调查规程》和《细则》规定，要求点、线清晰，各种注记清楚，宗地四至关系正确。

宗地图的比例尺根据图纸的大小（有 A3、A4 两种）确定。

2. 宗地图的内容

宗地图的内容包括本宗地地籍号、土地使用者名称、宗地号、地类编码、宗地面积、门牌号、界址点、界址点号、界址线、界址边长（反算值）、建筑物及层数与建筑材料、构筑物、所在图幅号；邻宗地宗地号、土地使用者名称、地类编码、界址线及相关地物；界址线外相邻的道路、街道、空地、坑塘等应注记名称。比例尺、指北线、绘图员和审核员的姓名、日期等。

10.4 专项调查统计

在城镇土地调查和农村土地调查的基础上，实施专项用地调查，收集利用有关资料，在统一时点，利用××市二次调查数据库及信息系统的统计功能和抽样调查相结合的方法，统计出工业用地、基础设施用地、金融商业服务用地、开发园区、房地产和农村宅基地等用地状况。

11 质量保证措施

11.1 质量管理机制

成立技术指导组，组织和安排进行技术培训，全面负责本工程的技术和质量工作，负责技术设计的制定、修改、解释，负责作业单位提出的技术问题的解答，并形成文件发到作业单位；根据作业中遇到的问题，及时制定补充技术规定。

作业单位设立专职质量检查员，对作业单位完成的各项成果进行全面的检查，做好检查的全过程记录，并编写检查报告随同成果一并提交业主检查验收。

11.2　作业单位质量管理

作业单位要按 ISO9001 质量管理体系，进行质量管理，做到作业员自检、作业组互检、作业单位设立专职质量检查员负责专检，对作业组完成的各项成果进行全面的检查，并做好检查全过程的记录，最后编写检查报告随同成果一并提交。未经作业员自查、作业组互查和作业单位专检的成果，不能提交。

作业单位自查由作业人员自己完成，采用独立元素校对、相关元素建立条件实施系统检验的方法；互查由作业人员之间完成，采用分项、分层流水检查方法；专查需由专职技术人员完成，一级检查由分队完成，二级检查由院质检部门完成，同时做好事先指导、中间辅导和产品检查三阶段工作。

1. 自查

自查主要是作业员对自己的产品进行全面的认真的检查，内容包括权属调查资料、地籍测量资料是否齐全，图表有无错漏，地籍图的内容及表示是否齐全、正确。首先由作业人员按街坊、图幅进行核对检查，并进行修改，确认无误后提交作业组长检查。自查的比例：内业成果 100%，外业不低于 30%。

2. 互查

互查由作业组长组织作业员互查，内容包括作业员提交的所有资料，除进行必要的手工校核外，还应用系统检校功能实施属性信息和图形数据的互校，然后根据内业检查情况，有重点地进行实地检查。

互查比例：内业成果 100%，外业检查不低于 20%。

3. 专查

经作业组全面自检、互查后的成果成图，提交作业单位专查。专查的主要内容包括输出各类图件及各种调查表册，由作业单位技术负责人（或专职检查员）进行全面的内业检查和重点的外业抽查，检查后形成检查记录，对查出的问题，会同作业员确认后修改。并编写检查报告，做出质量评价和结论。

专查的主要内容是：审查作业方案和方法，全面检查调查资料，提出具体修改意见，指导普遍性问题和解决特殊性问题，尽力提高成果质量，最终对调查成果进行综合质量评定。作业单位专检量不少于 20%。

12　提交成果资料

12.1　控制测量资料

(1) 图根导线计算成果。

(2) 各级控制点成果表。

(3) 控制点展点图。

(4) 测量仪器鉴定资料。

12.2　城镇土地调查资料

(1) 街道、街坊分布图。

(2) 城镇地籍调查表及相关资料。

(3) 宗地界址点坐标及面积表。

（4）以街坊为单位的宗地面积汇总表。

（5）以街道为单位的土地分类面积汇总表。

（6）城镇土地分类面积统计表。

（7）1∶500 分幅地籍图接合表。

（8）1∶500 分幅地籍图。

（9）宗地图。

12.3　数据建库资料

（1）基础控制数据成果。

（2）分幅地籍图数据库。

（3）1∶500 分幅图分幅接合表数据库。

（4）宗地图数据库。

（5）界址点坐标数据库。

（6）宗地面积数据库。

（7）街坊面积数据库。

（8）街道土地分类统计数据库。

（9）地籍调查表数据库（按街坊存放）。

（10）专项调查统计数据库。

（11）地形图形数据库。

12.4　专项调查统计资料

（1）工业用地。

（2）基础设施用地。

（3）金融商业服务用地。

（4）开发园区用地。

（5）房地产用地和农村宅基地用地。

12.5　文档资料

（1）××市 1∶500 城镇土地调查技术设计书。

（2）城镇土地调查工作报告。

（3）城镇土地调查技术报告。

（4）城镇土地调查查检查报告。

参 考 文 献

[1] 章书寿，等. 地籍调查与地籍测量学 [M]. 北京：测绘出版社，2008.

[2] 詹长根. 地籍测量学 [M]. 武汉：武汉大学出版社，2005.

[3] 洪波. 地籍测量与房地产测绘 [M]. 北京：中国电力出版社，2007.

[4] 纪勇，等. 数字测图技术应用教程 [M]. 郑州：黄河水利出版社，2008.

[5] 周建郑，等. GPS测量原理及应用 [M]. 郑州：黄河水利出版社，2005.

[6] 侯湘浦. 地形测量 [M]. 北京：煤炭工业出版社，1998.

[7] 全国农业区划委员会. 土地利用现状调查技术规程 [S]. 北京：中国测绘出版社，1984.

[8] 国家土地管理局. 城镇地籍调查规程 [S]. 北京：测绘出版社，1993.

[9] 国家测绘局. 地籍测绘规范 [S]. 北京：测绘出版社，1995.

[10] 国家技术质量监督局. 房产测量规范第 1 单元：房产测量规定 [S]. 北京：中国标准出版社，2000.

[11] 国家质量监督检验检疫总局. 房产测量规范第 2 单元：房产图图式 [S]. 北京：中国标准出版社，2000.

[12] 国土资源部. 土地勘测定界规程 [S]. 北京：中国标准出版社，2007.

[13] 国土资源部. 第二次全国土地调查技术规程 [S]. 北京：中国标准出版社，2007.

[14] 纪勇，等. 数字测图技术应用教程 [M]. 2版. 郑州：黄河水利出版社，2012.